数 学 物 理 方 程

（第 2 版）

戴嘉尊　张鲁明　编著

东 南 大 学 出 版 社

·南京·

内 容 提 要

本书是编者在南京航空航天大学数学系讲授"数学物理方程"课程的讲义基础上修改而成. 本书力图体现教改精神，重视基本理论、基本方法，重视理论联系实际，讲解深入浅出. 全书共分 7 章，详尽讨论了三类典型方程的推导、解法和适定性，并附有一定的习题供读者练习之用.

本书可作为数学类各专业本科生和理工科有关专业研究生的教材，教学时数为 60～70 学时，也可供广大高校有关教师和科技工作者选作为参考书.

图书在版编目(CIP)数据

数学物理方程/戴嘉尊，张鲁明编著. —2 版.
—南京：东南大学出版社，2012.4(2019.7 重印)
ISBN 978-7-5641-3364-1

Ⅰ.①数… Ⅱ.①戴…②张… Ⅲ.①物理数学方程—高等学校—教材 Ⅳ.①O175.24

中国版本图书馆 CIP 数据核字(2012)第 034649 号

数学物理方程(第 2 版)

出版发行 东南大学出版社
社　　址 南京市四牌楼 2 号(邮编:210096)
出 版 人 江建中
责任编辑 吉雄飞
电　　话 (025)83793169(办公室)，83362442(传真)
经　　销 全国各地新华书店
印　　刷 南京玉河印刷厂
开　　本 700mm×1000mm　1/16
印　　张 12.75
字　　数 250 千字
版　　次 2012 年 4 月第 2 版
印　　次 2019 年 7 月第 3 次印刷
书　　号 ISBN 978-7-5641-3364-1
定　　价 25.00 元

本社图书若有印装质量问题，请直接与营销部联系，电话：025—83791830。

第 2 版修订说明

首先让我们怀着沉痛的心情悼念南京航空航天大学数学系教授、博士生导师、我的同事、本书编者戴嘉尊先生. 先生渊博的知识、勤奋的工作精神、谦和的为人给我们留下了深刻的印象. 2001—2002 年先生抱病完成了该教材的编写出版工作后，就匆匆地离开了我们，离开了他所倾注了毕生精力的教育事业. 每当我使用该教材时，都会想起先生送我这本教材时的情景，看着书的扉页上先生亲笔的签名和"张老师斧正"的字样，都会引起我对先生深深的怀念.

适逢该教材出版十周年之际，应出版社之邀，修订本书，我深感荣幸. 我已数十次使用本书作为教材，对先生在前言中对本教材的评价有着一致的看法. 因此，此次仅就一些印刷错误进行了修正，另外结合自己的使用情况，在部分章节增加了一些习题，而有些习题已在例题中出现，故给予删除或修改.

由于水平所限，这次修订必有疏漏之处，恳请读者批评、指正.

张鲁明

2012 年 2 月

第2版修订说明

[illegible]

[illegible]

[illegible]

前　　言

本书是在多年来为我校数学系信息与计算科学本科生和部分工科专业硕士研究生开设“数学物理方程”课程的讲义基础上修改而成的，可供大学数学系本科生和工科研究生学习使用，也可作为广大从事本门课程教学的教师参考.

“数学物理方程”不仅是大学数学系的一门重要基础课，也是广大理工科研究生必须具备的基础知识，不论从事基础研究，还是工程技术开发工作都离不开它.

全书共分 7 章和 1 个附录，系统介绍了三类典型方程的推导、解法和适定性. 本书内容较丰富、全面、简练，力图体现教改精神，重视基本理论、基本解法，重视本门学问创新思想的发展；讲解深入浅出，重视教学法，特别注意介绍研究思想、方法的来龙去脉和实践应用，对学科的发展也加以了适当的重视.

本书在编写过程中得到了南京航空航天大学理学院领导和同事们的大力支持和帮助，深表谢意. 江苏省工业与应用数学学会、东南大学应用数学系、东南大学出版社在本书的出版过程中给予了大力支持，特别是东南大学数学系管平教授仔细地阅读了全部书稿，提出了非常宝贵的意见，在此一并表示感谢.

我还要感谢在本书成稿过程中我的研究生们的工作，特别是研究生王东红同志挑选了所有习题并进行了演算，为本书质量的提高付出了辛勤的劳动.

由于编者水平有限，才疏学浅，书中定有许多缺点、错误，恳请不吝指教.

编者

2001 年 11 月

目　录

1 数学物理中的典型方程和定解问题

数学物理方程的研究对象是描述各种自然现象的微分方程、积分方程、函数方程等等，是一个十分广阔的领域. 本书作为大学数学基础课程教材，主要致力于三类典型的偏微分方程定解问题，即双曲型方程、抛物型方程、椭圆型方程定解问题的讨论，期望通过这些内容的学习，使读者初步了解如何将生产和科学研究中的典型问题（如振动和波动、流体流动、电磁场、弹性、热传导、粒子扩散等）归结为偏微分方程定解问题以及了解这些问题的基本理论和求解这些问题的一些方法和技巧.

当前，数学技术已成为高科技的重要部分，数学建模、数值计算已越来越发挥重要作用，正成为广大数学工作者特别是应用数学工作者和计算数学工作者广阔的用武之地，而数学物理方程是一门重要的基础课，是进一步学习现代数学知识的准备，是利用数学知识为经济建设服务的桥梁. 本章，我们首先从物理定律出发导出三类典型方程及其定解条件，介绍 2 阶线性偏微分方程的分类和化简为典则形式，最后讨论定解问题的适定性.

1.1 典型方程的推导

1.1.1 弦振动方程和定解条件

物理问题：一长为 l 的柔软、均匀细弦，拉紧以后让它离开平衡位置在垂直于弦线的外力作用下做微小横振动（即弦的运动发生在同一平面内，且弦的各点的位移与平衡位置垂直），研究在不同时刻弦线的运动规律.

分析可知弦的往返运动的主要原因是受到了张力的影响. 弦在运动过程中其各点的位移、加速度、张力等都在不断变化，但它们遵循动量守恒定律：物体在某一时间间隔内动量的增量等于作用在物体上的所有外力在这一时段内产生的冲量. 下面建立弦上各点的位移所满足的微分方程.

首先建立坐标系，取弦的平衡位置为 x 轴，在弦线运动的平面内，垂直于弦的平衡位置且通过弦线的一个端点的直线为 u 轴，这样在任意时刻 t，弦上各点的位移为 $u(x,t)$，在弦上任意截取一段 AB，其在平衡位置为区间 $[a,b]$，考虑在任意时间间隔 $[t_1,t_2]$ 内动量的变化.

设 ρ 为弦的线密度(kg/m)，f_0 为作用在弦线上且垂直于平衡位置的强迫外力密度(N/m)，从而在任意时刻 t，弦段$\widehat{AB}$ 的动量为

$$\int_a^b \rho(x)\sqrt{1+\left(\frac{\partial u}{\partial x}\right)^2}\,\frac{\partial u}{\partial t}\mathrm{d}x$$

考虑到弦做微小横振动，可假定 $\left|\frac{\partial u}{\partial x}\right| \ll 1$，因此$\widehat{AB}$ 的动量近似为$\int_a^b \rho\,\frac{\partial u}{\partial t}\mathrm{d}x$，在时间间隔$[t_1,t_2]$ 内弦段$\widehat{AB}$ 在 u 方向动量变化为

$$\int_a^b \rho(x)\,\frac{\partial u(x,t_2)}{\partial t}\mathrm{d}x-\int_a^b \rho(x)\,\frac{\partial u(x,t_1)}{\partial t}\mathrm{d}x$$

为了写出作用在弦段$\widehat{AB}$ 上所有 u 方向的外力产生的冲量，注意到作用于$\widehat{AB}$ 上的外力有两种：外加强迫力(其线密度为 f_0) 和周围弦线通过端点 A,B 作用于弦段$\widehat{AB}$ 的张力. 先考虑外加强迫力，在时段$[t_1,t_2]$，u 方向产生的冲量为

$$\int_{t_1}^{t_2}\mathrm{d}t\int_a^b f_0\,\mathrm{d}x$$

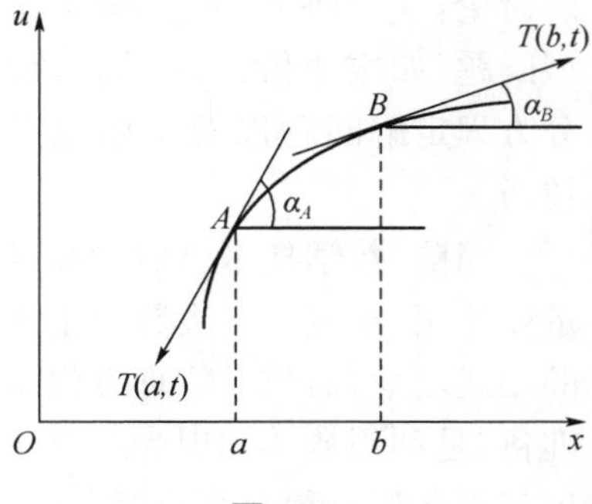

图 1.1

现在讨论作用在$\widehat{AB}$ 端点的张力 $\boldsymbol{T}_A,\boldsymbol{T}_B$，方向如图 1.1 所示.

令 $\boldsymbol{\tau}_u$ 表示 u 轴的单位向量，则张力在 u 轴的分量为

$$\boldsymbol{T}_A\cdot\boldsymbol{\tau}_u=|\boldsymbol{T}_A||\boldsymbol{\tau}_u|\cos(\boldsymbol{T}_A,\boldsymbol{\tau}_u)=-|\boldsymbol{T}_A|\sin\alpha_A$$

$$\boldsymbol{T}_B\cdot\boldsymbol{\tau}_u=|\boldsymbol{T}_B||\boldsymbol{\tau}_u|\cos(\boldsymbol{T}_B,\boldsymbol{\tau}_u)=|\boldsymbol{T}_B|\sin\alpha_B$$

由假定为微小横振动，数 $|\alpha_A|$，$|\alpha_B|$ 很小，$\sin\alpha_A\approx\tan\alpha_A$，$\sin\alpha_B\approx\tan\alpha_B$，张力 $\boldsymbol{T}_A$，$\boldsymbol{T}_B$ 的垂直分量在时段(t_1,t_2) 内产生的冲量为

$$\begin{aligned}&\int_{t_1}^{t_2}|\boldsymbol{T}_B|\sin\alpha_B\mathrm{d}t-\int_{t_1}^{t_2}|\boldsymbol{T}_A|\sin\alpha_A\mathrm{d}t\\&=\int_{t_1}^{t_2}|\boldsymbol{T}_B|\tan\alpha_B\mathrm{d}t-\int_{t_1}^{t_2}|\boldsymbol{T}_A|\tan\alpha_A\mathrm{d}t\\&=\int_{t_1}^{t_2}\left[|\boldsymbol{T}_B|\left(\frac{\partial u}{\partial x}\right)\bigg|_{x=b}-|\boldsymbol{T}_A|\left(\frac{\partial u}{\partial x}\right)\bigg|_{x=a}\right]\mathrm{d}t\end{aligned}$$

因此，由动量定理，在 u 方向上有

$$\begin{aligned}&\int_a^b\int_{t_1}^{t_2}\frac{\partial}{\partial t}\left(\rho(x)\,\frac{\partial u}{\partial t}\right)\mathrm{d}t\mathrm{d}x\\&=\int_{t_1}^{t_2}\int_a^b f_0\,\mathrm{d}x\mathrm{d}t+\int_{t_1}^{t_2}\left[|\boldsymbol{T}_B|\left(\frac{\partial u}{\partial x}\right)\bigg|_{x=b}-|\boldsymbol{T}_A|\left(\frac{\partial u}{\partial x}\right)\bigg|_{x=a}\right]\mathrm{d}t\end{aligned}$$

在 x 方向有

$$\int_{t_1}^{t_2}(|\boldsymbol{T}_B|\cos\alpha_B - |\boldsymbol{T}_A|\cos\alpha_A)\mathrm{d}t = 0$$

记 $|\boldsymbol{T}_B| = T(x_b, t)$，$|\boldsymbol{T}_A| = T(x_a, t)$，又有

$$\cos\alpha_B = \frac{1}{\sqrt{1+\tan^2\alpha_B}} = \frac{1}{\sqrt{1+\left(\frac{\partial u}{\partial x}\right)^2\Big|_{x=b}}} \approx 1$$

$$\cos\alpha_A = \frac{1}{\sqrt{1+\tan^2\alpha_A}} = \frac{1}{\sqrt{1+\left(\frac{\partial u}{\partial x}\right)^2\Big|_{x=a}}} \approx 1$$

所以在 x 方向有

$$\int_{t_1}^{t_2}(|\boldsymbol{T}_B| - |\boldsymbol{T}_A|)\mathrm{d}t = 0$$

根据$[t_1, t_2]$的任意性知

$$|\boldsymbol{T}_B| = |\boldsymbol{T}_A| \tag{1.1}$$

记为 T. 因此在 u 方向有

$$\int_{t_1}^{t_2}\int_a^b \frac{\partial}{\partial t}\left(\rho(x)\frac{\partial u}{\partial t}\right)\mathrm{d}x\mathrm{d}t = \int_{t_1}^{t_2}\int_a^b f_0\,\mathrm{d}x\mathrm{d}t + \int_{t_1}^{t_2}\int_a^b \frac{\partial}{\partial x}\left(T\frac{\partial u}{\partial x}\right)\mathrm{d}x\mathrm{d}t$$

假定 u 对 x 和 t 存在 2 阶导数，由(t_1, t_2)和(a, b)的任意性，有

$$\frac{\partial}{\partial t}\left(\rho(x)\frac{\partial u}{\partial t}\right) = \frac{\partial}{\partial x}\left(T\frac{\partial u}{\partial x}\right) + f_0 \tag{1.2}$$

由于是微小横振动，故 $u_x^2 \ll 1$，因此有

$$s = \int_0^l \sqrt{1+u_x^2}\,\mathrm{d}x \approx l$$

应认为弦在振动过程中并未伸长，则由虎克定律知道弦上每点的张力 T 的数值不随时间改变，这时方程(1.2)为

$$\frac{\partial}{\partial t}\left(\rho(x)\frac{\partial u}{\partial t}\right) = T\frac{\partial^2 u}{\partial x^2} + f_0 \tag{1.3}$$

如果弦是均匀的，即 $\rho(x) = \rho$ 为常数，方程(1.2)可写为

$$\frac{\partial^2 u}{\partial t^2} = a^2\frac{\partial^2 u}{\partial x^2} + f \tag{1.4}$$

其中

$$a^2 = T/\rho, \quad f = f_0(x, t)/\rho$$

这是弦在强迫振动过程中其垂直位移满足的微分方程，如果 $f = 0$，即自由振动，这时 u 满足微分方程

$$\frac{\partial^2 u}{\partial t^2} = a^2\frac{\partial^2 u}{\partial x^2} \tag{1.5}$$

(1.4)和(1.5)是含有未知函数偏导数的方程，其称为偏微分方程，由于它们描写了均匀弦的微小横振动，因此又称为弦振动方程.(1.4)，(1.5)分别刻画了在

受外力和不受外力的情况下的均匀弦微小横振动的一般规律.

一条弦线的特定振动状态还依赖于初始时刻弦的状态和通过弦线两端所受外界的影响.这样,为了确定一个具体的弦振动,除了列出它所满足的方程外,还需要写出它适合的初始条件和边界条件.

初始条件,即在初始时刻 $t=0$ 时弦上各点的位移和速度

$$u(x,0)=\varphi(x)\quad(0\leqslant x\leqslant l)\tag{1.6}$$

$$\frac{\partial u}{\partial t}(x,0)=\psi(x)\quad(0\leqslant x\leqslant l)\tag{1.7}$$

其中 $\varphi(x)$,$\psi(x)$ 为已知函数.当 $\varphi(x)=\psi(x)=0$ 时,则为齐次初始条件.

对于空间变量 x 固定在区间$[0,l]$中,为确定弦的运动还需给出边界条件.最简单的边界条件是已知端点的位移规律,即弦线两端点被控制使 $u(0,t)=g_1(t)$,$u(l,t)=g_2(t)$,其中 g_1,g_2 是两个已知的 t 的函数.这种边界条件被称为第一边值条件,特别是当 $g_1=g_2=0$ 时则称为第一类齐次边值条件.另一种情况,考虑弦的两端被缚在与Ox 轴垂直的弹簧上,即弦的两端固定在弹性支承上,设在 $x=0$ 和 $x=l$ 处弹簧的弹性系数分别为 k_0 和 k_l,在靠近端点 $x=l$ 处任取一段$[x_2,l]$,并设作用于弦段$[x_2,l]$上的张力 $\boldsymbol{T}(x_2,t)$ 压缩 $x=l$ 端的弹簧(拉伸时,下面的推导仍合适),这时位移 $u(l,t)$ 为负且弦曲线在$[x_2,l]$上满足$\frac{\partial u}{\partial x}(x,t)>0$(如图 1.2 所示).

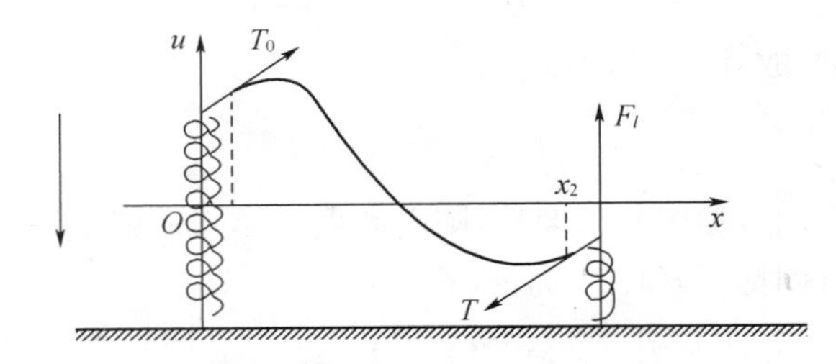

图 1.2

在时间段$[t_1,t_2]$内,沿Ou 轴由动量守恒定律,并注意到右端支承的弹性回复力$F_l=-k_1u(l,t)$,有

$$\int_{t_1}^{t_2}[-T\sin\alpha(x_2,t)-k_lu(l,t)]\mathrm{d}t=\int_{x_2}^{l}[\rho u_t(x,t_2)-\rho u_t(x,t_1)]\mathrm{d}x$$

设 u 及其 1 阶导数直到边界都是连续的,又

$$\sin\alpha(x,t)\approx\tan\alpha(x,t)=\frac{\partial u}{\partial x}(x,t)$$

因此,令 $x\to l$,则有

$$\int_{t_1}^{t_2}\left[-T\frac{\partial u}{\partial x}(l,t)-k_lu(l,t)\right]\mathrm{d}t=0$$

由于$[t_1,t_2]$是任意的,故有

$$T\frac{\partial u}{\partial x}(l,t)+k_l u(l,t)=0$$

类似的,在端点 $x=0$ 处,有

$$T\frac{\partial u}{\partial x}(0,t)-k_0 u(0,t)=0$$

特别的,当 $k_0 \ll T, k_l \ll T$,则近似有

$$\left.\frac{\partial u}{\partial x}\right|_{x=0}=0, \quad \left.\frac{\partial u}{\partial x}\right|_{x=l}=0$$

这时弹簧的约束力非常小,我们说弦的两端是自由的.

若 $k_0 \gg T, k_l \gg T$,则近似地化为第一类边界条件

$$u(0,t)=u(l,t)=0$$

如果弦的两端还加有持续的外力,则有边界条件

$$T\frac{\partial u}{\partial x}(0,t)-k_0 u(0,t)=\mu(t)$$

$$T\frac{\partial u}{\partial x}(l,t)+k_l u(l,t)=\upsilon(t)$$

因此,一般而言,弦振动方程有三类边界条件:

第一类边界条件

$$u(0,t)=g_1(t), \qquad u(l,t)=g_2(t) \tag{1.8}$$

第二类边界条件

$$\frac{\partial u}{\partial x}(0,t)=\mu(t), \qquad \frac{\partial u}{\partial x}(l,t)=\upsilon(t) \tag{1.9}$$

第三类边界条件

$$\begin{cases} T\dfrac{\partial u}{\partial x}(0,t)-k_0 u(0,t)=\mu(t), \\ T\dfrac{\partial u}{\partial x}(l,t)+k_l u(l,t)=\upsilon(t) \end{cases} \tag{1.10}$$

其中 k_0, k_l, T 都是大于零的常数,$\mu(t),\upsilon(t)$ 为给定的函数.

通常称初始条件和边值条件为定解条件,一个偏微分方程加相应的定解条件组成一个定解问题,为了确定一条具体弦的振动规律.我们要去求解一个定解问题,既有初值条件又有边值条件的定解问题称为混合问题或初边值问题,也称为混合初边值问题.

如果对于弦的某一段考虑其运动规律,在所考虑的时间内弦的端点的影响可以忽略不计,这时可以认为弦是无穷长的,不必考虑边界条件,只要考虑初始条件即可.这种由方程及初始条件组成的定解问题称为初值问题(Cauchy 问题).一维齐次弦振动方程 Cauchy 问题提法如下:

$$\begin{cases} \dfrac{\partial^2 u}{\partial t^2} = a^2 \dfrac{\partial^2 u}{\partial x^2} & (-\infty < x < +\infty, t > 0); \\ u\big|_{t=0} = \varphi(x) & (-\infty < x < +\infty); \\ \dfrac{\partial u}{\partial t}\bigg|_{t=0} = \psi(x) & (-\infty < x < +\infty) \end{cases}$$

$\dfrac{\partial^2 u}{\partial t^2} = a^2 \dfrac{\partial^2 u}{\partial x^2}$ 描写弦的振动,它产生了波的传播,因此也称为一维波动方程.类似的,考虑薄膜微小横振动,则可得二维波动方程

$$\frac{\partial^2 u}{\partial t^2} = a^2 \left(\frac{\partial^2 u}{\partial x^2} + \frac{\partial^2 u}{\partial y^2}\right) + f(x,y,t)$$

1.1.2 热传导方程和定解条件

物理问题:在三维空间中,考虑一均匀、各向同性的物体 Ω(如图 1.3 所示),假定它内部有热源,并且与周围介质有热交换,研究物体内部温度的分布状态.

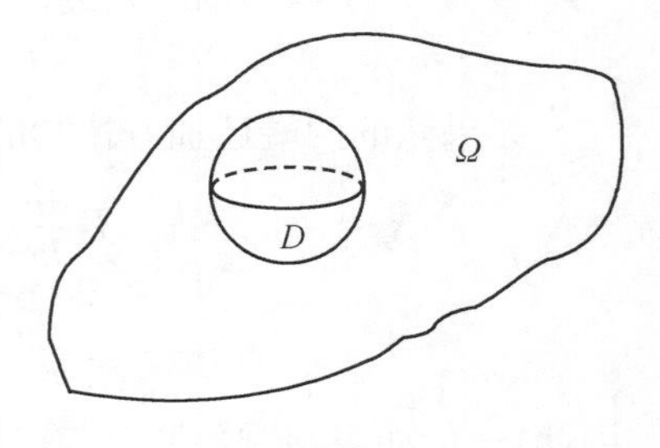

图 1.3

考虑到物体内部温度各部分不同,则要产生热量的传递,它们遵循能量守恒定律:物体内部热量的增加等于通过物体的边界流入的热量与由物体内部的热源产生的热量的总和.

在物体 Ω 内部任取一小块体积 D,在时间段 $t_1 \to t_2$ 内对 D 使用能量守恒定律,设温度为 $T(x,y,z,t)$(K),比热为 c(J/(kg・K)),密度为 ρ(kg/m^3),热源强度为 f_0(J/(kg・s)). t_1 时刻 D 内的热量为

$$\iiint_D c\rho T(x,y,z,t_1)\,\mathrm{d}x\mathrm{d}y\mathrm{d}z$$

t_2 时刻 D 内的热量为

$$\iiint_D c\rho T(x,y,z,t_2)\,\mathrm{d}x\mathrm{d}y\mathrm{d}z$$

则$[t_1,t_2]$时段内 D 内的热量增量为

$$\begin{aligned} &\iiint_D c(x,y,z)\rho(x,y,z)[T(x,y,z,t_2) - T(x,y,z,t_1)]\,\mathrm{d}x\mathrm{d}y\mathrm{d}z \\ &= \int_{t_1}^{t_2}\iiint_D c(x,y,z)\rho(x,y,z)\,\frac{\partial T(x,y,z,t)}{\partial t}\,\mathrm{d}x\mathrm{d}y\mathrm{d}z\mathrm{d}t \end{aligned}$$

考虑流入 D 的热量和 ∂D 上面积元 $\mathrm{d}S$,以 $\boldsymbol{n}$ 表示点(x,y,z)处曲面面元 $\mathrm{d}S$ 的法向,并规定 $\boldsymbol{n}$ 所指的那一侧为 $\mathrm{d}S$ 的正侧.

由热传导中的Fourier实验定律得知,在 $\mathrm{d}t$ 时间内,从面元 $\mathrm{d}S$ 的负侧流向正侧

的热量为

$$dQ = -k(x,y,z)\frac{\partial T}{\partial n}dSdt$$

其中,$k(x,y,z)$ 为物体在点(x,y,z) 处的热传导系数,取正值;$\frac{\partial T}{\partial n}$ 为温度函数在点(x,y,z) 处沿 $\boldsymbol{n}$ 的方向导数. 因热量的流向与温度梯度的方向相反,即若 $\mathbf{grad}T$ 与曲面的法向相交成锐角,则$\frac{\partial T}{\partial n} = \mathbf{grad}T \cdot \boldsymbol{n}^0$ 为正($\boldsymbol{n}^0$ 为单位法向),沿 $\boldsymbol{n}$ 的方向穿过曲面时温度要增加,而热流方向却从温度高的一侧指向低的一侧,于是沿 $\boldsymbol{n}$ 方向流过曲面的热量应该是负的,故等式右端出现负号.

因此,以 $\boldsymbol{n}$ 表示 ∂D 的外法线方向,通过边界 ∂D 在$[t_1,t_2]$时段内流入 D 内的热量为

$$\int_{t_1}^{t_2}\left(\oiint_{\partial D} k\frac{\partial T}{\partial n}dS\right)dt$$

物体内部在$[t_1,t_2]$时段内,由热源产生的总热量为

$$\int_{t_1}^{t_2}dt\iiint_D \rho f_0 dxdydz$$

则由能量守恒定律,有

$$\int_{t_1}^{t_2}\iiint_D c\rho\frac{\partial T}{\partial t}dxdydzdt = \int_{t_1}^{t_2}\oiint_{\partial D} k\frac{\partial T}{\partial n}dSdt + \int_{t_1}^{t_2}dt\iiint_D \rho f_0 dxdydz$$

假设函数 T 关于变量 t 一次连续可微,关于变量 x,y,z 二次连续可微,则由奥-高公式,得

$$\begin{aligned}&\int_{t_1}^{t_2}\iiint_D c\rho\frac{\partial T}{\partial t}dxdydzdt\\&\quad= \int_{t_1}^{t_2}dt\iiint_D\left[\frac{\partial}{\partial x}\left(k\frac{\partial T}{\partial x}\right)+\frac{\partial}{\partial y}\left(k\frac{\partial T}{\partial y}\right)+\frac{\partial}{\partial z}\left(k\frac{\partial T}{\partial z}\right)\right]dxdydz\\&\qquad+\int_{t_1}^{t_2}dt\iiint_D \rho f_0 dxdydz\end{aligned}$$

如果上述方程中各被积函数连续,则由$[t_1,t_2]\subset(0,\infty)$,$D\subset\Omega$的任意性可得在$\Omega$内成立

$$c\rho\frac{\partial T}{\partial t} = \nabla\cdot(k\nabla t) + \rho f_0$$

假定物体是均匀且各向同性的,即 c,ρ,k 都是常数,记 $a^2=\frac{k}{c\rho}$,$f=\frac{f_0}{c}$,则得到物体内各点温度分布需满足的微分方程

$$\frac{\partial T}{\partial t} = a^2\left(\frac{\partial^2 T}{\partial x^2}+\frac{\partial^2 T}{\partial y^2}+\frac{\partial^2 T}{\partial z^2}\right)+f \tag{1.11}$$

称为三维热传导方程.

作为特例,如果考虑的是一根细杆,杆的侧表面与外界没有热交换,并且同一截面上各点有相同温度,则温度函数 T 仅与一个空间变量 x 及时间 t 有关,这时方程就是一维热传导方程

$$\frac{\partial T}{\partial t}=a^2\frac{\partial^2 T}{\partial x^2}+f(x,t) \tag{1.12}$$

类似的,在研究薄板的温度分布时,若温度与薄板的厚度无关,则有二维热传导方程

$$\frac{\partial T}{\partial t}=a^2\left(\frac{\partial^2 T}{\partial x^2}+\frac{\partial^2 T}{\partial y^2}\right)+f(x,y,t) \tag{1.13}$$

一个区域中温度分布的确定,要求满足热传导方程(1.11)(或(1.12),(1.13)),它描写了区域Ω中温度变化的一般规律,为了具体确定特定情况下的温度分布,还需给出初始温度分布和外界的影响.

初始温度分布即为 $T|_{t=0}=\varphi(x,y,z)$,其中 φ 为已知函数,表示初始时刻Ω内各点的温度分布.

关于边界条件,从物理现象发生的过程来看可以有 Ω 表面 $\partial\Omega$ 上温度分布已知,或者通过$\partial\Omega$表面的单位面积元素上的热量已知,或者通过$\partial\Omega$与周围空间介质的热量交换规律已知. 这三种边界状况具体描述如下.

(1) 已知在曲面 $\partial\Omega$ 上每点的温度 ,这时边界条件

$$T|_{\partial\Omega}=\psi(x,y,z,t) \tag{1.14}$$

称为第一类边界条件.

(2) 给定曲面 $\partial\Omega$ 上每点的热流量

$$q_n=-k\frac{\partial T}{\partial n}$$

即

$$\left.\frac{\partial T}{\partial n}\right|_{\partial\Omega}=\psi(x,y,z,t) \tag{1.15}$$

其中,ψ是表示 $\partial\Omega$ 上热流量的已知函数;$\boldsymbol{n}$ 表示 $\partial\Omega$ 的外法线方向. $\psi\geqslant 0$ 表示流入,$\psi\leqslant 0$ 表示流出. 称(1.15) 为第二类边界条件.

(3) 若通过物体表面与周围空间介质之间有热量交换,设周围空间介质的温度为 T_0,根据热传导实验定律(Newton 冷却定律):单位时间从物体表面的单位面积传递给周围空间介质的热量正比于介质表面和周围空间介质之间的温差,即

$$q_n=\alpha(T-T_0)$$

其中,α 是热量交换系数,假设它不依赖于温度的差值,并且对整个介质都是相同的.

根据能量守恒定律,此热流量应等于单位时间内流过单位面积上的热流量. 于

是在 $\partial\Omega$ 上有下列边界条件：

$$-k\frac{\partial T}{\partial n}=\alpha(T-T_0)$$

其中，$\boldsymbol{n}$ 表示曲面 $\partial\Omega$ 的外法线方向.

令 $\frac{\alpha}{k}=h$，则

$$\left(\frac{\partial T}{\partial n}+hT\right)\Big|_{\partial\Omega}=\psi(x,y,z,t) \tag{1.16}$$

$$\psi(x,y,z,t)=\frac{\alpha T_0}{k}$$

称(1.16)为第三类边界条件.

给定热传导方程、初始条件和边值条件就构成了热传导方程的混合问题或初边值问题.

如果未知函数为 u，则

$$\begin{cases}\dfrac{\partial u}{\partial t}=a^2\left(\dfrac{\partial^2 u}{\partial x^2}+\dfrac{\partial^2 u}{\partial y^2}+\dfrac{\partial^2 u}{\partial z^2}\right) & ((x,y,z)\in\Omega,t>0);\\ u\mid_{t=0}=\varphi(x,y,z) & ((x,y,z)\in\Omega);\\ \left(\dfrac{\partial u}{\partial n}+hu\right)\Big|_{\partial\Omega}=\psi(x,y,z,t) & (t>0)\end{cases}$$

是热传导方程第三类混合初边值问题.

如果考虑物体内部的一部分，在所考虑的时间内其边界的影响可以忽略不记，则可以认为区域是无穷的. 因此，可以不考虑边界条件，仅有初始条件，这时如前称为 Cauchy 问题. 三维热传导方程的 Cauchy 问题的提法为

$$\begin{cases}\dfrac{\partial u}{\partial t}=a^2\left(\dfrac{\partial^2 u}{\partial x^2}+\dfrac{\partial^2 u}{\partial y^2}+\dfrac{\partial^2 u}{\partial z^2}\right)+f(x,y,z,t) & ((x,y,z)\in\mathbf{R}^3,t>0);\\ u\mid_{t=0}=\varphi(x,y,z) & ((x,y,z)\in\mathbf{R}^3)\end{cases} \tag{1.17}$$

方程(1.11)—(1.13)不仅可以用来刻画热传导现象，也可以用来刻画扩散现象，这时称(1.11)—(1.13)为扩散方程.

1.1.3 位势方程和定解条件

对于热传导方程(1.11)，如果温度不随时间变化，即考虑稳定温度场问题，则温度 T 由如下方程控制：

$$\frac{\partial^2 T}{\partial x^2}+\frac{\partial^2 T}{\partial y^2}+\frac{\partial^2 T}{\partial z^2}=g\quad((x,y,z)\in\Omega) \tag{1.18}$$

称为三维 Poisson 方程. 特别当 $g=0$，则得到三维 Laplace 方程.

$$\frac{\partial^2 T}{\partial x^2}+\frac{\partial^2 T}{\partial y^2}+\frac{\partial^2 T}{\partial z^2}=0 \quad ((x,y,z)\in\Omega) \tag{1.19}$$

类似,有二维 Poisson 方程

$$\frac{\partial^2 T}{\partial x^2}+\frac{\partial^2 T}{\partial y^2}=g(x,y) \tag{1.20}$$

和二维 Laplace 方程

$$\frac{\partial^2 T}{\partial x^2}+\frac{\partial^2 T}{\partial y^2}=0 \tag{1.21}$$

它们是数学物理中的重要方程,在热学、电学、流体力学中有非常广泛的应用,我们将在第 5 章进行详细讨论. 本节,我们从电学的观点来说明静电场位势满足这些方程.

设 Ω 是闭曲面 $\partial\Omega$ 所包围区域,其中充满了介电常数为 ε 的介质. 设介质内有体密度为 $\rho=\rho(x,y,z)$ 的电荷,那么在区域 Ω 内形成一个静电场,其电场强度为 $\boldsymbol{E}$. 从物理上知道,静电场是有势的,即存在标量函数 $u(x,y,z)$,使 $\boldsymbol{E}=-\mathbf{grad}u$,称函数 $u(x,y,z)$ 为静电场的电位.

根据电学中的一条基本规律:通过电场内任一封闭曲面的电位移量等于该曲面所包围的电荷的 4π 倍,即

$$\oiint_{\partial S}\varepsilon\boldsymbol{E}\cdot\boldsymbol{n}\mathrm{d}S=4\pi\iiint_S\rho(x,y,z)\mathrm{d}x\mathrm{d}y\mathrm{d}z$$

其中,∂S 为 Ω 内任一封闭曲面,S 为 ∂S 所包围的空间区域,$\boldsymbol{n}$ 表示 ∂S 的外法线方向. 由奥-高公式,有

$$\begin{aligned}\oiint_{\partial S}\varepsilon\boldsymbol{E}\cdot\boldsymbol{n}\mathrm{d}S&=\iiint_S\left[\frac{\partial}{\partial x}(\varepsilon E_x)+\frac{\partial}{\partial y}(\varepsilon E_y)+\frac{\partial}{\partial z}(\varepsilon E_z)\right]\mathrm{d}x\mathrm{d}y\mathrm{d}z\\&=-\varepsilon\iiint_S\left[\frac{\partial}{\partial x}\left(\frac{\partial u}{\partial x}\right)+\frac{\partial}{\partial y}\left(\frac{\partial u}{\partial y}\right)+\frac{\partial}{\partial z}\left(\frac{\partial u}{\partial z}\right)\right]\mathrm{d}x\mathrm{d}y\mathrm{d}z\end{aligned}$$

则

$$\iiint_S\left(\frac{\partial^2 u}{\partial x^2}+\frac{\partial^2 u}{\partial y^2}+\frac{\partial^2 u}{\partial z^2}\right)\mathrm{d}x\mathrm{d}y\mathrm{d}z=-\frac{4\pi}{\varepsilon}\iiint_S\rho(x,y,z)\mathrm{d}x\mathrm{d}y\mathrm{d}z$$

由于 S 是任意选取的,故有

$$\Delta u\equiv\frac{\partial^2 u}{\partial x^2}+\frac{\partial^2 u}{\partial y^2}+\frac{\partial^2 u}{\partial z^2}=-\frac{4\pi\rho(x,y,z)}{\varepsilon} \tag{1.22}$$

其中,$\Delta\equiv\frac{\partial^2}{\partial x^2}+\frac{\partial^2}{\partial y^2}+\frac{\partial^2}{\partial z^2}$ 称为 Laplace 算子.

(1.22) 是静电场电位 $u(x,y,z)$ 满足的微分方程,显然是 Poisson 方程. 当 $\rho=0$,则为 Laplace 方程(1.19).

电位也称位势,静电场电位满足的方程也称位势方程.

在我们将讨论的流体力学基本方程组中,可以看到不可压缩无旋运动其速度

势也满足 Laplace 方程和 Poisson 方程. 描写稳恒现象(定常现象),未知函数与 t 无关,因此定解条件中没有初始条件,只有边界条件. 在第 5.1 节中,我们将详细介绍它们的三类边值问题的提法.

1.1.4 流体力学基本方程组

现在通过质量守恒定律、动量守恒定律、能量守恒定律来建立连续分布于空间某区域 Ω 中的理想流体(即不考虑粘性和热传导)的运动规律,建立相应的微分方程. 为此在 Ω 中任取一小块区域 D,在$[t_1,t_2]$时间间隔内进行研究.

(1) 质量守恒定律和流体连续性方程

流体流动过程要满足质量守恒定律:在$[t_1,t_2]$时间段内,区域 D 内增加的质量等于同一时段内通过边界 ∂D 流入的质量与 D 内源生成的质量,即

$$\boxed{t=t_2\text{ 时 }D\text{ 内流体的质量}}-\boxed{t=t_1\text{ 时 }D\text{ 内流体的质量}}$$

$$=\boxed{\text{流体通过边界 }\partial D\text{ 在 }t_1\leqslant t\leqslant t_2\text{ 内流入的质量}}$$

$$+\boxed{D\text{ 内源生成的质量}}$$

设 $\rho(x,y,z,t)$ 为流体在 t 时刻和点 (x,y,z) 处的密度,而

$$\boldsymbol{V}(x,y,z,t)=u(x,y,z,t)\boldsymbol{i}+v(x,y,z,t)\boldsymbol{j}+w(x,y,z,t)\boldsymbol{k}$$

为流速,则在 $\mathrm{d}t$ 时段通过 $S=\partial D$ 上任一小块 $\mathrm{d}S$ 流入的质量为

$$-\rho\boldsymbol{V}\cdot\boldsymbol{n}\mathrm{d}S$$

其中,$\boldsymbol{n}$ 表示 S 上单位外法线方向. 如果 Ω 内无源,则质量守恒定律的数学表示为

$$\iiint_D\rho(x,y,z,t_2)\mathrm{d}x\mathrm{d}y\mathrm{d}z-\iiint_D\rho(x,y,z,t_1)\mathrm{d}x\mathrm{d}y\mathrm{d}z=-\int_{t_1}^{t_2}\mathrm{d}t\oint\!\!\!\oint_{\partial D}\rho\boldsymbol{V}\cdot\boldsymbol{n}\mathrm{d}S$$

假定 $\rho,\boldsymbol{V}$ 是连续可微的,由奥-高公式,则有

$$\int_{t_1}^{t_2}\mathrm{d}t\iiint_D\frac{\partial\rho}{\partial t}\mathrm{d}x\mathrm{d}y\mathrm{d}z=-\int_{t_1}^{t_2}\mathrm{d}t\iiint_D\nabla\cdot(\rho\boldsymbol{V})\mathrm{d}x\mathrm{d}y\mathrm{d}z$$

由于 D 和$[t_1,t_2]$的任意性,则有

$$\frac{\partial\rho}{\partial t}+\nabla\cdot(\rho\boldsymbol{V})=0\quad((x,y,z)\in\Omega,t\in(0,\infty))$$

即

$$\frac{\partial\rho}{\partial t}+\frac{\partial}{\partial x}(\rho u)+\frac{\partial}{\partial y}(\rho v)+\frac{\partial}{\partial z}(\rho w)=0\quad((x,y,z)\in\Omega,t\in(0,\infty))\tag{1.23}$$

其中 u,v,w 为流速 $\boldsymbol{V}$ 的三个分量. (1.23) 就是流体流动的质量守恒方程(连续性方程).

(2) 动量守恒定律和流体的运动方程组

流体运动的动量守恒定律：在时间间隔$[t_1,t_2]$内流体动量的增加等于在$[t_1,t_2]$时段内由于质量转移通过$\partial\Omega$流入的动量与作用在D上外力产生的冲量之和，即

$$\boxed{t=t_2\text{ 时 }D\text{ 内流体的动量}}-\boxed{t=t_1\text{ 时 }D\text{ 内流体的动量}}$$

$$=\boxed{\text{由于质量转移通过边界 }\partial D\text{ 在 }t_1\leqslant t\leqslant t_2\text{ 内流入的动量}}$$

$$+\boxed{t_1\leqslant t\leqslant t_2\text{ 时段内作用在 }D\text{ 内流体的外力的冲量}}$$

在$[t_1,t_2]$时段内动量的增加为

$$\iiint_D \rho(x,y,z,t_2)\boldsymbol{V}(x,y,z,t_2)\mathrm{d}x\mathrm{d}y\mathrm{d}z-\iiint_D \rho(x,y,z,t_1)\boldsymbol{V}(x,y,z,t_1)\mathrm{d}x\mathrm{d}y\mathrm{d}z$$

通过∂D在$[t_1,t_2]$内流进的动量为

$$-\int_{t_1}^{t_2}\mathrm{d}t\oint\!\!\!\oint_{\partial D}\rho\boldsymbol{V}(\boldsymbol{V}\cdot\boldsymbol{n})\mathrm{d}S$$

作用在流体上的外力，除了重力$\boldsymbol{f}$以外，还有周围流体给它的作用——应力. 由于假定无粘性，因此作用在∂D上任意一点的应力，不管微元$\mathrm{d}S$的方位如何，切应力为0，而法向应力总彼此相等，与作用面无关，即

$$\boldsymbol{p}_n=-p\boldsymbol{n}$$

由此动量守恒定律表达式为

$$\iiint_D(\rho\boldsymbol{V}\mid_{t=t_2}-\rho\boldsymbol{V}\mid_{t=t_1})\mathrm{d}x\mathrm{d}y\mathrm{d}z$$

$$=-\int_{t_1}^{t_2}\mathrm{d}t\oint\!\!\!\oint_{\partial D}\rho\boldsymbol{V}(\boldsymbol{V}\cdot\boldsymbol{n})\mathrm{d}S+\int_{t_1}^{t_2}\mathrm{d}t\oint\!\!\!\oint_{\partial D}(-p)\boldsymbol{n}\mathrm{d}S+\int_{t_1}^{t_2}\mathrm{d}t\iiint_D\boldsymbol{f}\mathrm{d}x\mathrm{d}y\mathrm{d}z$$

如果式中函数连续可微，则由奥-高公式，写成分量形式为

$$\int_{t_1}^{t_2}\mathrm{d}t\iiint_D\frac{\partial}{\partial t}\begin{bmatrix}\rho u\\ \rho v\\ \rho w\end{bmatrix}\mathrm{d}x\mathrm{d}y\mathrm{d}z+\int_{t_1}^{t_2}\mathrm{d}t\iiint_D\begin{bmatrix}\frac{\partial}{\partial x}(\rho uu)+\frac{\partial}{\partial y}(\rho uv)+\frac{\partial}{\partial z}(\rho uw)\\ \frac{\partial}{\partial x}(\rho vu)+\frac{\partial}{\partial y}(\rho vv)+\frac{\partial}{\partial z}(\rho vw)\\ \frac{\partial}{\partial x}(\rho wu)+\frac{\partial}{\partial y}(\rho wv)+\frac{\partial}{\partial z}(\rho ww)\end{bmatrix}\mathrm{d}x\mathrm{d}y\mathrm{d}z$$

$$=-\int_{t_1}^{t_2}\mathrm{d}t\iiint_D\begin{bmatrix}\frac{\partial p}{\partial x}\\ \frac{\partial p}{\partial y}\\ \frac{\partial p}{\partial z}\end{bmatrix}\mathrm{d}x\mathrm{d}y\mathrm{d}z+\int_{t_1}^{t_2}\mathrm{d}t\iiint_D\begin{bmatrix}f_x\\ f_y\\ f_z\end{bmatrix}\mathrm{d}x\mathrm{d}y\mathrm{d}z$$

由于$[t_1,t_2]$和D的任意性,因此有动量方程

$$\begin{cases}\dfrac{\partial(\rho u)}{\partial t}+\dfrac{\partial}{\partial x}(\rho uu)+\dfrac{\partial}{\partial y}(\rho uv)+\dfrac{\partial}{\partial z}(\rho uw)+\dfrac{\partial p}{\partial x}=f_x,\\ \dfrac{\partial(\rho v)}{\partial t}+\dfrac{\partial}{\partial x}(\rho vu)+\dfrac{\partial}{\partial y}(\rho vv)+\dfrac{\partial}{\partial z}(\rho vw)+\dfrac{\partial p}{\partial y}=f_y,\\ \dfrac{\partial(\rho w)}{\partial t}+\dfrac{\partial}{\partial x}(\rho wu)+\dfrac{\partial}{\partial y}(\rho wv)+\dfrac{\partial}{\partial z}(\rho ww)+\dfrac{\partial p}{\partial z}=f_z\end{cases}\tag{1.24}$$

考虑到连续性方程,则可化动量方程为如下形式:

$$\begin{cases}\dfrac{\partial u}{\partial t}+u\dfrac{\partial u}{\partial x}+v\dfrac{\partial u}{\partial y}+w\dfrac{\partial u}{\partial z}=-\dfrac{1}{\rho}\dfrac{\partial p}{\partial x}+\dfrac{1}{\rho}f_x,\\ \dfrac{\partial v}{\partial t}+u\dfrac{\partial v}{\partial x}+v\dfrac{\partial v}{\partial y}+w\dfrac{\partial v}{\partial z}=-\dfrac{1}{\rho}\dfrac{\partial p}{\partial y}+\dfrac{1}{\rho}f_y,\\ \dfrac{\partial w}{\partial t}+u\dfrac{\partial w}{\partial x}+v\dfrac{\partial w}{\partial y}+w\dfrac{\partial w}{\partial z}=-\dfrac{1}{\rho}\dfrac{\partial p}{\partial z}+\dfrac{1}{\rho}f_z\end{cases}$$

写成向量形式,即为

$$\frac{\partial \mathbf{V}}{\partial t}+(\mathbf{V}\cdot\nabla)\mathbf{V}=-\frac{1}{\rho}\nabla p+\frac{1}{\rho}\boldsymbol{f}\tag{1.25}$$

这是 Euler 流体运动方程组.

(3) 能量守恒定律和能量方程、流体力学基本方程组

流体运动的能量守恒定律:在时间间隔$[t_1,t_2]$内D内流体增加的能量等于在$[t_1,t_2]$内流入的能量与外力作功之和,即

$$\boxed{t=t_2\text{ 时 }D\text{ 内流体的能量}}-\boxed{t=t_1\text{ 时 }D\text{ 内流体的能量}}$$

$$=\boxed{\text{通过边界 }\partial D\text{ 在 }t_1\leqslant t\leqslant t_2\text{ 时间间隔内流入的能量}}$$

$$+\boxed{t_1\leqslant t\leqslant t_2\text{ 时段内作用在 }D\text{ 上外力所作的功}}$$

设单位质量流体具有的内能为e,动能为$\frac{1}{2}|\mathbf{V}|^2=\frac{1}{2}(u^2+v^2+w^2)$,则$[t_1,t_2]$内$D$内流体的能量的增量为

$$\iiint_D \rho\left(e+\frac{1}{2}|\mathbf{V}|^2\right)\bigg|_{t=t_2}\mathrm{d}x\mathrm{d}y\mathrm{d}z-\iiint_D \rho\left(e+\frac{1}{2}|\mathbf{V}|^2\right)\bigg|_{t=t_1}\mathrm{d}x\mathrm{d}y\mathrm{d}z$$

通过∂D流入的能量为

$$-\int_{t_1}^{t_2}\mathrm{d}t\oiint_{\partial D}\left(e+\frac{1}{2}|\mathbf{V}|^2\right)\rho(\mathbf{V}\cdot\boldsymbol{n})\mathrm{d}S$$

外力作的功包括两部分:一部分是压力p所作的功,即

$$-\int_{t_1}^{t_2}\mathrm{d}t\oiint_{\partial D}p(\mathbf{V}\cdot\boldsymbol{n})\mathrm{d}S$$

另一部分是重力 $\boldsymbol{f}$ 所作的功,即

$$\int_{t_1}^{t_2}\mathrm{d}t\iiint\limits_D \boldsymbol{f}\cdot\boldsymbol{V}\mathrm{d}x\mathrm{d}y\mathrm{d}z$$

则能量守恒定律的数学描述为

$$\begin{aligned}&\iiint\limits_D\left[\rho\left(e+\frac{1}{2}\mid\boldsymbol{V}\mid^2\right)\right]\Big|_{t=t_2}\mathrm{d}x\mathrm{d}y\mathrm{d}z-\iiint\limits_D\rho\left(e+\frac{1}{2}\mid\boldsymbol{V}\mid^2\right)\Big|_{t=t_1}\mathrm{d}x\mathrm{d}y\mathrm{d}z\\&=-\int_{t_1}^{t_2}\mathrm{d}t\oiint\limits_{\partial D}\left(e+\frac{1}{2}\mid\boldsymbol{V}\mid^2\right)\rho(\boldsymbol{V}\cdot\boldsymbol{n})\mathrm{d}S-\int_{t_1}^{t_2}\mathrm{d}t\oiint\limits_{\partial D}p(\boldsymbol{V}\cdot\boldsymbol{n})\mathrm{d}S\\&\quad+\int_{t_1}^{t_2}\mathrm{d}t\iiint\limits_D\boldsymbol{f}\cdot\boldsymbol{V}\mathrm{d}x\mathrm{d}y\mathrm{d}z\end{aligned}$$

假定式中函数连续可微,则由奥-高公式,有

$$\begin{aligned}&\int_{t_1}^{t_2}\iiint\limits_D\frac{\partial}{\partial t}\left[\rho\left(e+\frac{1}{2}\mid\boldsymbol{V}\mid^2\right)\right]\mathrm{d}x\mathrm{d}y\mathrm{d}z\mathrm{d}t+\int_{t_1}^{t_2}\iiint\limits_D\left\{\frac{\partial}{\partial x}\left[\left(e+\frac{1}{2}\mid\boldsymbol{V}\mid^2\right)\rho u\right]\right.\\&\left.+\frac{\partial}{\partial y}\left[\left(e+\frac{1}{2}\mid\boldsymbol{V}\mid^2\right)\rho v\right]+\frac{\partial}{\partial z}\left[\left(e+\frac{1}{2}\mid\boldsymbol{V}\mid^2\right)\rho w\right]\right\}\mathrm{d}x\mathrm{d}y\mathrm{d}z\mathrm{d}t\\&=-\int_{t_1}^{t_2}\iiint\limits_D\left[\frac{\partial}{\partial x}(pu)+\frac{\partial}{\partial y}(pv)+\frac{\partial}{\partial z}(pw)\right]\mathrm{d}x\mathrm{d}y\mathrm{d}z\mathrm{d}t+\int_{t_1}^{t_2}\iiint\limits_D\boldsymbol{f}\cdot\boldsymbol{V}\mathrm{d}x\mathrm{d}y\mathrm{d}z\mathrm{d}t\end{aligned}$$

由$[t_1,t_2]$及 D 的任意性,则有能量方程

$$\begin{aligned}&\frac{\partial}{\partial t}\left\{\rho\left[e+\frac{1}{2}(u^2+v^2+w^2)\right]\right\}+\frac{\partial}{\partial x}\left\{\left[e+\frac{1}{2}(u^2+v^2+w^2)\right]\rho u\right\}\\&+\frac{\partial}{\partial y}\left\{\left[e+\frac{1}{2}(u^2+v^2+w^2)\right]\rho v\right\}+\frac{\partial}{\partial z}\left\{\left[e+\frac{1}{2}(u^2+v^2+w^2)\right]\rho w\right\}\\&=-\left[\frac{\partial}{\partial x}(pu)+\frac{\partial}{\partial y}(pv)+\frac{\partial}{\partial z}(pw)\right]+\boldsymbol{f}\cdot\boldsymbol{V}\end{aligned}\tag{1.26}$$

利用连续性方程和动量方程,则上式可化为

$$\frac{\partial e}{\partial t}+u\frac{\partial e}{\partial x}+v\frac{\partial e}{\partial y}+w\frac{\partial e}{\partial z}=-\frac{p}{\rho}\left(\frac{\partial u}{\partial x}+\frac{\partial v}{\partial y}+\frac{\partial w}{\partial z}\right)\tag{1.27}$$

联立连续性方程、动量方程、能量方程,则为一个偏微分方程组

$$\begin{cases}\dfrac{\partial\rho}{\partial t}+\dfrac{\partial}{\partial x}(\rho u)+\dfrac{\partial}{\partial y}(\rho v)+\dfrac{\partial}{\partial z}(\rho w)=0,\\\dfrac{\partial u}{\partial t}+u\dfrac{\partial u}{\partial x}+v\dfrac{\partial u}{\partial y}+w\dfrac{\partial u}{\partial z}=-\dfrac{1}{\rho}\dfrac{\partial p}{\partial x}+\dfrac{1}{\rho}f_x,\\\dfrac{\partial v}{\partial t}+u\dfrac{\partial v}{\partial x}+v\dfrac{\partial v}{\partial y}+w\dfrac{\partial v}{\partial z}=-\dfrac{1}{\rho}\dfrac{\partial p}{\partial y}+\dfrac{1}{\rho}f_y,\\\dfrac{\partial w}{\partial t}+u\dfrac{\partial w}{\partial x}+v\dfrac{\partial w}{\partial y}+w\dfrac{\partial w}{\partial z}=-\dfrac{1}{\rho}\dfrac{\partial p}{\partial z}+\dfrac{1}{\rho}f_z,\\\dfrac{\partial e}{\partial t}+u\dfrac{\partial e}{\partial x}+v\dfrac{\partial e}{\partial y}+w\dfrac{\partial e}{\partial z}=-\dfrac{p}{\rho}\left(\dfrac{\partial u}{\partial x}+\dfrac{\partial v}{\partial y}+\dfrac{\partial w}{\partial z}\right)\end{cases}\tag{1.28}$$

其中,未知函数有 ρ,u,v,w,e,p 共六个,而方程只有五个,因此方程组不封闭,为此要加上一个所谓状态方程

$$e=e(p,\rho)$$

特别对于理想流体,有

$$e=\frac{1}{r-1}\cdot\frac{p}{\rho}$$

其中 r 为比热比,对空气而言 $r=1.4$.

上面 5 个方程再加上状态方程则是气体运动的基本方程组(对空气而言,重力 $\boldsymbol{f}$ 可以忽略为 0). 特别可以得到不可压缩无旋流动的数学模型. 不可压缩流动即认为 ρ 为常数,这里连续性方程为

$$\frac{\partial u}{\partial x}+\frac{\partial v}{\partial y}+\frac{\partial w}{\partial y}=0$$

考虑到无旋流动,因此 $\mathrm{rot}\boldsymbol{V}=0$,即

$$\mathrm{rot}\boldsymbol{V}=\left(\frac{\partial w}{\partial y}-\frac{\partial v}{\partial z}\right)\boldsymbol{i}+\left(\frac{\partial u}{\partial z}-\frac{\partial w}{\partial x}\right)\boldsymbol{j}+\left(\frac{\partial v}{\partial x}-\frac{\partial u}{\partial y}\right)\boldsymbol{k}=0$$

$$\frac{\partial w}{\partial y}=\frac{\partial v}{\partial z},\quad \frac{\partial u}{\partial z}=\frac{\partial w}{\partial x},\quad \frac{\partial v}{\partial x}=\frac{\partial u}{\partial y}$$

因此存在速度势函数 φ,使

$$\boldsymbol{V}=\mathbf{grad}\varphi$$

$$u=\frac{\partial \varphi}{\partial x},\quad v=\frac{\partial \varphi}{\partial y},\quad w=\frac{\partial \varphi}{\partial z}$$

代入连续性方程,得速度势 φ 满足三级 Laplace 方程

$$\frac{\partial^2\varphi}{\partial x^2}+\frac{\partial^2\varphi}{\partial y^2}+\frac{\partial^2\varphi}{\partial z^2}=0$$

根据边界条件求得了速度势 φ,就可以得到流场中速度分布.

以上我们从典型的物理现象出发建立了它们的数学模型,都是包括有未知函数偏导数的微分方程,也即偏微分方程. 偏微分方程及其定解条件的建立是用数学手段分析物理现象的第一步,求解这些定解问题,分析定解问题的性质,由此了解和探索物理现象才是数学物理方程这门课的核心任务. 本门课程专门从事对偏微分方程基本理论和求解方法的讨论.

1.2　偏微分方程的基本概念

上节,我们已经推导出了一些描写物理现象的方程,它们都是包含有未知函数的偏导数的方程,即为偏微分方程. 如果方程的个数多于一个,则称此方程为方程组. 方程组中方程的个数一般要求与未知函数的个数相同,如果方程个数小于未知

函数的个数，则方程组称为不定的；反之，如果方程的个数超过未知函数的个数，则方程组称为超定的.

偏微分方程的阶数是指方程中含未知函数最高阶偏导数的阶数.

如果一个偏微分方程(或组)对所含未知函数及其各阶导数的全体来说是线性的，则称之为线性偏微分方程(组)，否则称为非线性方程(组). 在线性方程中不含未知函数及其任何偏导数的项称为自由项或非齐次项，自由项恒等于零的方程称为齐次方程，否则称为非齐次方程. 关于非线性方程，当前研究得最多的是拟线性偏微分方程，这种方程中出现的未知函数的一切最高阶偏导数都是线性的，当然最高阶偏导数前的系数可能依赖于未知函数及其较低阶的偏导数；其次是半线性微分方程，这种方程中未知函数的最高阶偏导数不仅线性地出现，而且其系数只与自变量有关，与未知函数及其偏导数无关. 例如

一维弦振动方程

$$\frac{\partial^2 u}{\partial t^2} = a^2 \frac{\partial^2 u}{\partial x^2}$$

一维热传导方程

$$\frac{\partial u}{\partial t} = a^2 \frac{\partial^2 u}{\partial x^2}$$

二维热传导方程

$$\frac{\partial u}{\partial t} = a^2 \left(\frac{\partial^2 u}{\partial x^2} + \frac{\partial^2 u}{\partial y^2}\right)$$

Laplace 方程

$$\frac{\partial^2 u}{\partial x^2} + \frac{\partial^2 u}{\partial y^2} + \frac{\partial^2 u}{\partial z^2} = 0$$

都是 2 阶线性偏微分方程.

一维流体力学基本方程组

$$\begin{cases} \dfrac{\partial \rho}{\partial t} + \rho \dfrac{\partial u}{\partial x} + u \dfrac{\partial \rho}{\partial x} = 0, \\ \dfrac{\partial u}{\partial t} + u \dfrac{\partial u}{\partial x} = -\dfrac{1}{\rho} \dfrac{\partial p}{\partial x} + \dfrac{1}{\rho} f, \\ \dfrac{\partial e}{\partial t} + u \dfrac{\partial e}{\partial x} = -\dfrac{p}{\rho} \dfrac{\partial u}{\partial x} \end{cases}$$

是 1 阶拟线性偏微分方程组.

KdV(Korteweg de Vries) 方程

$$\frac{\partial u}{\partial t} + u \frac{\partial u}{\partial x} + \frac{\partial^3 u}{\partial x^3} = 0$$

则是 3 阶半线性偏微分方程.

所谓一个偏微分方程(组)的定解问题的解(古典解或正则解)是指这样一个

(或一组)函数,它(它们)本身以及出现在定解条件中的偏导数都在所考虑的闭区域上连续,所有出现于方程中的偏导数都在开区域内连续,同时在区域内部满足方程(组),即用它(它们)代替方程(组)中的未知函数后得到区域内部成立的恒等式,而当自变量从区域内部以任意方式趋于边界时能使定解条件也满足.有时为了研究工作的需要还要扩充解的概念,即定义广义解,在下面将作简要介绍.

本书作为基础课,主要研究 2 阶线性偏微分方程的基本理论和解法技巧.

1.3 2 阶线性偏微分方程的化简与分类

在第 1.1 节中我们从物理现象推导了三类典型方程:波动方程、热传导方程和 Poisson 方程.这三类方程对应于不同的物理现象,分别表示了一些物理运动的共性,表述了客观世界的普通规律.例如不论弹性体、流体还是电磁现象,它们的一些典型波动现象都由波动方程描述;许多不可逆过程、稳恒现象,如静电场、稳定磁场和引力场等都由位势方程描述.正如列宁在《唯物主义和经验批判主义》一书中所说:"自然界的统一性显示在关于各种现象领域的微分方程的惊人的类似中".

对于一般的 2 阶线性偏微分方程,我们根据它们的共同特性进行分类,实际上显示了各类偏微分方程的共性,也为同一类方程组描述的不同物理现象之间相互模拟提供了理论基础.

1.3.1 两个自变量 2 阶线性偏微分方程的化简

一般两个自变量 2 阶线性偏微分方程有如下形式:

$$\begin{aligned} &a(x,y)\frac{\partial^2 u}{\partial x^2}+2b(x,y)\frac{\partial^2 u}{\partial x\partial y}+c(x,y)\frac{\partial^2 u}{\partial y^2}+d(x,y)\frac{\partial u}{\partial x} \\ &\quad +e(x,y)\frac{\partial u}{\partial y}+f(x,y)u=g(x,y) \end{aligned} \tag{1.29}$$

其中,$a(x,y),b(x,y),c(x,y),d(x,y),e(x,y),f(x,y),g(x,y)$ 都是(x,y) 的连续可微函数,且 $a(x,y),b(x,y),c(x,y)$ 不同时为 0. 方程(1.29) 中

$$a(x,y)\frac{\partial^2 u}{\partial x^2}+2b(x,y)\frac{\partial^2 u}{\partial x\partial y}+c(x,y)\frac{\partial^2 u}{\partial y^2}$$

称为方程的 2 阶主部.

现在我们试图用可逆自变量变换和函数变换把方程(1.29) 化成更为简单的形式.

设方程自变量在区域Ω中变化,在任一点$(x_0,y_0)\in\Omega$的一个邻域内考虑自变量变换

$$\begin{cases}\xi=\xi(x,y),\\ \eta=\eta(x,y)\end{cases} \tag{1.30}$$

设ξ,η关于x,y两次连续可微,且变换的Jacobi行列式

$$J=\frac{D(\xi,\eta)}{D(x,y)}=\begin{vmatrix}\dfrac{\partial\xi}{\partial x} & \dfrac{\partial\eta}{\partial x}\\ \dfrac{\partial\xi}{\partial y} & \dfrac{\partial\eta}{\partial y}\end{vmatrix} \tag{1.31}$$

在(x_0,y_0)点不为零,则由隐函数存在定理知,在(x_0,y_0)的邻域内变换(1.30)是可逆的.在(x_0,y_0)的邻域内,在此变换下有

$$\frac{\partial u}{\partial x}=\frac{\partial u}{\partial\xi}\frac{\partial\xi}{\partial x}+\frac{\partial u}{\partial\eta}\frac{\partial\eta}{\partial x}$$

$$\frac{\partial u}{\partial y}=\frac{\partial u}{\partial\xi}\frac{\partial\xi}{\partial y}+\frac{\partial u}{\partial\eta}\frac{\partial\eta}{\partial y}$$

$$\frac{\partial^2 u}{\partial x^2}=\frac{\partial^2 u}{\partial\xi^2}\left(\frac{\partial\xi}{\partial x}\right)^2+2\frac{\partial^2 u}{\partial\xi\partial\eta}\frac{\partial\xi}{\partial x}\frac{\partial\eta}{\partial x}+\frac{\partial^2 u}{\partial\eta^2}\left(\frac{\partial\eta}{\partial x}\right)^2+\frac{\partial u}{\partial\xi}\frac{\partial^2\xi}{\partial x^2}+\frac{\partial u}{\partial\eta}\frac{\partial^2\eta}{\partial x^2}$$

$$\begin{aligned}\frac{\partial^2 u}{\partial x\partial y}=&\frac{\partial^2 u}{\partial\xi^2}\frac{\partial\xi}{\partial x}\frac{\partial\xi}{\partial y}+\frac{\partial^2 u}{\partial\xi\partial\eta}\left(\frac{\partial\xi}{\partial x}\frac{\partial\eta}{\partial y}+\frac{\partial\xi}{\partial y}\frac{\partial\eta}{\partial x}\right)+\frac{\partial^2 u}{\partial\eta^2}\left(\frac{\partial\eta}{\partial x}\frac{\partial\eta}{\partial y}\right)\\&+\frac{\partial u}{\partial\xi}\frac{\partial^2\xi}{\partial x\partial y}+\frac{\partial u}{\partial\eta}\frac{\partial^2\eta}{\partial x\partial y}\end{aligned}$$

$$\frac{\partial^2 u}{\partial y^2}=\frac{\partial^2 u}{\partial\xi^2}\left(\frac{\partial\xi}{\partial y}\right)^2+2\frac{\partial^2 u}{\partial\xi\partial\eta}\frac{\partial\xi}{\partial y}\frac{\partial\eta}{\partial y}+\frac{\partial^2 u}{\partial\eta^2}\left(\frac{\partial\eta}{\partial y}\right)^2+\frac{\partial u}{\partial\eta}\frac{\partial^2\eta}{\partial y^2}+\frac{\partial u}{\partial\xi}\frac{\partial^2\xi}{\partial y^2}$$

代入方程(1.29),则得到

$$\bar{a}\frac{\partial^2 u}{\partial\xi^2}+2\bar{b}\frac{\partial^2 u}{\partial\xi\partial\eta}+\bar{c}\frac{\partial^2 u}{\partial\eta^2}+\bar{d}\frac{\partial u}{\partial\xi}+\bar{e}\frac{\partial u}{\partial\eta}+\bar{f}u=\bar{g} \tag{1.32}$$

其中

$$\bar{a}=a\left(\frac{\partial\xi}{\partial x}\right)^2+2b\frac{\partial\xi}{\partial x}\frac{\partial\xi}{\partial y}+c\left(\frac{\partial\xi}{\partial y}\right)^2 \tag{1.33}$$

$$\bar{b}=a\frac{\partial\xi}{\partial x}\frac{\partial\eta}{\partial x}+b\left(\frac{\partial\xi}{\partial x}\frac{\partial\eta}{\partial y}+\frac{\partial\xi}{\partial y}\frac{\partial\eta}{\partial x}\right)+c\frac{\partial\xi}{\partial y}\frac{\partial\eta}{\partial y} \tag{1.34}$$

$$\bar{c}=a\left(\frac{\partial\eta}{\partial x}\right)^2+2b\frac{\partial\eta}{\partial x}\frac{\partial\eta}{\partial y}+c\left(\frac{\partial\eta}{\partial y}\right)^2 \tag{1.35}$$

$$\bar{d}=a\frac{\partial^2\xi}{\partial x^2}+2b\frac{\partial^2\xi}{\partial x\partial y}+c\frac{\partial^2\xi}{\partial y^2}+d\frac{\partial\xi}{\partial x}+e\frac{\partial\xi}{\partial y}$$

$$\bar{e}=a\frac{\partial^2\eta}{\partial x^2}+2b\frac{\partial^2\eta}{\partial x\partial y}+c\frac{\partial^2\eta}{\partial y^2}+d\frac{\partial\eta}{\partial x}+e\frac{\partial\eta}{\partial y}$$

$$\bar{f}=f(x(\xi,\eta),y(\xi,\eta))$$

$$\bar{g}=g(x(\xi,\eta),y(\xi,\eta))$$

现在研究如何选取适当的变换$\xi(x,y),\eta(x,y)$,使方程(1.32)的2阶偏导数项(主部)取最简单的形式.由于(1.32)中的$\bar{a}$和$\bar{c}$的形式((1.33)和(1.35))一样,仅是ξ换成η,故若能求出方程

$$a\left(\frac{\partial\varphi}{\partial x}\right)^2+2b\frac{\partial\varphi}{\partial x}\frac{\partial\varphi}{\partial y}+c\left(\frac{\partial\varphi}{\partial y}\right)^2=0 \tag{1.36}$$

的两个相互独立的解

$$\varphi=\varphi_1(x,y),\qquad \varphi=\varphi_2(x,y)$$

并取变换

$$\xi=\varphi_1(x,y),\qquad \eta=\varphi_2(x,y)$$

于是方程(1.32)中的系数 $\bar{a},\bar{c}$ 都等于 0,这时方程(1.32)要比方程(1.29)简单.

(1.36)是一个 1 阶非线性偏微分方程,如何求解它?当 a,c 不同时为 0,则求它的特解与求一个常微分方程的通解等价,即有下面的引理.

引理 1.1　设 $\varphi=\varphi_1(x,y)$ 是方程(1.36)的一个特解,则 $\varphi_1(x,y)=c$(常数)是下列常微分方程

$$a\left(\frac{\mathrm{d}y}{\mathrm{d}x}\right)^2-2b\frac{\mathrm{d}y}{\mathrm{d}x}+c=0 \tag{1.37}$$

的一个通解,反之亦然.

证明　不妨设 $a\neq 0$,设 $\varphi=\varphi_1(x,y)$(不等于常数)是(1.36)的一个特解,则由方程可知 $\frac{\partial\varphi_1}{\partial y}\neq 0$,否则 φ_1 为常数,于是沿着曲线 $\varphi_1(x,y)=c$ 有

$$\mathrm{d}\varphi_1=\frac{\partial\varphi_1}{\partial x}\mathrm{d}x+\frac{\partial\varphi_1}{\partial y}\mathrm{d}y=0$$

则

$$\frac{\mathrm{d}y}{\mathrm{d}x}=-\frac{\dfrac{\partial\varphi_1}{\partial x}}{\dfrac{\partial\varphi_1}{\partial y}}$$

代入(1.36)即得(1.37). 反之,如果 $\varphi_1(x,y)=c_0$(常数)是(1.37)的一个通解,则对于区域中任何一点 $P_0(x_0,y_0)$,由假设必有一条曲线 $\varphi_1(x,y)=\varphi_0(x_0,y_0)$ 通过,且 $\frac{\mathrm{d}y}{\mathrm{d}x}=-\frac{\varphi_{1x}}{\varphi_{1y}}\Big|_{P_0}$,将它代入(1.37),得

$$\left(a\varphi_{1x}^2+2b\varphi_{1x}\varphi_{1y}+c\varphi_{1y}^2\right)\Big|_{P_0}=0$$

由于 $P_0(x_0,y_0)$ 的任意性,得 $\varphi=\varphi_1(x,y)$ 是(1.36)的一个特解. 证毕!

为了求解常微分方程

$$a\left(\frac{\mathrm{d}y}{\mathrm{d}x}\right)^2-2b\frac{\mathrm{d}y}{\mathrm{d}x}+c=0$$

我们把它分解成两个方程

$$\frac{\mathrm{d}y}{\mathrm{d}x}=\frac{b+\sqrt{b^2-ac}}{a} \tag{1.38}$$

$$\frac{\mathrm{d}y}{\mathrm{d}x}=\frac{b-\sqrt{b^2-ac}}{a} \tag{1.39}$$

方程(1.37),(1.38),(1.39)称为2阶线性偏微分方程(1.29)的特征方程,其解称为特征线,$\Delta=b^2-ac$ 为判别式,显然求特征线的过程与判别式有关.

(1) 在点 $P_0(x_0,y_0)$ 邻域内 $\Delta=b^2-ac>0$,此时方程(1.38),(1.39)右端取相异的实数值,故积分曲线是两族不相同的实曲线,依次表示为 $\varphi_1(x,y)=c_1$,$\varphi_2(x,y)=c_2$,且

$$\varphi_{1x}^2+\varphi_{1y}^2\neq 0,\quad \varphi_{2x}^2+\varphi_{2y}^2\neq 0$$

这表明方程(1.29)有两条实特征线.令

$$\xi=\varphi_1(x,y)$$
$$\eta=\varphi_2(x,y)$$

由引理1.1知 $\bar{a}=\bar{c}=0$,又因为变换的Jacobi行列式

$$\frac{\partial(\varphi_1,\varphi_2)}{\partial(x,y)}=\begin{vmatrix}\frac{\partial\varphi_1}{\partial x} & \frac{\partial\varphi_2}{\partial x}\\ \frac{\partial\varphi_1}{\partial y} & \frac{\partial\varphi_2}{\partial y}\end{vmatrix}=\frac{\partial\varphi_1}{\partial x}\frac{\partial\varphi_2}{\partial y}-\frac{\partial\varphi_2}{\partial x}\frac{\partial\varphi_1}{\partial y}$$

$$=\frac{\partial\varphi_1}{\partial y}\frac{\partial\varphi_2}{\partial y}\left(\frac{\frac{\partial\varphi_1}{\partial x}}{\frac{\partial\varphi_1}{\partial y}}-\frac{\frac{\partial\varphi_2}{\partial x}}{\frac{\partial\varphi_2}{\partial y}}\right)$$

$$=\frac{\partial\varphi_1}{\partial y}\frac{\partial\varphi_2}{\partial y}\left(-\frac{b+\sqrt{b^2-ac}}{a}+\frac{b-\sqrt{b^2-ac}}{a}\right)$$

$$=-2\frac{\partial\varphi_1}{\partial y}\frac{\partial\varphi_2}{\partial y}\frac{\sqrt{b^2-ac}}{a}\neq 0$$

所以变换是非奇异的.

又不难算得

$$\bar{b}^2-\bar{a}\,\bar{c}=(b^2-ac)\left[\frac{\partial(\varphi_1,\varphi_2)}{\partial(x,y)}\right]^2$$

则 $\bar{b}\neq 0$.方程在 $P_0(x_0,y_0)$ 附近化简为

$$\bar{b}\frac{\partial^2 u}{\partial\xi\partial\eta}+\bar{d}\frac{\partial u}{\partial\xi}+\bar{e}\frac{\partial u}{\partial\eta}+\bar{f}u=\bar{g}$$

或写为

$$\frac{\partial^2 u}{\partial\xi\partial\eta}=A\frac{\partial u}{\partial\xi}+B\frac{\partial u}{\partial\eta}+Cu+D \tag{1.40}$$

其中,A,B,C,D 为 ξ,η 的函数.

再作自变量变换

$$\xi=\alpha+\beta$$

$$\eta = \alpha - \beta$$

则方程(1.40)可以化为

$$\frac{\partial^2 u}{\partial \alpha^2} - \frac{\partial^2 u}{\partial \beta^2} = A_1 \frac{\partial u}{\partial \alpha} + B_1 \frac{\partial u}{\partial \beta} + C_1 u + D_1 \tag{1.41}$$

我们定义(1.40),(1.41)是双曲型方程两种标准型.

(2) 在 $P_0(x_0, y_0)$ 的邻域内 $\Delta = 0$,此时两个特征方程归结为

$$\frac{\mathrm{d}y}{\mathrm{d}x} = \frac{b}{a}$$

因为只有一族实特征线 $\varphi_1(x,y) = c$,取 $\xi = \varphi_1(x,y)$,再任取一个与 $\varphi_1(x,y)$ 函数无关的二次连续可微函数 $\varphi_2(x,y)$. 令 $\eta = \varphi_2(x,y)$,则在变换

$$\xi = \varphi_1(x,y)$$
$$\eta = \varphi_2(x,y)$$

下有 $\bar{a} = 0$,由于

$$\bar{b}^2 - \bar{a}\,\bar{c} = (b^2 - ac)\left[\frac{\partial(\varphi_1, \varphi_2)}{\partial(x,y)}\right]^2$$

所以 $\bar{b} = 0$,于是方程(1.32)化简为($\bar{c}$ 一定不为 0)

$$\frac{\partial^2 u}{\partial \eta^2} = A \frac{\partial u}{\partial \xi} + B \frac{\partial u}{\partial \eta} + Cu + D \tag{1.42}$$

如果在上式中作函数变换

$$u = v\psi$$

由

$$\frac{\partial u}{\partial \xi} = v \frac{\partial \psi}{\partial \xi} + \psi \frac{\partial v}{\partial \xi}$$
$$\frac{\partial u}{\partial \eta} = v \frac{\partial \psi}{\partial \eta} + \psi \frac{\partial v}{\partial \eta}$$
$$\frac{\partial^2 u}{\partial \eta^2} = v \frac{\partial^2 \psi}{\partial \eta^2} + 2 \frac{\partial \psi}{\partial \eta} \frac{\partial v}{\partial \eta} + \psi \frac{\partial^2 v}{\partial \eta^2}$$

代入(1.42)则得

$$v \frac{\partial^2 \psi}{\partial \eta^2} + \psi \frac{\partial^2 v}{\partial \eta^2} + 2 \frac{\partial \psi}{\partial \eta} \frac{\partial v}{\partial \eta} = A\left(v \frac{\partial \psi}{\partial \xi} + \psi \frac{\partial v}{\partial \xi}\right) + B\left(v \frac{\partial \psi}{\partial \eta} + \psi \frac{\partial v}{\partial \eta}\right) + Cv\psi + D$$

$$\psi \frac{\partial^2 v}{\partial \eta^2} - \left(B\psi - 2 \frac{\partial \psi}{\partial \eta}\right) \frac{\partial v}{\partial \eta} = A\psi \frac{\partial v}{\partial \xi} - v \frac{\partial^2 \psi}{\partial \eta^2} + Av \frac{\partial \psi}{\partial \xi} + Bv \frac{\partial \psi}{\partial \eta} + Cv\psi + D$$

令 ψ 满足

$$B\psi - 2 \frac{\partial \psi}{\partial \eta} = 0$$

则

$$\psi = \mathrm{e}^{\frac{1}{2}\int_{\eta_0}^{\eta} B(\xi, \tau)\mathrm{d}\tau}$$

即

$$u = v\mathrm{e}^{\frac{1}{2}\int_{\eta_0}^{\eta} B(\xi,\tau)\mathrm{d}\tau}$$

就得到关于 v 的方程

$$\frac{\partial^2 v}{\partial \eta^2} = A_1 \frac{\partial v}{\partial \xi} + B_1 v + C_1 \tag{1.43}$$

此时不出现 v 对 η 的1阶导数项.当 $A_1 = 1, B_1 = 0, C_1 = -f(\xi,\eta)$ 时,得前节推导的热传导方程

$$\frac{\partial v}{\partial \xi} = \frac{\partial^2 v}{\partial \eta^2} + f(\xi,\eta) \tag{1.44}$$

我们定义(1.42),(1.43)为抛物型方程的标准型.

(3) 在点 $P_0(x_0, y_0)$ 的邻域内 $\Delta = b^2 - ac < 0$,此时

$$a\left(\frac{\mathrm{d}y}{\mathrm{d}x}\right)^2 - 2b\frac{\mathrm{d}y}{\mathrm{d}x} + c = 0 \tag{1.37}$$

没有实值解,但有两个复共轭解,它们是 x, y 的复函数,故方程(1.29)没有实特征线,特征方程(1.37)的解只能是复函数.设

$$\varphi(x,y) = \varphi_1(x,y) + \mathrm{i}\varphi_2(x,y) = c$$

为通积分,其中设 φ_x 和 φ_y 不同时为0,选取实变换

$$\xi = \mathrm{Re}\varphi(x,y) = \varphi_1(x,y)$$
$$\eta = \mathrm{Im}\varphi(x,y) = \varphi_2(x,y)$$

则由

$$\frac{\partial}{\partial x}(\xi + \mathrm{i}\eta) = \frac{1}{a}(-b + \mathrm{i}\sqrt{ac - b^2})\frac{\partial}{\partial y}(\xi + \mathrm{i}\eta)$$

得

$$\frac{\partial \xi}{\partial x} = -\frac{b}{a}\frac{\partial \xi}{\partial y} - \frac{\sqrt{ac-b^2}}{a}\frac{\partial \eta}{\partial y}$$
$$\frac{\partial \eta}{\partial x} = -\frac{b}{a}\frac{\partial \eta}{\partial y} + \frac{\sqrt{ac-b^2}}{a}\frac{\partial \xi}{\partial y}$$

则

$$\frac{\partial(\xi,\eta)}{\partial(x,y)} = -\frac{\sqrt{ac-b^2}}{a}\left[\left(\frac{\partial \xi}{\partial y}\right)^2 + \left(\frac{\partial \eta}{\partial y}\right)^2\right]$$

显然 $\frac{\partial(\xi,\eta)}{\partial(x,y)} \neq 0$,否则 ξ, η 为常数,因此变换是可逆的.选取上面的变换后,由

$$a\left(\frac{\partial \xi}{\partial x} + \mathrm{i}\frac{\partial \eta}{\partial x}\right)^2 + 2b\left(\frac{\partial \xi}{\partial x} + \mathrm{i}\frac{\partial \eta}{\partial x}\right)\left(\frac{\partial \xi}{\partial y} + \mathrm{i}\frac{\partial \eta}{\partial y}\right) + c\left(\frac{\partial \xi}{\partial y} + \mathrm{i}\frac{\partial \eta}{\partial y}\right)^2 = 0$$

得

$$\left[a\left(\frac{\partial \xi}{\partial x}\right)^2 + 2b\frac{\partial \xi}{\partial x}\frac{\partial \xi}{\partial y} + c\left(\frac{\partial \xi}{\partial y}\right)^2\right] - \left[a\left(\frac{\partial \eta}{\partial x}\right)^2 + 2b\frac{\partial \eta}{\partial x}\frac{\partial \eta}{\partial y} + c\left(\frac{\partial \eta}{\partial y}\right)^2\right]$$

$$+2\mathrm{i}\left[a\frac{\partial\xi}{\partial x}\frac{\partial\eta}{\partial x}+b\left(\frac{\partial\xi}{\partial x}\frac{\partial\eta}{\partial y}+\frac{\partial\eta}{\partial x}\frac{\partial\xi}{\partial y}\right)+c\frac{\partial\xi}{\partial y}\frac{\partial\eta}{\partial y}\right]=0$$

即

$$\bar{a}=\bar{c},\qquad \bar{b}=0$$

由

$$\bar{b}^2-\bar{a}\,\bar{c}=(b^2-ac)\left|\frac{\partial(\xi,\eta)}{\partial(x,y)}\right|^2$$

所以

$$\bar{a}=\bar{c}\neq 0$$

在这种情况下,方程化简为

$$\bar{a}\frac{\partial^2 u}{\partial\xi^2}+\bar{a}\frac{\partial^2 u}{\partial\eta^2}=\overline{A}\frac{\partial u}{\partial\xi}+\overline{B}\frac{\partial u}{\partial\eta}+\overline{C}u+\overline{D}$$

即

$$\frac{\partial^2 u}{\partial\xi^2}+\frac{\partial^2 u}{\partial\eta^2}=A\frac{\partial u}{\partial\xi}+B\frac{\partial u}{\partial\eta}+Cu+D \tag{1.45}$$

当 $A=B=C=0$,则为 Poisson 方程.

当 $A=B=C=D=0$,则为 Laplace 方程.

1.3.2　两个自变量 2 阶线性偏微分方程的分类

经过前面的变量代换,2 阶线性偏微分方程化简为三种类型.

定义 1.1　若方程(1.29) 的 2 阶主部的系数 a,b,c 作成的判别式 $\Delta=b^2-ac$ 在区域 Ω 中的某点 (x_0,y_0) 大于零,则称方程在点 (x_0,y_0) 是双曲型的;如果在 Ω 内每点都是双曲型的,则称方程(1.29) 在区域 Ω 是双曲型的. 如果 $\Delta=0$,则称方程(1.29) 在点 (x_0,y_0) 是抛物型的;如果在 Ω 内每点都是抛物型的,则称方程(1.29) 在区域 Ω 是抛物型的. 如果 $\Delta<0$,则称方程(1.29) 在点 (x_0,y_0) 是椭圆型的;如果在 Ω 内每点都是椭圆型的,则称方程(1.29) 在区域 Ω 是椭圆型的.

当然在点 $P_0(x_0,y_0)$ 为抛物型时,并不一定存在一个邻域使方程(1.29) 在这个邻域内是抛物型,因而并不保证在该点近旁化成抛物型方程的标准型.

从上面的定义可见,弦振动方程是双曲型方程,热传导方程是抛物型方程,Laplace 方程是椭圆型方程. 我们分别称(1.40) 和(1.41) 为双曲型方程第一标准型和第二标准型;称(1.42)(或(1.43)) 为抛物型方程标准型;称(1.45) 为椭圆型方程标准型.

除了上面指出的三种类型外,有些方程在区域 Ω 内为变型方程,例如 Tricomi 方程

$$y\frac{\partial^2 u}{\partial x^2}+\frac{\partial^2 u}{\partial y^2}=0 \tag{1.46}$$

其判别式 $\Delta=-y$，故(1.46)在上半平面 $y>0$ 内属于椭圆型，在下半平面 $y<0$ 内属双曲型，当所考察的区域 Ω 包括 x 轴上一线段时，在区域 Ω 内方程为混合型. 这种方程在研究跨音速飞机设计中有所应用.

例 1.1　弦振动方程

$$\frac{\partial^2 u}{\partial t^2}-a^2\frac{\partial^2 u}{\partial x^2}=0 \quad (a>0)$$

其特征方程为

$$(\mathrm{d}x)^2-a^2(\mathrm{d}t)^2=0$$

$\Delta=a^2>0$，方程为双曲型. 由

$$\frac{\mathrm{d}x}{\mathrm{d}t}=a, \quad \frac{\mathrm{d}x}{\mathrm{d}t}=-a$$

解得两条特征线方程

$$x+at=c_1, \quad x-at=c_2$$

令

$$\xi=x-at$$
$$\eta=x+at$$

方程化为

$$\frac{\partial^2 u}{\partial\xi\partial\eta}=0$$

这是双曲型方程第一典则型.

例 1.2　Tricomi 方程

$$y\frac{\partial^2 u}{\partial x^2}+\frac{\partial^2 u}{\partial y^2}=0$$

的特征方程为

$$y(\mathrm{d}y)^2+(\mathrm{d}x)^2=0$$

当 $y>0$ 时，$\Delta=-y<0$，方程为椭圆型，则由

$$\mathrm{d}x\pm \mathrm{i}\sqrt{y}\,\mathrm{d}y=0$$

解得

$$x\pm \mathrm{i}\frac{2}{3}y^{\frac{3}{2}}=c$$

令

$$\xi=x, \quad \eta=\frac{2}{3}y^{\frac{3}{2}}$$

经简单计算，方程化为

$$\frac{\partial^2 u}{\partial\xi^2}+\frac{\partial^2 u}{\partial\eta^2}+\frac{1}{3\eta}\frac{\partial u}{\partial\eta}=0$$

当 $y<0$ 时,方程为双曲型,特征方程分解为

$$\mathrm{d}x \pm \sqrt{-y}\,\mathrm{d}y = 0$$

解得

$$x \pm \frac{2}{3}(-y)^{\frac{3}{2}} = c$$

令

$$\xi = x - \frac{2}{3}(-y)^{\frac{3}{2}}$$

$$\eta = x + \frac{2}{3}(-y)^{\frac{3}{2}}$$

方程化为

$$\frac{\partial^2 u}{\partial\xi\partial\eta} - \frac{1}{6(\xi-\eta)}(u_\xi - u_\eta) = 0$$

例 1.3　考察 2 阶方程

$$x^2\frac{\partial^2 u}{\partial x^2} + 2xy\frac{\partial^2 u}{\partial x\partial y} + y^2\frac{\partial^2 u}{\partial y^2} = 0 \quad (x \neq 0, y \neq 0)$$

其判别式

$$\Delta = b^2 - ac = x^2y^2 - x^2y^2 = 0$$

因此方程处处是抛物型的. 其特征方程

$$x^2(\mathrm{d}y)^2 - 2xy\,\mathrm{d}x\mathrm{d}y + y^2(\mathrm{d}x)^2 = 0$$

即

$$x\mathrm{d}y - y\mathrm{d}x = 0$$

可得特征线方程是一族直线

$$\frac{y}{x} = c_1$$

令

$$\xi = \frac{y}{x}, \qquad \eta = x$$

则原方程化为

$$\frac{\partial^2 u}{\partial\eta^2} = 0$$

例 1.4　确定方程

$$\frac{\partial^2 u}{\partial x^2} + 3\frac{\partial^2 u}{\partial x\partial y} + 2\frac{\partial^2 u}{\partial y^2} = 0$$

的通解.

所谓偏微分方程的通解,即是包括任意函数的解,特解可以通过定解条件确定这些任意函数得到. 为了求得通解,先进行化简,这时

$$a = 1,\quad b = \frac{3}{2},\quad c = 2$$

$$b^2 - ac = \frac{9}{4} - 2 = \frac{1}{4} > 0$$

方程为双曲型,特征方程为

$$(\mathrm{d}y)^2 - 3\mathrm{d}x\mathrm{d}y + 2(\mathrm{d}x)^2 = 0$$

即

$$\mathrm{d}y = 2\mathrm{d}x$$
$$\mathrm{d}y = \mathrm{d}x$$

因此,有特征线

$$y - 2x = c_1$$
$$y - x = c_2$$

令

$$\xi = y - 2x$$
$$\eta = y - x$$

则方程化简为

$$\frac{\partial^2 u}{\partial \xi \partial \eta} = 0$$

故通解为

$$u = f(\xi) + g(\eta)$$

其中 f,g 为两个 2 次连续可微的任意函数,回到原来变量 x,y,则

$$u(x,y) = f(y-2x) + g(y-x)$$

1.3.3 多个自变量 2 阶线性偏微分方程的分类

前面我们已给出了多个自变量(多于 2) 情形的 2 阶线性偏微分方程,如三维热传导方程

$$\frac{\partial u}{\partial t} = a^2\left(\frac{\partial^2 u}{\partial x^2} + \frac{\partial^2 u}{\partial y^2} + \frac{\partial^2 u}{\partial z^2}\right)$$

三维 Laplace 方程

$$\frac{\partial^2 u}{\partial x^2} + \frac{\partial^2 u}{\partial y^2} + \frac{\partial^2 u}{\partial z^2} = 0$$

我们在研究声学现象时还要求解三维波动方程

$$\frac{\partial^2 u}{\partial t^2} = a^2\left(\frac{\partial^2 u}{\partial x^2} + \frac{\partial^2 u}{\partial y^2} + \frac{\partial^2 u}{\partial z^2}\right)$$

对它们如何进行分类?现考虑两个自变量情形,我们主要研究在点(x_0,y_0)偏微分方程 2 阶主部的系数 a,b,c. 如判别式 $\Delta = b^2 - ac > 0$,则偏微分方程在(x_0,y_0)为

双曲型；$\Delta = b^2 - ac < 0$，则为椭圆型；$\Delta = 0$，则为抛物型. 引进二次型

$$Q(\xi_1, \xi_2) = a\xi_1^2 + 2b\xi_1\xi_2 + c\xi_2^2 \tag{1.47}$$

这时由代数性质知 $\Delta < 0$，二次型 $Q(\xi_1, \xi_2)$ 为正定或负定；$\Delta = 0$，这时二次型退化；$\Delta > 0$，这时二次型既不退化，又不正定或负定. 这三种情形分别对应于二次型 $Q(\xi_1, \xi_2)$ 的特征矩阵的根，即方程

$$\begin{vmatrix} a-\lambda & b \\ b & c-\lambda \end{vmatrix} = 0$$

的根为同号、有零根和异号的情形.

对于多个自变量的 2 阶线性偏微分方程，可类似分类. 考虑一般形式的 2 阶线性方程

$$\sum_{i,j=1}^{n} a_{ij} \frac{\partial^2 u}{\partial x_i \partial x_j} + \sum_{i=1}^{n} b_i \frac{\partial u}{\partial x_i} + cu + f = 0 \tag{1.48}$$

其中，$a_{ij} = a_{ji}(i, j = 1, 2, \cdots, n)$；$b_i(i = 1, 2, \cdots, n)$，$c$ 和 f 是 $\Omega \subset \mathbf{R}^n$ 中的连续函数；$a_{ij}(i, j = 1, 2, \cdots, n)$ 不同时为零. 相应于两个自变量情形，引入二次型

$$Q(\xi_1, \cdots, \xi_n) = \sum_{i,j=1}^{n} a_{ij}\xi_i\xi_j \tag{1.49}$$

定义 1.2 若在点 $P_0(\xi_1^0, \xi_2^0, \cdots, \xi_n^0) \in \Omega$，二次型 $Q(\xi_1, \cdots, \xi_n)$ 为正定或负定，则称方程(1.48) 在 P_0 点为椭圆型；若二次型 $Q(\xi_1, \cdots, \xi_n)$ 在点 P_0 为退化，且其矩阵特征值中只有一个为零，其余特征值均同号，则称方程在点 P_0 为抛物型；若二次型 $Q(\xi_1, \cdots, \xi_n)$ 在点 P_0 既不退化又不正定或负定，且有$(n-1)$ 个特征值具有同一符号(另一特征值必异号)，则称方程(1.48) 在点 P_0 为双曲型.

如 Laplace 方程

$$\frac{\partial^2 u}{\partial x^2} + \frac{\partial^2 u}{\partial y^2} + \frac{\partial^2 u}{\partial z^2} = 0$$

其相应二次型 $Q(\xi_1, \xi_2, \xi_3) = \xi_1^2 + \xi_2^2 + \xi_3^2$ 为正定，其矩阵特征值均为 1，因此为椭圆型方程.

声波方程

$$\frac{\partial^2 u}{\partial t^2} = a^2\left(\frac{\partial^2 u}{\partial x^2} + \frac{\partial^2 u}{\partial y^2} + \frac{\partial^2 u}{\partial z^2}\right)$$

$$Q(\xi_1, \xi_2, \xi_3, \xi_4) = \xi_1^2 - a^2(\xi_2^2 + \xi_3^2 + \xi_4^2)$$

既非退化，也非正定或负定，其矩阵的三个特征值均为 $-a^2$，一个特征值为 1，由此为双曲型方程.

三维热传导方程

$$\frac{\partial u}{\partial t} = a^2\left(\frac{\partial^2 u}{\partial x^2} + \frac{\partial^2 u}{\partial y^2} + \frac{\partial^2 u}{\partial z^2}\right)$$

相应的二次型 $Q(\xi_1, \xi_2, \xi_3, \xi_4) = -a^2(\xi_2^2 + \xi_3^2 + \xi_4^2)$ 为退化的，其矩阵特征值中只有

一个为零,其余为 $-a^2$,故为抛物型方程.

当然与两个自变量的情形不同,对于多个自变量的 2 阶线性偏微分方程,由于二次型的不同情况,在 Ω 内存在点 P_0,其上方程(1.48) 未必属于三种类型之一.

1.4 定解问题的适定性

前面,我们建立了描写物理现象的数学模型,对波动现象、热传导现象,除了在求解区域中给出描述物理状态的未知函数满足的偏微分方程外,对有界区域还给出了初始条件和边界条件,对无界区域给出了初始条件. 为了描述定常现象(如稳定温度场、静电场等) 除了区域中由偏微分方程控制未知函数外,还要给定边界条件. 我们称初始条件、边界条件为定解条件. 偏微分方程加上定解条件称为定解问题,而既有初始条件又有边界条件的定解问题称为混合初边值问题. 对抛物型方程、双曲型方程,都有混合初边值问题. 而只有初始条件的问题称为 Cauchy 问题;描述稳恒现象的偏微分方程不具有初始条件,而只具有边值条件,称为边值问题.

我们研究偏微分方程定解问题的目的在于解释发现和探索客观物质运动规律,因此建立的偏微分方程定解问题符合客观实际是非常重要的. 当然,这要从客观实践得到证实,从数学上我们可以从研究定解问题的适定性着手.

关于偏微分方程定解问题的适定性,它包括:

(1) 解的存在性,即定解问题是否有解;

(2) 解的唯一性,即解是否保证唯一;

(3) 稳定性,即当定解资料(包括定解条件、方程中的系数等) 作微小变动时,解是否也只有微小改变.

一个定解问题如果解存在、唯一而且稳定,我们称定解问题的提法适定.

事实上,每一个反映正确物理现象的数学方程及定解条件当然应该存在解且解唯一和稳定. 但是,我们从自然现象建立偏微分方程和定解条件时总要进行一些近似过程(如舍弃一些因素),提出一些附加条件,这样定解问题不可能完全等同地反映物理过程,对复杂的物理现象用数学模型完全地描述它们就更为困难. 因此,研究解的存在性和唯一性不但是验证建立的数学模型正确性所必须,也启发了数学工作者改进数学模型使定解问题合理地反映自然规律,此外研究解的存在性过程往往是建立问题解法的一个过程.

关于稳定性,也是一个很重要的问题,因为定解资料,不论是初始条件、边界条件,还是方程中系数都是由实验测定的. 实验误差不可避免,微小的测量误差仅仅引起解微小的变化,这样的定解问题才有实际意义,这是显而易见的.

近年来,在实际问题中已发现了通常意义下不适定的问题(如在地质勘探、最优控制中),因此研究不适定问题也是有意义的,在数学上形成了有待研究的新课题.

数学物理方程课程的内容包括定解问题的解法、适定性研究、方程的解和其性质的研究等等. 本书进行了比较深入详细的讨论,兼顾了共性和个性、经典内容和近代发展,内容深入浅出,希望对读者掌握本门课程内容有所裨益.

习 题 1

1. 设某溶质在溶液中扩散,它在溶液中各点的浓度用 $N(x,y,z,t)$ 描述,又如溶质在时间 $\mathrm{d}t$ 内流过面元 $\mathrm{d}S$ 的质量 $\mathrm{d}m$ 依 Nernst 定律与 $\dfrac{\partial N}{\partial n}$ 成正比,即

$$\mathrm{d}m = -D\frac{\partial N}{\partial n}\mathrm{d}S\mathrm{d}t$$

其中,D 为扩散系数,$\boldsymbol{n}$ 为曲面外法线方向导数. 试导出 N 所满足的微分方程.

2. 长度为 L 的弦的左端开始时自由,以后受到强度为 $A\sin\omega t$ 的力的作用,右端系在弹性系数为 k 的弹性支承上面;初始位移为 $\varphi(x)$,初始速度为 $\psi(x)$. 试列出其相应的边界条件和初始条件.

3. 在杆纵向振动时,假设(1) 端点固定;(2) 端点自由;(3) 端点固定在弹性支承上. 试分别导出这三种情况下对应的边界条件.

4. 设有一长度为 l 的均匀细杆,横截面积为常数 A(见图 1.4),又设它的侧面绝热,即热量只能沿长度方向传导,由于杆很细,任何时刻都可以把同一截面上的温度看作是相同的,试推导杆的一维热传导方程.

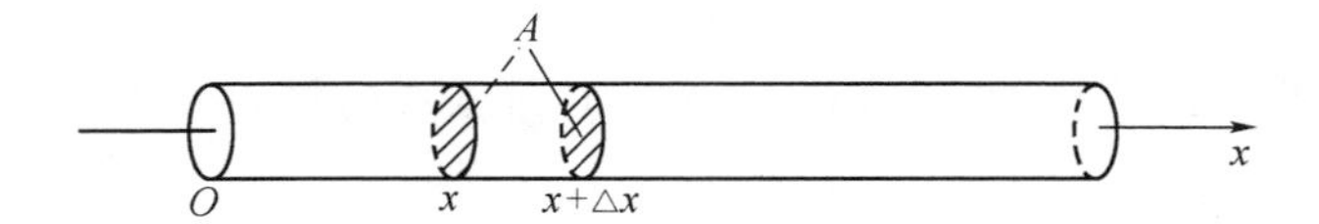

图 1.4

5. 有一长为 l 的均匀而柔软的细线,上端($x=0$) 固定,在它本身重力的作用下此弦处于铅直的平衡位置,试导出此弦相对于竖直线的微小横振动的方程式.

6. 设有一根具有绝热侧表面的均匀细杆,它的初始温度为 $\varphi(x)$,两端满足下列边界条件之一:

(1) 一端($x=0$) 绝热,另一端($x=l$) 保持常温为 u_0;

(2) 两端分别有恒定的热流密度 q_1 和 q_2 进入;

(3) 一端($x=0$) 温度为 $\mu(t)$,一端($x=l$) 与温度为 $\theta(t)$ 的介质有热交换.

试分别写出上述三种热过程的定解问题.

7. 有一圆锥形轴(见图 1.5),其高为 h,密度和杨氏模量分别为常数 ρ 和 E,试证明其纵振动方程为

$$E\frac{\partial}{\partial x}\left[\left(1-\frac{x}{h}\right)^2\frac{\partial u}{\partial x}\right]=\rho\left(1-\frac{x}{h}\right)^2\frac{\partial^2 u}{\partial t^2}$$

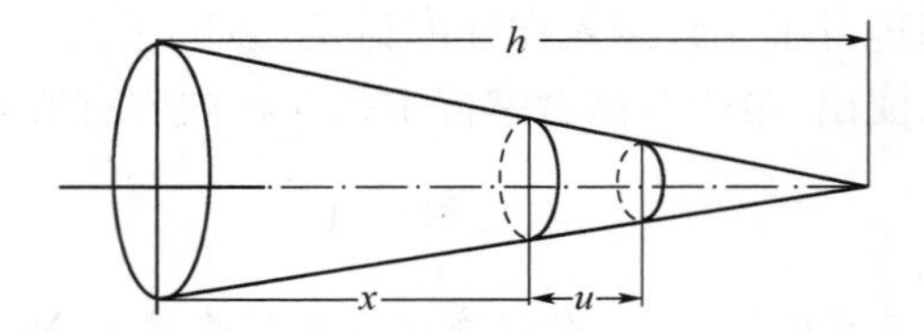

图 1.5

8. 一均匀圆盘的整个表面都是绝热的. 设在 $t=0$ 时其温度只是 r 的一个函数,此时 r 为盘上一点至盘中心的距离. 试证明盘的温度 $u(r,t)$ 满足的微分方程是

$$\frac{\partial u}{\partial t}=a^2\left(\frac{\partial^2 u}{\partial r^2}+\frac{1}{r}\frac{\partial u}{\partial r}\right)$$

9. 证明两个自变量的 2 阶线性方程经过可逆变换后,它的类型不会改变,也就是说,经可逆变换后,$\Delta=a_{12}^2-a_{11}a_{22}$ 的符号不变.

10. 判断下述方程的类型:

(1) $x^2u_{xx}-y^2u_{yy}=0$; (2) $u_{xx}+(x+y)^2u_{yy}=0$;

(3) $u_{xx}+xyu_{yy}=0$; (4) $xu_{xx}+4u_{yy}=f(x,y)$.

11. 对于方程

$$(\mathrm{sgn}y)u_{xx}+2u_{xy}+(\mathrm{sgn}x)u_{yy}=0\quad(-\infty<x,y<\infty)$$

其中

$$\mathrm{sgn}x=\begin{cases}1 & (x>0);\\ 0 & (x=0);\\ -1 & (x<0)\end{cases}\quad(\mathrm{sgn}y\text{ 有同样的含义})$$

(1) 判断它的类型;(2) 将其化为标准形式.

12. 化下列方程为标准形式:

(1) $u_{xx}+4u_{xy}+5u_{yy}+u_x+2u_y=0$;

(2) $x^2u_{xx}+2xyu_{xy}+y^2u_{yy}=0$;

(3) $u_{xx}+yu_{yy}=0$;

(4) $u_{xx}-2\cos x u_{xy}-(3+\sin^2x)u_{yy}-yu_y=0$;

(5) $(1+x^2)u_{xx}+(1+y^2)u_{yy}+xu_x+yu_y=0$;

(6) $u_{xx}-4u_{xy}+4u_{yy}=\mathrm{e}^y$;

(7) $u_{xx}+u_{xy}+u_{yy}+u_x=0$.

13. 确定下列方程的通解:

(1) $u_{xx}-3u_{xy}+2u_{yy}=0$;

(2) $u_{xx}-u_{xy}=0$;

(3) $x^2u_{xx}+2xyu_{xy}+y^2u_{yy}+xyu_x+y^2u_y=0$.

14. 证明两个自变量的2阶常系数双曲型方程或椭圆型方程一定可以经过自变量的变换及函数变换

$$u=e^{\lambda\xi+\mu\eta}v$$

将它化成 $v_{\xi\xi}\pm v_{\eta\eta}+hv=f$ 的形式.

15. 对于波动方程 $u_{tt}-a^2u_{xx}=0$,作自变量变换

$$\begin{cases}\xi=x-at,\\ \eta=x+at\end{cases}$$

化成 $u_{\xi\eta}=0$ 的形式,求出其通解(即含有两个任意函数的解).

16. 证明方程

$$\left(1-\frac{x}{h}\right)^2\frac{\partial^2u}{\partial t^2}=a^2\frac{\partial}{\partial x}\left[\left(1-\frac{x}{h}\right)^2\frac{\partial u}{\partial x}\right]\qquad(h>0,a>0\text{ 为常数})$$

的通解可以表示成

$$u(x,t)=\frac{F(x-at)+G(x+at)}{h-x}$$

其中 F,G 为任意二次连续可微函数,并由此求解其在区域 $\{-\infty<x<+\infty,t>0\}$ 内的初值问题

$$u(x,0)=\varphi(x),\quad u_t(x,0)=\psi(x)$$

其中 φ,ψ 为充分光滑的已知函数.

2　分离变量法

上一章，我们对 2 阶线性偏微分方程定解问题进行了分类，从本章开始将研究如何求解它们. 科学研究的重要方法之一是把复杂问题归结为求解较简单的问题，偏微分方程定解问题的求解是一复杂的问题，把它们化为求解常微分方程问题自然是最为直接了当的想法. 本书提出两种达到这一目的的方法，即分离变量法和积分变换法，前者应用于求解定义于有界区域上带有边值条件的线性偏微分方程，而后者应用于求解初值问题.

分离变量法又称 Fourier 方法，是求解规则区域，如矩形域、球域、柱域上的振动问题、热传导方程、位势方程等的常用方法. 本章将从求解最简单的固定端点的弦的自由振动问题出发，逐步深入展开，明确利用分离变量法求解定解问题的主要步骤和要解决的问题.

2.1　齐次边界条件有界弦自由振动方程的混合问题的分离变量法

2.1.1　微分方程定解问题、分离变量法的基本思想

如第 1 章所示，这时考虑的双曲型方程定解问题为

$$\begin{cases} \dfrac{\partial^2 u}{\partial t^2} = a^2 \dfrac{\partial^2 u}{\partial x^2} \quad (0 < x < l, t > 0); & (2.1) \\ u\big|_{t=0} = \varphi(x) \quad (0 \leqslant x \leqslant l); & (2.2) \\ \dfrac{\partial u}{\partial t}\Big|_{t=0} = \psi(x) \quad (0 \leqslant x \leqslant l); & (2.3) \\ u\big|_{x=0} = 0 \quad (t \geqslant 0); & (2.4) \\ u\big|_{x=l} = 0 \quad (t \geqslant 0) & (2.5) \end{cases}$$

这是一个混合初边值问题，(2.1) 是控制方程，(2.2) 和(2.3) 为初始条件，(2.4) 和(2.5) 为第一边值条件，它们是齐次边值条件. (2.1)—(2.5) 描述了一条长为 l 且两端固定的弦由于初始位移 $\varphi(x)$ 和初始速度 $\psi(x)$ 而引起的自由振动，其中 $\varphi(x)$，$\psi(x)$ 满足

$$\varphi(0) = \varphi(l) = 0, \qquad \psi(0) = \psi(l) = 0$$

用分离变量法求解这一定解问题其基本思路是先求出满足齐次边值条件(2.4)和(2.5)的微分方程(2.1)的特解$\{u_k(x,t)\}$，由于方程为线性，故可利用迭加原理.特解的线性组合也满足方程和齐次边值条件，适当的选取线性组合系数使满足初始条件，则得到(2.1)—(2.5)的形式解，那么如何求特解？由电学中振荡电路、力学中简谐振动的启发，振动常可用$e^{i(x-at)}=e^{ix}e^{-iat}$的形式来表示，即特解可表示为一个只含有$t$的函数与一个只含有$x$的函数的乘积，因此设特解$u(x,t)=T(t)X(x)$，求$T(t)$和$X(x)$的问题就归结为求解常微分方程问题，这就是分离变量法.

2.1.2　求微分方程的特解

令$u(x,t)=T(t)X(x)$，$T(t)$和$X(x)$都为非零函数，代入方程(2.1)，则有

$$XT''=a^2X''T$$

或者

$$\frac{T''(t)}{a^2T(t)}=\frac{X''(x)}{X(x)}$$

上式左端是t的函数，右端为x的函数，两边相等，故必为常数，设为$-\lambda$，则得到$X(x)$，$T(t)$满足的方程为

$$T''(t)+a^2\lambda T(t)=0 \tag{2.6}$$

$$X''(x)+\lambda X(x)=0 \tag{2.7}$$

它们都是常微分方程，由边界条件(2.4)和(2.5)，有$X(0)T(t)=0$，$X(l)T(t)=0$.由于$X(x)$，$T(t)$为非零函数，故要求$X(x)$满足边值条件$X(0)=0$，$X(l)=0$.这样非零函数$X(x)$为下列常微分方程

$$\begin{cases}X''(x)+\lambda X(x)=0, & (2.7)\\ X(0)=0, & (2.8)\\ X(l)=0 & (2.9)\end{cases}$$

两点边值问题的解.我们分别就$\lambda<0$，$\lambda=0$，$\lambda>0$求上述问题之解.

(1) $\lambda<0$，则$X''(x)+\lambda X(x)=0$的通解为

$$X(x)=Ce^{\sqrt{-\lambda}x}+De^{-\sqrt{-\lambda}x}$$

由$X(0)=0$，得$C+D=0$，则$C=-D$.由$X(l)=0$，得$Ce^{\sqrt{-\lambda}l}+De^{-\sqrt{-\lambda}l}=0$，则

$$C(e^{\sqrt{-\lambda}l}-e^{-\sqrt{-\lambda}l})=0$$

因此$C=D=0$，边值问题仅为零解.

(2) $\lambda=0$，则$X''(x)=0$，$X(x)=C+Dx$.由$X(0)=0$，得$C=0$；由$X(l)=0$，得$Dl=0$，所以$D=0$，边值问题仅有零解.

(3) $\lambda>0$，这时$X''(x)+\lambda X(x)=0$的通解为

$$X(x)=C\cos\sqrt{\lambda}x+D\sin\sqrt{\lambda}x$$

由 $X(0)=0$,得 $C=0$;由 $X(l)=0$,得 $D\sin\sqrt{\lambda}l=0$. 考虑到要求边值问题有非零解,则 $D\neq 0$,故必须取 λ,使$\sqrt{\lambda}l=k\pi$,因此有

$$\lambda=\frac{k^2\pi^2}{l^2} \tag{2.10}$$

可见为了使齐次边值问题(2.7),(2.8),(2.9) 有非零解,λ 的值不能任意选取,必须满足关系式(2.10),这时边值问题的非零解为

$$X_k(x)=D_k\sin\frac{k\pi}{l}x \quad (k=1,2,\cdots) \tag{2.11}$$

使问题(2.7)—(2.9) 有非零解的 λ_k 称为特征值,对应的函数 $X_k(x)$ 称为特征函数,边值问题(2.7)—(2.9) 称为特征值问题.

数学上,将形如 $L[y]-\lambda py=0$(其中 L 为线性微分算子) 的常微分方程在齐次边值条件下求其特征值 λ 和相应的特征函数的问题称为 Sturm-Liouville 问题.

求得 $\lambda_k=\frac{k^2\pi^2}{l^2}$,代入方程(2.6),则有 $T_k''(t)+\left(\frac{k\pi a}{l}\right)^2T(t)=0$,其通解为

$T_k(t)=A_k\cos\frac{k\pi a}{l}t+B_k\sin\frac{k\pi a}{l}t$,则方程(2.1) 有非零特解

$$u_k(x,t)=X_k(x)T_k(t)=\left(A_k\cos\frac{k\pi a}{l}t+B_k\sin\frac{k\pi a}{l}t\right)\sin\frac{k\pi x}{l} \tag{2.12}$$

$$(k=1,2,\cdots)$$

其中,A_k,B_k 为任意常数.

2.1.3 定解问题的形式解

上面求得了满足微分方程(2.1) 和边界条件(2.4) 和(2.5) 的无穷多个特解(2.12),为了求定解问题的解,还必须满足初始条件(2.2) 和(2.3),为此我们把(2.12) 中的所有特解迭加起来,成为级数形式

$$u(x,t)=\sum_{k=1}^{\infty}\left(A_k\cos\frac{k\pi a}{l}t+B_k\sin\frac{k\pi a}{l}t\right)\sin\frac{k\pi x}{l} \tag{2.13}$$

由迭加原理可知,如果(2.13) 右端的无穷级数是一致收敛的,且关于 x,t 都能逐项微分两次,则其和函数 $u(x,t)$ 满足方程和齐次边界条件. 为选择适当的常数 A_k,B_k,使其满足初始条件,则必须有

$$\varphi(x)=\sum_{k=1}^{\infty}A_k\sin\frac{k\pi}{l}x \tag{2.14}$$

$$\psi(x)=\sum_{k=1}^{\infty}\frac{k\pi a}{l}B_k\sin\frac{k\pi}{l}x \tag{2.15}$$

由 Fourier 级数理论,可知 $\varphi(x)$ 和 $\psi(x)$ 可按函数系 $\left\{\sin\frac{k\pi}{l}x\right\}$ 在$[0,l]$上展成

Fourier 级数，则由特征函数系$\left\{\sin\frac{k\pi}{l}x\right\}$在$[0,l]$上的正交性，可得

$$A_k=\frac{2}{l}\int_0^l\varphi(x)\sin\frac{k\pi x}{l}\mathrm{d}x \tag{2.16}$$

$$B_k=\frac{2}{k\pi a}\int_0^l\psi(x)\sin\frac{k\pi x}{l}\mathrm{d}x \tag{2.17}$$

则

$$\begin{aligned}u(x,t)=\sum_{k=1}^{\infty}\Big[&\left(\frac{2}{l}\int_0^l\varphi(x)\sin\frac{k\pi x}{l}\mathrm{d}x\right)\cos\frac{k\pi at}{l}\\&+\left(\frac{2}{k\pi a}\int_0^l\psi(x)\sin\frac{k\pi x}{l}\mathrm{d}x\right)\sin\frac{k\pi at}{l}\Big]\sin\frac{k\pi x}{l}\end{aligned} \tag{2.18}$$

形式上满足定解问题(2.1)—(2.5)，称(2.18)为形式解. 上面求得形式解的过程也称为分析过程.

2.1.4　综合过程、解的存在性

我们把验证形式解为定解问题解的过程称为综合过程. 由于级数每一项都满足微分方程，因此为了验证级数为微分方程的解，仅须论证：(1) 级数(2.18)一致收敛；(2) 级数(2.18)允许关于x,t逐项微分两次.

事实上就是要证明

$$\sum_{k=1}^{\infty}u_k(x,t),\qquad\sum_{k=1}^{\infty}\frac{\partial u_k(x,t)}{\partial t},\qquad\sum_{k=1}^{\infty}\frac{\partial^2u_k(x,t)}{\partial t^2}$$

$$\sum_{k=1}^{\infty}\frac{\partial u_k(x,t)}{\partial x},\qquad\sum_{k=1}^{\infty}\frac{\partial^2u_k(x,t)}{\partial x^2}$$

一致收敛，或者说

$$\sum_{k=1}^{\infty}\left(A_k\cos\frac{k\pi at}{l}+B_k\sin\frac{k\pi at}{l}\right)\sin\frac{k\pi x}{l}$$

$$\sum_{k=1}^{\infty}\left(\frac{k\pi a}{l}\right)\left(-A_k\sin\frac{k\pi at}{l}+B_k\cos\frac{k\pi at}{l}\right)\sin\frac{k\pi x}{l}$$

$$\sum_{k=1}^{\infty}\left(\frac{k\pi a}{l}\right)^2\left(-A_k\cos\frac{k\pi at}{l}-B_k\sin\frac{k\pi at}{l}\right)\sin\frac{k\pi x}{l}$$

$$\sum_{k=1}^{\infty}\left(\frac{k\pi}{l}\right)\left(A_k\cos\frac{k\pi at}{l}+B_k\sin\frac{k\pi at}{l}\right)\cos\frac{k\pi x}{l}$$

$$\sum_{k=1}^{\infty}\left(\frac{k\pi}{l}\right)^2\left(A_k\cos\frac{k\pi at}{l}+B_k\sin\frac{k\pi at}{l}\right)\sin\frac{k\pi x}{l}$$

的一致收敛性.

为了研究它们一致收敛的条件，由 Weierstrass 判别法，只须证明其强级数

$$\sum_{k=1}^{\infty} k^2(|A_k|+|B_k|) \tag{2.19}$$

收敛即可.我们引进一个引理.

引理 2.1 设 $f(x)$ 是区间$[0,l]$上的连续函数,它的 m 阶导数连续,$(m+1)$阶导数分段连续,并且 $f^{(k)}(0)=f^{(k)}(l)=0\left(k=0,2,4,\cdots,2\left[\frac{m}{2}\right]\right)$,其中$[x]$表示 x 的整数部分.将函数 $f(x)$ 在区间$[0,l]$上展开成 Fourier 正弦级数

$$f(x)\sim\sum_{k=1}^{\infty} a_k\sin\frac{k\pi x}{l}$$

则由系数 a_k 所构成的级数$\sum\limits_{k=1}^{\infty} k^m|a_k|$是收敛的(对展开成余弦级数有类似的结论).

证明 因为 $f(x)$ 的$(m+1)$阶导数分段连续,故 $f^{(m+1)}(x)$ 可以在区间$[0,l]$上展开成 Fourier 级数.当 m 为奇数时,展开式为 $f^{(m+1)}(x)\sim\sum\limits_{k=1}^{\infty} a_k^{(m+1)}\sin\frac{k\pi x}{l}$;当 m 是偶数时,展开式为 $f^{(m+1)}(x)\sim\frac{a_0^{(m+1)}}{2}+\sum\limits_{k=1}^{\infty} a_k^{(m+1)}\cos\frac{k\pi}{l}x$.根据 Passeval 等式,有$\frac{[a_0^{(m+1)}]^2}{2}+\sum\limits_{k=1}^{\infty}[a_k^{(m+1)}]^2=\frac{2}{l}\int_0^l[f^{(m+1)}(x)]^2\mathrm{d}x$,现在计算 $a_k^{(m+1)}$.

当 m 为奇数时,有

$$\begin{aligned}
a_k^{(m+1)} &= \frac{2}{l}\int_0^l f^{(m+1)}(\xi)\sin\frac{k\pi\xi}{l}\mathrm{d}\xi \\
&= \frac{2}{l}\left[f^{(m)}(\xi)\sin\frac{k\pi\xi}{l}\right]\Big|_0^l-\frac{2}{l}\int_0^l\frac{k\pi}{l}f^{(m)}(\xi)\cos\frac{k\pi\xi}{l}\mathrm{d}\xi \\
&= -\frac{2}{l}\frac{k\pi}{l}\int_0^l f^{(m)}(\xi)\cos\frac{k\pi\xi}{l}\mathrm{d}\xi \\
&= -\frac{2}{l}\frac{k\pi}{l}\left[f^{(m-1)}(\xi)\cos\frac{k\pi\xi}{l}\right]\Big|_0^l-\frac{2}{l}\left(\frac{k\pi}{l}\right)^2\int_0^l f^{(m-1)}(\xi)\sin\frac{k\pi\xi}{l}\mathrm{d}\xi \\
&= -\frac{2}{l}\left(\frac{k\pi}{l}\right)^2\int_0^l f^{(m-1)}(\xi)\sin\frac{k\pi\xi}{l}\mathrm{d}\xi
\end{aligned}$$

这时因为假设 $f^{(m-1)}(x)$ 在 $x=0$ 及 $x=l$ 处等于 0,如此继续下去,可得

$$a_k^{(m+1)}=(-1)^{\frac{m+1}{2}}\left(\frac{k\pi}{l}\right)^{m+1}\frac{2}{l}\int_0^l f(x)\sin\frac{k\pi\xi}{l}\mathrm{d}\xi=(-1)^{\frac{m+1}{2}}\left(\frac{k\pi}{l}\right)^{m+1}a_k$$

当 m 为偶数时,同样可算得 $a_k^{(m+1)}=(-1)^{\frac{m}{2}}\left(\frac{k\pi}{l}\right)^{m+1}a_k$.

由于$\sum\limits_{k=1}^{\infty}|a_k^{(m+1)}|^2<\infty$,所以

$$\sum_{k=1}^{\infty} k^{2m+2} a_k^2 < \infty$$

由 Cauchy 不等式，则有

$$\sum_{k=1}^{\infty} k^m \mid a_k \mid \leqslant \left(\sum_{k=1}^{\infty} k^{2m+2} a_k^2 \cdot \sum_{k=1}^{\infty} \frac{1}{k^2} \right)^{\frac{1}{2}} < \infty$$

则级数 $\sum\limits_{k=1}^{\infty} k^m \mid a_k \mid$ 是收敛的.

由此引理可知，如果 $\varphi(x) \in C^2, \psi(x) \in C^1, \varphi^{(3)}(x)$ 和 $\psi^{(2)}(x)$ 分段连续，$\varphi(0) = \varphi(l) = 0, \varphi''(0) = \varphi''(l) = 0, \psi(0) = \psi(l) = 0$，则级数 $\sum\limits_{k=1}^{\infty} k^2 \mid A_k \mid, \sum\limits_{k=1}^{\infty} k^2 \mid B_k \mid$ 都收敛，于是级数(2.19)收敛，从而级数(2.18)一致收敛，且对 x, t 可逐项微分两次，所得级数还是绝对一致收敛，因而满足方程、边值条件和初始条件. 这就验证了级数(2.18)定义的函数 $u(x,t)$ 是定解问题(2.1)—(2.5)的解，实际上也证明了定解问题解的存在性，故得下面的定理.

定理 2.1 若函数 $\varphi(x) \in C^2, \psi(x) \in C^1, \varphi^{(3)}(x)$ 和 $\psi^{(2)}(x)$ 分段连续，并且

$$\varphi(0) = \varphi(l) = 0, \quad \varphi''(0) = \varphi''(l) = 0, \quad \psi(0) = \psi(l) = 0$$

则定解问题(2.1)—(2.5)的解存在并以级数(2.18)的形式表示.

定理中对 φ, ψ 的要求比较苛刻，如不满足上述条件，我们将引进广义解概念.

2.1.5 举例

例 2.1 求解下列定解问题

$$\begin{cases} \dfrac{\partial^2 u}{\partial t^2} = \dfrac{\partial^2 u}{\partial x^2} & (0 < x < 2, t > 0); \\ u\big|_{t=0} = \dfrac{1}{2}\sin \pi x & (0 \leqslant x \leqslant 2); \\ \dfrac{\partial u}{\partial t}\Big|_{t=0} = 0 & (0 \leqslant x \leqslant 2); \\ u\big|_{x=0} = 0 & (t \geqslant 0); \\ u\big|_{x=2} = 0 & (t \geqslant 0) \end{cases}$$

解 这个问题的级数解形式已由(2.13)给出，即

$$u(x,t) = \sum_{k=1}^{\infty} \left(A_k \cos \frac{k\pi a t}{l} + B_k \sin \frac{k\pi a t}{l} \right) \sin \frac{k\pi}{l} x$$

其中 $l = 2, a = 1$. 又

$$A_k = \int_0^2 \frac{1}{2} \sin \pi x \sin \frac{k\pi x}{2} \mathrm{d}x = \begin{cases} \dfrac{1}{2} & (k = 2); \\ 0 & (k \neq 2) \end{cases}$$

$$B_k = 0$$

所以 $u(x,t)=\frac{1}{2}\cos\pi t\sin\pi x$.

例 2.2 求解下列定解问题.

$$\begin{cases}\dfrac{\partial^2 u}{\partial t^2}=a^2\dfrac{\partial^2 u}{\partial x^2} & (0<x<l,t>0); \\ u|_{t=0}=\varphi(x) & (0\leqslant x\leqslant l); \\ \left.\dfrac{\partial u}{\partial t}\right|_{t=0}=\psi(x) & (0\leqslant x\leqslant l); \\ \left.\dfrac{\partial u}{\partial x}\right|_{x=0}=0 & (t\geqslant 0); \\ \left.\dfrac{\partial u}{\partial x}\right|_{x=l}=0 & (t\geqslant 0)\end{cases}$$

解 这里所考虑的方程仍是(2.1),所不同的是在 $x=0,x=l$ 上的边界条件为第二类边界条件,通过分离变量的步骤后仍得到常微分方程(2.7),但组成特征值问题的边界条件(2.8)和(2.9)分别代之为 $X'(0)=0$ 和 $X'(l)=0$,则相应的特征值问题为

$$\begin{cases}X''(x)+\lambda X(x)=0, \\ X'(0)=0, \\ X'(l)=0\end{cases}$$

重复前面的讨论可知:当 $\lambda=0$,上述特征值问题有非零解 $X(x)=A_0$. 当 $\lambda=\beta^2>0$ 时,上述特征值问题有非零解 $X(x)=C\cos\beta x+D\sin\beta x$,由 $X'(0)=0$,则 $D=0$;由 $X'(l)=0$,则 $-C\beta\sin\beta l=0(C\neq 0)$,即

$$\begin{cases}\beta l=k\pi, \\ \lambda=\beta^2=\dfrac{k^2\pi^2}{l^2}\end{cases}\quad (k=1,2,\cdots)$$

从而求得一系列特征值:

$$\lambda_0=0,\quad \lambda_k=\frac{k^2\pi^2}{l^2}\quad (k=1,2,\cdots)$$

及相应的特征函数:

$$X_0(x)=A_0$$

$$X_k(x)=A_k\cos\frac{k\pi}{l}x\quad (k=1,2,\cdots)$$

把 λ_k 值代入(2.6),求得

$$T_0(t)=C_0+D_0t$$

$$T_k(t)=C_k\cos\frac{k\pi at}{l}+D_k\sin\frac{k\pi at}{l}\quad (k=1,2,\cdots)$$

相应特解为

$$u_0(x,t)=(C_0+D_0t)A_0$$

$$u_k(x,t)=\left(C_k\cos\frac{k\pi at}{l}+D_k\sin\frac{k\pi at}{l}\right)A_k\cos\frac{k\pi}{l}x\quad(k=1,2,\cdots)$$

把它们迭加起来，并把常数写成 A_k 和 B_k，则形式解为

$$u(x,t)=A_0+B_0t+\sum_{k=1}^{\infty}\left(A_k\cos\frac{k\pi at}{l}+B_k\sin\frac{k\pi at}{l}\right)\cos\frac{k\pi x}{l}$$

为了要求其满足初始条件，考虑到 $\left\{\cos\frac{k\pi x}{l}\right\}$ 在 $[0,l]$ 是的正交性，即可得

$$A_0=\frac{1}{l}\int_0^l\varphi(x)\mathrm{d}x$$

$$A_k=\frac{2}{l}\int_0^l\varphi(x)\cos\frac{k\pi x}{l}\mathrm{d}x\quad(k=1,2,\cdots)$$

$$B_0=\frac{1}{l}\int_0^l\psi(x)\mathrm{d}x$$

$$B_k=\frac{2}{k\pi a}\int_0^l\psi(x)\cos\frac{k\pi x}{l}\mathrm{d}x\quad(k=1,2,\cdots)$$

同上，要使形式解为定解问题的解，同样对初始条件必须附加相应的光滑性条件及端点条件. 如果这些条件不满足，则只能理解为“广义”意义下的解.

2.1.6 解的物理意义

前面已得到了定解问题(2.1)—(2.5) 解的表达式

$$u(x,t)=\sum_{k=1}^{\infty}\left(A_k\cos\frac{k\pi at}{l}+B_k\sin\frac{k\pi at}{l}\right)\sin\frac{k\pi x}{l}$$

下面，我们论述其物理意义.

由通项

$$\begin{aligned}u_k(x,t)&=\left(A_k\cos\frac{k\pi at}{l}+B_k\sin\frac{k\pi at}{l}\right)\sin\frac{k\pi x}{l}\\&=\sqrt{A_k^2+B_k^2}\left(\frac{A_k}{\sqrt{A_k^2+B_k^2}}\cos\frac{k\pi at}{l}+\frac{B_k}{\sqrt{A_k^2+B_k^2}}\sin\frac{k\pi at}{l}\right)\sin\frac{k\pi x}{l}\\&=N_k\sin(\omega_kt+\delta_k)\sin\frac{k\pi x}{l}\end{aligned}$$

其中，$N_k=\sqrt{A_k^2+B_k^2}$，$\delta_k=\arctan\frac{A_k}{B_k}$（主值），$\omega_k=\frac{k\pi a}{l}$.

形如 $N_k\sin(\omega_kt+\delta_k)\sin\frac{k\pi x}{l}$ 的函数，固定 $t=t_0$，则

$$u_k(x,t_0)=N_k'\sin\frac{k\pi x}{l},\qquad N_k'=N_k\sin(\omega_kt_0+\delta_k)$$

其中，N_k' 为一确定的值. $u_k(x,t_0)$ 表示在任一时刻 t_0 其形状都是正弦曲线，每一正

弦曲线其振幅随着时间不同而不同,这些正弦波有个特点,即在点 $x_n^k = \frac{nl}{k}(n = 0,1,2,\cdots,k)$ 对任何时刻 t 都有 $u_k(x,t) = 0$,这些点称为波 $u_k(x,t)$ 的节点或波节,它不随时间变化.

再看固定点 x_0,都有 $u_k(x_0,t) = N_k \sin(\omega_k t + \delta_k)\sin\frac{k\pi x_0}{l}$,物理上这是具有振幅 $N_k \sin\frac{k\pi x_0}{l}$、角频率 ω_k 和初相 δ_k 的简谐振动.对于同一 k,弦上各点的简谐振动的角频率和初相相同,仅仅是振幅随着 x 的不同而不同,而在一系列点 $\sin\frac{k\pi\xi}{l} = \pm 1$ 上振幅达到最大,这些点是 $\xi_n^k = \frac{(2n+1)l}{2l}(n = 0,1,\cdots,k-1)$.这些点称为振动波 $u_k(x,t)$ 的腹点或称波腹.显然,它也不随时间的变化而变化,物理上称具有不随时间变化的节点和腹点的波为驻波.又 $\omega_k = \frac{k\pi a}{l}$,当 k 固定时只与 a 和 l 有关,这是由弦本身性质所决定,故称 ω_k 为固有频率.对固定的 k,振幅、初相由初始条件决定,而角频率与初始条件无关.

现在从物理上看,弦的振动波可以看作是一系列角频率不同、初相不同、振幅不同的驻波的迭加,因此分离变量法又称为驻波法.

2.2 齐次边界条件有界弦强迫振动方程的混合问题的分离变量法

现在我们考虑固定端点的弦的强迫振动方程的分离变量法,这时要求解的定解问题为

$$\begin{cases} \frac{\partial^2 u}{\partial t^2} = a^2 \frac{\partial^2 u}{\partial x^2} + f(x,t) & (0 < x < l, t > 0); & (2.20) \\ u\big|_{t=0} = \varphi(x) & (0 \leqslant x \leqslant l); & (2.21) \\ \left.\frac{\partial u}{\partial t}\right|_{t=0} = \psi(x) & (0 \leqslant x \leqslant l); & (2.22) \\ u\big|_{x=0} = 0 & (t \geqslant 0); & (2.23) \\ u\big|_{x=l} = 0 & (t \geqslant 0) & (2.24) \end{cases}$$

由于方程(2.20)的线性性,因此若 $u_1(x,t)$ 满足下面的定解问题

$$
\begin{cases}
\dfrac{\partial^2 u_1}{\partial t^2} = a^2 \dfrac{\partial^2 u_1}{\partial x^2} & (0 < x < l, t > 0); \\
u_1 \big|_{t=0} = \varphi(x) & (0 \leqslant x \leqslant l); \\
\dfrac{\partial u_1}{\partial t}\Big|_{t=0} = \psi(x) & (0 \leqslant x \leqslant l); \\
u_1 \big|_{x=0} = 0 & (t \geqslant 0); \\
u_1 \big|_{x=l} = 0 & (t \geqslant 0)
\end{cases}
$$

$u_2(x,t)$ 为下面非齐次方程定解问题

$$
\begin{cases}
\dfrac{\partial^2 u_2}{\partial t^2} = a^2 \dfrac{\partial^2 u_2}{\partial x^2} + f(x,t) & (0 < x < l, t > 0); & (2.25) \\
u_2 \big|_{t=0} = 0 & (0 \leqslant x \leqslant l); & (2.26) \\
\dfrac{\partial u_2}{\partial t}\Big|_{t=0} = 0 & (0 \leqslant x \leqslant l); & (2.27) \\
u_2 \big|_{x=0} = 0 & (t \geqslant 0); & (2.28) \\
u_2 \big|_{x=l} = 0 & (t \geqslant 0) & (2.29)
\end{cases}
$$

的解，则 $u(x,t) = u_1(x,t) + u_2(x,t)$ 显然为定解问题(2.20)—(2.24) 的解.

$u_1(x,t)$ 由第2.1节中分离变量法求得，下面我们研究 $u_2(x,t)$ 的求法，先建立下列齐次化原理.

定理 2.2(齐次化原理、Duhamel 原理)　如果函数 $w(x,t;\tau)$ 是混合问题

$$
\begin{cases}
\dfrac{\partial^2 w}{\partial t^2} = a^2 \dfrac{\partial^2 w}{\partial x^2} & (0 < x < l, t > \tau); \\
w \big|_{t=\tau} = 0 & (0 \leqslant x \leqslant l); \\
\dfrac{\partial w}{\partial t}\Big|_{t=\tau} = f(x,\tau) & (0 \leqslant x \leqslant l); \\
w \big|_{x=0} = w \big|_{x=l} = 0 & (t \geqslant \tau)
\end{cases}
$$

的解(其中 $\tau \geqslant 0$ 是参数，$f(x,\tau) \in C^2$，且 $f(0,\tau) = f(l,\tau) = 0$)，则函数

$$
u(x,t) = \int_0^t w(x,t;\tau)\mathrm{d}\tau \tag{2.30}
$$

是混合问题

$$
\begin{cases}
\dfrac{\partial^2 u}{\partial t^2} = a^2 \dfrac{\partial^2 u}{\partial x^2} + f(x,t) & (0 < x < l, t > 0); & (2.31) \\
u \big|_{t=0} = 0 & (0 \leqslant x \leqslant l); & (2.32) \\
\dfrac{\partial u}{\partial t}\Big|_{t=0} = 0 & (0 \leqslant x \leqslant l); & (2.33) \\
u \big|_{x=0} = u \big|_{x=l} = 0 & (t \geqslant 0) & (2.34)
\end{cases}
$$

的解.

证明　先看(2.30) 是否满足初始条件和边界条件(2.32)—(2.34).

(1) $u|_{t=0}=\int_0^0 w(x,t;\tau)\mathrm{d}\tau=0$;

(2) $\dfrac{\partial u}{\partial t}=w(x,t;\tau)+\int_0^t\dfrac{\partial w(x,t;\tau)}{\partial t}\mathrm{d}\tau$,则

$$\left.\frac{\partial u}{\partial t}\right|_{t=0}=0$$

(3) $u|_{x=0}=\int_0^t w(0,t;\tau)\mathrm{d}\tau=0$;

(4) $u|_{x=l}=\int_0^t w(l,t;\tau)\mathrm{d}\tau=0$.

又因为

$$\frac{\partial u}{\partial t}=\int_0^t\frac{\partial w(x,t;\tau)}{\partial t}\mathrm{d}\tau$$

则

$$\begin{aligned}\frac{\partial^2 u}{\partial t^2}&=\left.\frac{\partial w(x,t;\tau)}{\partial t}\right|_{\tau=t}+\int_0^t\frac{\partial^2 w(x,t;\tau)}{\partial t^2}\mathrm{d}\tau\\&=f(x,t)+\int_0^t a^2\frac{\partial^2 w(x,t;\tau)}{\partial x^2}\mathrm{d}\tau\\&=f(x,t)+a^2\frac{\partial^2}{\partial x^2}\int_0^t w(x,t;\tau)\mathrm{d}\tau\end{aligned}$$

因此$\dfrac{\partial^2 u}{\partial t^2}=a^2\dfrac{\partial^2 u}{\partial x^2}+f(x,t)$,即

$$u(x,t)=\int_0^t w(x,t;\tau)\mathrm{d}\tau$$

为非齐次方程的(2.31)—(2.34)的解.定理证毕.

由上述定理,可把求解定解问题(2.25)—(2.29)的解 $u_2(x,t)$ 归结为求解定解问题

$$\begin{cases}\dfrac{\partial^2 w}{\partial t^2}=a^2\dfrac{\partial^2 w}{\partial x^2} & (0<x<l,t>\tau);\\ w|_{t=\tau}=0 & (0\leqslant x\leqslant l);\\ \left.\dfrac{\partial w}{\partial t}\right|_{t=\tau}=f(x,\tau) & (0\leqslant x\leqslant l);\\ w|_{x=0}=w|_{x=l}=0 & (t\geqslant\tau)\end{cases}$$

的解 $w(x,t;\tau)$.为此令 $t'=t-\tau$,则

$$\begin{cases}\dfrac{\partial^2 w}{\partial t'^2}=a^2\dfrac{\partial^2 w}{\partial x^2} & (0<x<l,t'>0);\\ w|_{t'=0}=0 & (0\leqslant x\leqslant l);\\ \left.\dfrac{\partial w}{\partial t'}\right|_{t'=0}=f(x,\tau) & (0\leqslant x\leqslant l);\\ w|_{x=0}=w|_{x=l}=0 & (t'\geqslant 0)\end{cases}$$

由前节齐次方程齐次边界条件的分离变量法,有

$$w(x,t;\tau)=\sum_{k=1}^{\infty}B_k\sin\frac{k\pi at'}{l}\sin\frac{k\pi x}{l}$$

其中

$$B_k=\frac{2}{k\pi a}\int_0^l f(\xi,\tau)\sin\frac{k\pi\xi}{l}\mathrm{d}\xi\quad(k=1,2,\cdots)$$

由齐次化原理,得

$$u_2(x,t)=\int_0^t\sum_{k=1}^{\infty}\left(\frac{2}{k\pi a}\int_0^l f(\xi,\tau)\sin\frac{k\pi\xi}{l}\mathrm{d}\xi\right)\sin\frac{k\pi a(t-\tau)}{l}\sin\frac{k\pi x}{l}\mathrm{d}\tau$$

则齐次边界条件非齐次方程(2.20)—(2.24)的形式解为

$$\begin{aligned}u(x,t)=&\sum_{k=1}^{\infty}\left(A_k\cos\frac{k\pi at}{l}+B_k\sin\frac{k\pi at}{l}\right)\sin\frac{k\pi x}{l}\\&+\int_0^t\sum_{k=1}^{\infty}\left(\frac{2}{k\pi a}\int_0^l f(\xi,\tau)\sin\frac{k\pi\xi}{l}\mathrm{d}\xi\right)\sin\frac{k\pi a(t-\tau)}{l}\sin\frac{k\pi x}{l}\mathrm{d}\tau\end{aligned}\tag{2.35}$$

其中

$$A_k=\frac{2}{l}\int_0^l\varphi(\xi)\sin\frac{k\pi\xi}{l}\mathrm{d}\xi$$

$$B_k=\frac{2}{k\pi a}\int_0^l\psi(\xi)\sin\frac{k\pi\xi}{l}\mathrm{d}\xi$$

记

$$A_k=\varphi_k,\qquad B_k=\frac{l}{k\pi a}\psi_k,\qquad \psi_k=\frac{2}{l}\int_0^l\psi(\xi)\sin\frac{k\pi\xi}{l}\mathrm{d}\xi$$

$$f_k(t)=\frac{2}{l}\int_0^l f(\xi,t)\sin\frac{k\pi\xi}{l}\mathrm{d}\xi$$

则(2.35)也可写成

$$\begin{aligned}u(x,t)=&\sum_{k=1}^{\infty}\left(\varphi_k\cos\frac{k\pi at}{l}+\frac{l}{k\pi a}\psi_k\sin\frac{k\pi at}{l}\right)\sin\frac{k\pi x}{l}\\&+\sum_{k=1}^{\infty}\left(\frac{l}{k\pi a}\int_0^t\sin\frac{k\pi a(t-\tau)}{l}f_k(\tau)\mathrm{d}\tau\right)\sin\frac{k\pi x}{l}\end{aligned}\tag{2.36}$$

非齐次方程定解问题(2.20)—(2.24)的形式解(2.35)(或(2.36))也可用另一方法求得,即特征函数展开法. 设 $u(x,t)$ 可按 $\left\{\sin\frac{k\pi x}{l}\right\}$ 展开,即

$$u(x,t)=\sum_{k=1}^{\infty}u_k(t)\sin\frac{k\pi}{l}x$$

如何求得 $u_k(t)$,为此把 $f(x,t),\varphi(x),\psi(x)$ 展开成傅氏级数,即

$$f(x,t)=\sum_{k=1}^{\infty}f_k(t)\sin\frac{k\pi x}{l}$$

$$\varphi(x)=\sum_{k=1}^{\infty}\varphi_k\sin\frac{k\pi x}{l}$$

$$\psi(x)=\sum_{k=1}^{\infty}\psi_k\sin\frac{k\pi x}{l}$$

把 $u(x,t)$, $f(x,t)$ 的傅氏展式代入

$$\frac{\partial^2 u}{\partial t^2}=a^2\frac{\partial^2 u}{\partial x^2}+f(x,t)$$

则有

$$\sum_{k=1}^{\infty}\left[u_k''(t)+a^2\frac{k^2\pi^2}{l^2}u_k(t)-f_k(t)\right]\sin\frac{k\pi x}{l}=0$$

因此

$$u_k''(t)+a^2\frac{k^2\pi^2}{l^2}u_k(t)=f_k(t)\quad(k=1,2,\cdots)\tag{2.37}$$

这就是 $u_k(t)$ 应满足的方程.

又 $u(x,t)$ 应满足初始条件(2.21) 和(2.22),由此得到

$$u(x,0)=\sum_{k=1}^{\infty}u_k(0)\sin\frac{k\pi x}{l}=\varphi(x)$$

$$\frac{\partial u(x,0)}{\partial t}=\sum_{k=1}^{\infty}u_k'(0)\sin\frac{k\pi x}{l}=\psi(x)$$

故 $u_k(t)$ 应满足

$$u_k(0)=\varphi_k,\quad u_k'(0)=\psi_k\tag{2.38}$$

由方程(2.37) 及初始条件(2.38) 可得

$$u_k(t)=\varphi_k\cos\frac{k\pi at}{l}+\frac{l}{k\pi a}\psi_k\sin\frac{k\pi at}{l}+\frac{l}{k\pi a}\int_0^t\sin\frac{k\pi a(t-\tau)}{l}f_k(\tau)\mathrm{d}\tau$$

$$u(x,t)=\sum_{k=1}^{\infty}u_k(t)\sin\frac{k\pi x}{l}$$

这就是解(2.36).

可以证明若 $\varphi(x)\in C^2$, $\psi(x)\in C^1$, $\varphi^{(3)}(x)$, $\psi^{(2)}(x)$ 分段连续, $f(x,t)\in C^1$, f_{xx} 分段连续,并且

$$\varphi(0)=\varphi(l)=\varphi''(0)=\varphi''(l)=0$$

$$\varphi(0)=\varphi(l)=0,\quad f(0,t)=f(l,t)=0$$

则级数确是非齐次问题(2.20)—(2.24) 的解.

例 2.3　求定解问题

$$\begin{cases}\dfrac{\partial^2 u}{\partial t^2}=a^2\dfrac{\partial^2 u}{\partial x^2}+x(\pi-x)t \quad (0<x<\pi);\\ u\big|_{t=0}=\sin x;\\ \dfrac{\partial u}{\partial t}\Big|_{t=0}=0;\\ u\big|_{x=0}=u\big|_{x=\pi}=0\end{cases}$$

解　把 $\varphi(x)=\sin x,\psi(x)=0,f(x,t)=x(\pi-x)t$ 代入公式，容易算得

$$u(x,t)=\cos t\sin x+\frac{8}{\pi}\sum_{k=0}^{\infty}\frac{1}{(2k+1)^5a^2}\cdot\left[\frac{\sin(2k+1)at}{(2k+1)a}+t\right]\sin(2k+1)x$$

2.3　非齐次边界条件的定解问题

考虑一般的非齐次边界条件非齐次弦振动方程的混合问题

$$\begin{cases}\dfrac{\partial^2 u}{\partial t^2}=a^2\dfrac{\partial^2 u}{\partial x^2}+f(x,t) \quad (0<x<l,t>0); & (2.20)\\ u\big|_{t=0}=\varphi(x) \quad (0\leqslant x\leqslant l); & (2.21)\\ \dfrac{\partial u}{\partial t}\Big|_{t=0}=\psi(x) \quad (0\leqslant x\leqslant l); & (2.22)\\ u\big|_{x=0}=\mu_1(t) \quad (t\geqslant 0); & (2.39)\\ u\big|_{x=l}=\mu_2(t) \quad (t\geqslant 0) & (2.40)\end{cases}$$

为了利用第 2.2 节所论述的方法，我们先把定解问题化成齐次边界条件的问题. 为此令

$$u(x,t)=v(x,t)+w(x,t) \tag{2.41}$$

其中

$$w(0,t)=\mu_1(t),\quad w(l,t)=\mu_2(t)$$

不妨令

$$w(x,t)=\frac{l-x}{l}\mu_1(t)+\frac{x}{l}\mu_2(t)$$

因此 $v(x,t)$ 满足的定解问题为

$$\begin{cases}\dfrac{\partial^2 v}{\partial t^2}=a^2\dfrac{\partial^2 v}{\partial x^2}-\dfrac{l-x}{l}\mu_1''(t)-\dfrac{x}{l}\mu_2''(t)+f(x,t),\\ v\big|_{t=0}=\varphi(x)-\dfrac{l-x}{l}\mu_1(0)-\dfrac{x}{l}\mu_2(0),\\ \dfrac{\partial v}{\partial t}\Big|_{t=0}=\psi(x)-\dfrac{l-x}{l}\mu_1'-\dfrac{x}{l}u_2'(0),\\ v\big|_{x=0}=0,\\ v\big|_{x=l}=0\end{cases}$$

可利用第 2.2 节的方法求出 $v(x,t)$，而

$$u(x,t)=v(x,t)+\frac{l-x}{l}\mu_1(t)+\frac{x}{l}\mu_2(t) \tag{2.42}$$

例 2.4 研究长为 l，一端固定，一端做周期运动：$u(l,t)=\sin\omega t$ 的弦振动问题.

解 为简单起见，此时可考虑定解问题

$$\begin{cases}\dfrac{\partial^2 u}{\partial t^2}=a^2\dfrac{\partial^2 u}{\partial x^2} & (0<x<l,t>0);\\ u\big|_{t=0}=0 & (0\leqslant x\leqslant l);\\ \dfrac{\partial u}{\partial t}\Big|_{t=0}=0 & (0\leqslant x\leqslant l);\\ u\big|_{x=0}=0 & (t\geqslant 0);\\ u\big|_{x=l}=\sin\omega t & \left(\omega\neq\dfrac{k\pi a}{l},t\geqslant 0\right)\end{cases}$$

令

$$w(x,t)=\frac{l-x}{l}\cdot 0+\frac{x}{l}\sin\omega t=\frac{x}{l}\sin\omega t$$

$$u(x,t)=v(x,t)+\frac{x}{l}\sin\omega t$$

这时 $v(x,t)$ 为下列定解问题

$$\begin{cases}\dfrac{\partial^2 v}{\partial t^2}=a^2\dfrac{\partial^2 v}{\partial x^2}+\dfrac{x}{l}\omega^2\sin\omega t,\\ v\big|_{t=0}=0,\\ \dfrac{\partial v}{\partial t}\Big|_{t=0}=-\dfrac{x\omega}{l},\\ v\big|_{x=0}=0,\\ v\big|_{x=l}=0\end{cases}$$

之解. 由第 2.2 节，可得

$$v(x,t)=\sum_{k=1}^{\infty}\Big[\left(\varphi_k\cos\frac{k\pi at}{l}+\frac{l}{k\pi a}\psi_k\sin\frac{k\pi at}{l}\right)$$

$$+\frac{l}{k\pi a}\int_0^t \sin\frac{k\pi a(t-\tau)}{l}f_k(\tau)\mathrm{d}\tau\Big]\sin\frac{k\pi x}{l}$$

可计算得

$$\varphi_k = 0$$

$$\psi_k = \frac{2\omega}{k\pi}(-1)^k$$

$$f_k(\tau) = (-1)^{k+1}\frac{2\omega^2}{k\pi}\sin\omega t$$

于是

$$u(x,t) = \frac{x}{l}\sin\omega t + \sum_{k=1}^{\infty}(-1)^k\frac{2\omega l}{(k\pi)^2 a}\sin\frac{k\pi at}{l}\sin\frac{k\pi x}{l}$$

$$+\frac{l}{k\pi a}\int_0^t(-1)^{k+1}\frac{2\omega^2}{k\pi}\sin\omega\tau\sin\frac{k\pi a(t-\tau)}{l}\mathrm{d}\tau\cdot\sin\frac{k\pi}{l}x$$

经过计算化简得

$$u(x,t) = \frac{x}{l}\sin\omega t + \sum_{k=1}^{\infty}(-1)^k\frac{2\omega l}{a(k\pi)^2}\sin\frac{k\pi at}{l}\sin\frac{k\pi x}{l}$$

$$+\sum_{k=1}^{\infty}(-1)^{k+1}\frac{\omega^2 l}{a(k\pi)^2}\left(\frac{\sin\omega t+\sin\omega_k t}{\omega+\omega_k}-\frac{\sin\omega t-\sin\omega_k t}{\omega-\omega_k}\right)\sin\frac{k\pi x}{l}$$

其中，$\omega_k = \frac{k\pi a}{l}(k=1,2,\cdots)$是弦的固有频率. 我们从上式看到，设右端$x=l$上弦的振动频率$\omega$与某一$\omega_{k_0}$相近，则对于$k_0$项，有

$$\frac{\sin\omega t-\sin\omega_{k_0}t}{\omega-\omega_{k_0}} = \frac{2\sin\frac{\omega-\omega_{k_0}}{2}t\cos\frac{\omega+\omega_{k_0}}{2}t}{\omega-\omega_k}$$

$$= t\frac{\sin\frac{\omega-\omega_{k_0}}{2}t}{\frac{\omega-\omega_{k_0}}{2}t}\cos\left(\frac{\omega+\omega_{k_0}}{2}\right)t \xrightarrow{\omega\to\omega_{k_0}} t\cos 2\omega_{k_0}t$$

则t越大，这一项的振幅越大，称为共振. 在工程中，如建筑、机件结构中，由于共振会出现极大的破坏作用；当然共振也有重要的应用，如在无线电技术中. 因此掌握共振规律，计算固有频率成为工程设计中的重要问题.

2.4　解热传导方程的混合问题的分离变量法

现在用分离变量法解热传导方程第一类混合问题，先从齐次方程、齐次边界条件入手，然后研究一般初边值问题.

2.4.1 齐次方程、齐次边界条件

考虑热传导方程定解问题

$$\begin{cases}\dfrac{\partial u}{\partial t}=a^2\dfrac{\partial^2 u}{\partial x^2} & (0<x<l,t>0); & (2.43)\\ u|_{t=0}=\varphi(x) & (0\leqslant x\leqslant l); & (2.44)\\ u|_{x=0}=u|_{x=l}=0 & (t\geqslant 0) & (2.45)\end{cases}$$

用分离变量法求解，完全类似于第 2.1 节中的方法. 令 $u(x,t)=T(x)X(x)$，代入方程(2.43)，则有

$$T'(t)X(x)=a^2T(t)X''(x)$$

即

$$\frac{1}{a^2}\frac{T'(t)}{T(t)}=\frac{X''(x)}{X(x)}=-\lambda\quad(\lambda\text{ 为常数})$$

这样就得到 $T(t)$ 和 $X(x)$ 满足的常微分方程

$$X''(x)+\lambda X(x)=0$$
$$T'(t)+a^2\lambda T(t)=0$$

由边值条件，可得 $X(0)=X(l)=0$，因此如前解得特征值

$$\lambda_k=\frac{k^2\pi^2}{l^2}\quad(k=1,2,\cdots)$$

及特征函数

$$X_k(x)=\sin\frac{k\pi x}{l}\quad(k=1,2,\cdots)$$

把 $\lambda_k=\dfrac{k^2\pi^2}{l^2}$ 代入 $T(t)$ 满足的方程，有

$$T_k'(t)+a^2\left(\frac{k^2\pi^2}{l^2}\right)T_k(t)=0$$

因此

$$T_k(t)=C_k\mathrm{e}^{-a^2\left(\frac{k\pi}{l}\right)^2t}$$

特解

$$u_k(x,t)=C_k\mathrm{e}^{-a^2\left(\frac{k\pi}{l}\right)^2}\sin\frac{k\pi x}{l}\quad(k=1,2,\cdots)$$

考虑到要求满足初始条件，如前，迭加 $u_k(x,t)$ 得

$$u(x,t)=\sum_{k=1}^{\infty}u_k(x,t)=\sum_{k=1}^{\infty}C_k\mathrm{e}^{-a^2\left(\frac{k\pi}{l}\right)^2t}\sin\frac{k\pi x}{l}$$

由初始条件得 $\sum\limits_{k=1}^{\infty}C_k\sin\dfrac{k\pi x}{l}=\varphi(x)$，因此

$$C_k = \varphi_k = \frac{2}{l}\int_0^l \varphi(\xi)\sin\frac{k\pi\xi}{l}\mathrm{d}\xi$$

定解问题(2.43)—(2.45) 的形式解为

$$u(x,t) = \sum_{k=1}^{\infty}\left(\frac{2}{l}\int_0^l \varphi(\xi)\sin\frac{k\pi\xi}{l}\mathrm{d}\xi\right)\mathrm{e}^{-\left(\frac{ak\pi}{l}\right)^2 t}\sin\frac{k\pi x}{l} \tag{2.46}$$

可以证明,若 $\varphi(x)$ 连续,且有分段连续导函数,$\varphi(0) = \varphi(l) = 0$,则此级数确是问题之解,并可微分任意次. 即初边值问题(2.43)—(2.45) 解存在.

2.4.2　非齐次方程、齐次边界条件

考虑定解问题

$$\begin{cases}\dfrac{\partial u}{\partial t} = a^2\dfrac{\partial^2 u}{\partial x^2} + f(x,t) & (0 < x < l, t > 0); & (2.47)\\ u|_{t=0} = 0 & (0 \leqslant x \leqslant l); & (2.48)\\ u|_{x=0} = u|_{x=l} = 0 & (t \geqslant 0) & (2.49)\end{cases}$$

同上,我们用两种方法求解,第一种方法为齐次化原理,第二种方法为利用特征函数展开法. 关于齐次化原理,我们有下面的定理.

定理 2.3(齐次化原理)　如果函数 $w(x,t;\tau)$ 是混合问题

$$\begin{cases}\dfrac{\partial w}{\partial t} = a^2\dfrac{\partial^2 w}{\partial x^2} & (0 < x < l, t > \tau); & (2.50)\\ w|_{t=\tau} = f(x,\tau) & (0 \leqslant x \leqslant l); & (2.51)\\ w|_{x=0} = w|_{x=l} = 0 & (t \geqslant \tau) & (2.52)\end{cases}$$

的解(其中 $\tau \geqslant 0$ 是参数,$f(x,\tau)$ 连续,且 $f(0,\tau) = f(l,\tau) = 0$),则函数

$$u(x,t) = \int_0^t w(x,t;\tau)\mathrm{d}\tau \tag{2.53}$$

是混合问题(2.47)—(2.49) 的解.

证明　由

$$\begin{aligned}\frac{\partial u}{\partial t} &= w(x,t;\tau)|_{\tau=t} + \int_0^t \frac{\partial w(x,t;\tau)}{\partial t}\mathrm{d}\tau\\ &= f(x,t) + \int_0^t a^2\frac{\partial^2 w(x,t;\tau)}{\partial x^2}\mathrm{d}\tau\\ &= a^2\frac{\partial^2}{\partial x^2}\int_0^t w(x,t;\tau)\mathrm{d}\tau + f(x,t)\\ &= a^2\frac{\partial^2 u}{\partial x^2} + f(x,t)\end{aligned}$$

知 u 满足微分方程,容易证明也满足齐次初边值条件.

因此,求解定解问题(2.47)—(2.49) 归结为求解定解问题(2.50)—(2.52),在(2.50)—(2.52) 中令 $t' = t - \tau$,则有

$$\begin{cases}\dfrac{\partial w}{\partial t'} = a^2 \dfrac{\partial^2 w}{\partial x^2}, \\ w|_{t'=0} = f(x,\tau), \\ w|_{x=0} = w|_{x=l} = 0\end{cases}$$

由第 2.4.1 节得

$$w(x,t;\tau) = \sum_{k=1}^{\infty} f_k(\tau) e^{-\left(\frac{ka\pi}{l}\right)^2 t'} \sin\left(\frac{k\pi}{l}x\right)$$

其中

$$f_k(\tau) = \frac{2}{l}\int_0^l f(\xi,\tau)\sin\frac{k\pi\xi}{l}d\xi$$

再由齐次化原理得

$$\begin{aligned}u(x,t) &= \int_0^t \left[\sum_{k=1}^{\infty} f_k(\tau) e^{-\left(\frac{ka\pi}{l}\right)^2(t-\tau)} \sin\left(\frac{k\pi}{l}x\right)\right]d\tau \\ &= \int_0^t\int_0^l \left[\frac{2}{l}\sum_{k=1}^{\infty} e^{-\left(\frac{ka\pi}{l}\right)^2(t-\tau)} \sin\left(\frac{k\pi\xi}{l}\right)\sin\frac{k\pi x}{l}\right] f(\xi,\tau)d\xi d\tau \qquad (2.54) \\ &= \int_0^t\int_0^l G(x,\xi,t-\tau)f(\xi,\tau)d\xi d\tau\end{aligned}$$

其中

$$G(x,\xi,t-\tau) = \frac{2}{l}\sum_{k=1}^{\infty} e^{-\left(\frac{ka\pi}{l}\right)^2(t-\tau)} \sin\frac{k\pi\xi}{l}\sin\frac{k\pi}{l}x \qquad (2.55)$$

称为 Green 函数,其意义在本书最后一章将作详细论述.

我们也可利用特征函数展开法求得 $u(x,t)$ 的表达式.设

$$u(x,t) = \sum_{k=1}^{\infty} u_k(t)\sin\frac{k\pi x}{l}$$

$$f(x,t) = \sum_{k=1}^{\infty} f_k(t)\sin\frac{k\pi x}{l}$$

其中

$$f_k(t) = \frac{2}{l}\int_0^l f(\xi,t)\sin\frac{k\pi\xi}{l}d\xi$$

则 $u_k(t)$ 满足方程

$$\begin{cases}\dfrac{du_k(t)}{dt} = -a^2\left(\dfrac{k\pi}{l}\right)^2 u_k(t) + f_k(t), \\ u_k(0) = 0\end{cases}$$

解得

$$u_k(t) = \int_0^t f_k(\tau) e^{-\left(\frac{ak\pi}{l}\right)^2(t-\tau)} d\tau$$

由此

$$u(x,t)=\int_0^t\int_0^l\left(\frac{2}{l}\sum_{k=1}^{\infty}\mathrm{e}^{-\left(\frac{ak\pi}{l}\right)^2(t-\tau)}\sin\frac{k\pi\xi}{l}\sin\frac{k\pi x}{l}\right)f(\xi,\tau)\mathrm{d}\xi\mathrm{d}\tau$$

即为式(2.54).

2.4.3 一般的第一初边值问题

$$\begin{cases}\dfrac{\partial u}{\partial t}=a^2\dfrac{\partial^2 u}{\partial x^2}+f(x,t) & (0<x<l,t>0);\\ u|_{t=0}=\varphi(x) & (0\leqslant x\leqslant l);\\ u|_{x=0}=\mu_1(x) & (t\geqslant 0);\\ u|_{x=l}=\mu_2(x) & (t\geqslant 0)\end{cases}$$

完全和第 2.3 节弦振动非齐次方程非齐次边值条件一样,第一步先对边值条件齐次化,然后利用上面的方法求解.

令 $u=v+w$,其中

$$w=\frac{l-x}{l}\mu_1(t)+\frac{x}{l}\mu_2(t)$$

则 v 满足的方程为

$$\begin{cases}\dfrac{\partial v}{\partial t}=a^2\dfrac{\partial^2 v}{\partial x^2}+f(x,t)-\left[\dfrac{l-x}{l}\mu_1'(t)+\dfrac{x}{l}\mu_2'(t)\right],\\ v|_{t=0}=\varphi(x)-\left[\dfrac{l-x}{l}\mu_1(0)+\dfrac{x}{l}\mu_2(0)\right],\\ v|_{x=0}=0,\\ v|_{x=l}=0\end{cases}$$

这是齐次边值条件问题,利用上节所讲方法求得 $v(x,t)$,则

$$u(x,t)=v(x,t)+w(x,t)$$

就是定解问题的解.

例 2.5 求解第一初边值问题

$$\begin{cases}\dfrac{\partial u}{\partial t}=a^2\dfrac{\partial^2 u}{\partial x^2}-b^2u & (0<x<l,t>0);\\ u|_{t=0}=\varphi(x) & (0\leqslant x\leqslant l);\\ u|_{x=0}=u|_{x=l}=0 & (t\geqslant 0)\end{cases}$$

解 第一步对方程进行化简,使其不包括 b^2u 项.

令 $u=v\mathrm{e}^{\alpha}$,代入方程有

$$\begin{cases}\dfrac{\partial v}{\partial t}\mathrm{e}^{\alpha}+\alpha v\mathrm{e}^{\alpha}=a^2\dfrac{\partial^2 v}{\partial x^2}\mathrm{e}^{\alpha t}-b^2v\mathrm{e}^{\alpha t} & (0<x<l,t>0);\\ v|_{t=0}=\varphi(x) & (0\leqslant x\leqslant l);\\ v|_{x=0}=v|_{x=l}=0 & (0\leqslant x\leqslant l)\end{cases}$$

令 $\alpha=-b^2$，则 $u=ve^{-b^2t}$，v 为定解问题

$$\begin{cases}\dfrac{\partial v}{\partial t}=a^2\dfrac{\partial^2 v}{\partial x^2} & (0<x<l,t>0);\\ v|_{t=0}=\varphi(x) & (0\leqslant x\leqslant l);\\ v|_{x=0}=v|_{x=l}=0 & (t\geqslant 0)\end{cases}$$

的解. 由分离变量法，得

$$v(x,t)=\sum_{k=1}^{\infty}\varphi_k e^{-(\frac{k\pi a}{l})^2t}\sin\frac{k\pi x}{l}$$

$$\varphi_k=\frac{2}{l}\int_0^l\varphi(\xi)\sin\frac{k\pi\xi}{l}d\xi$$

$$u(x,t)=\sum_{k=1}^{\infty}\varphi_k e^{-[(\frac{k\pi a}{l})^2+b^2]t}\sin\frac{k\pi x}{l}$$

例 2.6 求解一根具有热绝缘侧表面的均匀杆冷却问题，设其初始温度分布为 $u(x,0)=\varphi(x)$，其一端绝缘，另一端保持常温为 u_0，这时问题归结为求解下列第二类混合初边值问题：

$$\begin{cases}\dfrac{\partial u}{\partial t}=a^2\dfrac{\partial^2 u}{\partial x^2} & (0<x<l,t>0);\\ u|_{t=0}=\varphi(x) & (0\leqslant x\leqslant l);\\ \left.\dfrac{\partial u}{\partial x}\right|_{x=0}=0;\\ u|_{x=l}=u_0\end{cases}$$

解 第一步化为齐次边值条件. 令 $u=v+u_0$，则 v 满足定解问题

$$\begin{cases}\dfrac{\partial v}{\partial t}=a^2\dfrac{\partial^2 v}{\partial x^2},\\ v|_{t=0}=\varphi(x)-u_0,\\ \left.\dfrac{\partial v}{\partial x}\right|_{x=0}=0,\\ v|_{x=l}=0\end{cases}$$

第二步用分离变量法求解. 令 $v(x,t)=X(x)T(t)$，则 $X(x)$ 满足方程

$$\begin{cases}X''(x)+\lambda X(x)=0,\\ X'(0)=0,\\ X(l)=0\end{cases}$$

求得特征值为

$$\lambda_k=\left[\frac{(2k+1)\pi}{2l}\right]^2\quad(k=0,1,2,\cdots)$$

特征函数

$$X_k(x) = \cos\frac{(2k+1)\pi x}{2l} \quad (k = 0,1,2,\cdots)$$

再由

$$T_k'(t) + \lambda_k a^2 T_k(t) = 0$$

解得

$$T_k(t) = A_k e^{-a^2\lambda_k t} \quad (k = 0,1,2,\cdots)$$

因此

$$v(x,t) = \sum_{k=0}^{\infty} A_k e^{-\left(\frac{a(2k+1)\pi}{2l}\right)^2 t}\cos\frac{(2k+1)\pi}{2l}x$$

由初始条件 $v|_{t=0} = \varphi(x) - u_0$,算得

$$A_k = (-1)^{k+1}\frac{4u_0}{2k+1} + \frac{2}{l}\int_0^l \varphi(x)\cos\left(\frac{2k+1}{2l}\right)\pi x\mathrm{d}x$$

最后,我们求得定解问题的解

$$u(x,t) = u_0 + \sum_{k=0}^{\infty} A_k e^{-\left(\frac{a(2k+1)\pi}{2l}\right)^2 t}\cos\frac{(2k+1)\pi}{2l}x$$

例 2.7 求解定解问题

$$\begin{cases} \dfrac{\partial u}{\partial t} = a^2\dfrac{\partial^2 u}{\partial x^2} + f(x) & (0 < x < l, t > 0); \\ u|_{t=0} = \varphi(x) & (0 \leqslant x \leqslant l); \\ u|_{x=0} = A & (t \geqslant 0); \\ u|_{x=l} = B & (t \geqslant 0) \end{cases}$$

其中,$\varphi(x)$ 和 $f(x)$ 为已知函数,A 和 B 为已知常数.

解 由于 $f(x)$ 仅仅为 x 的函数,我们用下面的方法化成齐次方程齐次边值条件的定解问题.

令 $u = v(x,t) + w(x)$,代入方程,则

$$\begin{cases} \dfrac{\partial v}{\partial t} = a^2\dfrac{\partial^2 v}{\partial x^2} + a^2\dfrac{\mathrm{d}^2 w}{\mathrm{d}x^2} + f(x), \\ v|_{t=0} = \varphi(x) - w(x), \\ v|_{x=0} = A - w(0), \\ v|_{x=l} = A - w(l) \end{cases}$$

令 $w(x)$ 为下列常微分方程(两点边值问题)

$$\begin{cases} a^2\dfrac{\mathrm{d}^2 w}{\mathrm{d}x^2} + f(x) = 0, \\ w(0) = A, \\ w(l) = B \end{cases}$$

的解,则 $v(x,t)$ 为定解问题

$$\begin{cases}\dfrac{\partial v}{\partial t}=a^2\dfrac{\partial^2 v}{\partial x^2} & (0<x<l,t>0);\\ v|_{t=0}=\varphi(x)-w(x) & (0\leqslant x\leqslant l);\\ v|_{x=0}=0,\quad v|_{x=l}=0 & (t\geqslant 0)\end{cases}$$

的解. 容易解得

$$w(x)=-\frac{1}{a^2}\int_0^x\int_0^\xi f(\tau)\mathrm{d}\tau\mathrm{d}\xi+\frac{x}{l}\left(B-A+\frac{1}{a^2}\int_0^l\int_0^\xi f(\tau)\mathrm{d}\tau\mathrm{d}\xi\right)+A$$

由分离变量法得

$$v(x,t)=\sum_{k=1}^{\infty}A_k\mathrm{e}^{-\left(\frac{k\pi a}{l}\right)^2 t}\sin\frac{k\pi x}{l}$$

其中

$$A_k=\frac{2}{l}\int_0^l(\varphi(x)-w(x))\sin\frac{k\pi x}{l}\mathrm{d}x$$

最后

$$\begin{aligned}u(x,t)=&\sum_{k=1}^{\infty}A_k\mathrm{e}^{-\left(\frac{k\pi a}{l}\right)^2 t}\sin\frac{k\pi x}{l}+A-\frac{1}{a^2}\int_0^x\int_0^\xi f(\tau)\mathrm{d}\tau\mathrm{d}\xi\\&+\frac{x}{l}\left(B-A+\frac{1}{a^2}\int_0^l\int_0^\xi f(\tau)\mathrm{d}\tau\mathrm{d}\xi\right)\end{aligned}$$

2.4.4 具第三类边值条件的热传导方程混合问题分离变量法求解的例子

例 2.8 设有一均匀细杆,长为 l,杆的侧面是绝热的,且在端点 $x=0$ 处温度保持为零值,而在另一端 $x=l$ 处杆的热量自由发散到温度为零度的介质中去. 已知初始温度 $\varphi(x)$,求杆上的温度分布,即归结为求解定解问题

$$\begin{cases}\dfrac{\partial u}{\partial t}=a^2\dfrac{\partial^2 u}{\partial x^2} & (0<x<l,t>0); & (2.56)\\ u|_{t=0}=\varphi(x) & (0\leqslant x\leqslant l); & (2.57)\\ u|_{x=0}=\left(\dfrac{\partial u}{\partial x}+\sigma u\right)\Big|_{x=l}=0 & (t\geqslant 0,\sigma>0) & (2.58)\end{cases}$$

解 设 $\varphi(0)=0$,$\varphi(x)$ 连续可微,这是一个热传导方程第三初边值问题,我们用分离变量法求解.

第一步 令 $u(x,t)=X(x)T(t)$,则

$$\begin{cases}X''(x)+\lambda X(x)=0,\\ X(0)=0,\\ X'(l)+\sigma X(l)=0\end{cases}$$

如何求特征值 λ,首先我们可以证明特征值 $\lambda>0$.

(1) 证明 λ 为实数. 反之设存在 λ 为复数,则由 $X''(x)+\lambda X(x)=0$,有

$$\overline{X}''(x)+\overline{\lambda}\,\overline{X}(x)=0$$

其中，$\overline{X}$ 为相应于$\overline{\lambda}$ 的特征函数. 因此有

$$\overline{X}X''(x)+\lambda\,\overline{X}X(x)=0$$

$$X\,\overline{X}''(x)+\overline{\lambda}X\,\overline{X}(x)=0$$

两式相减，且在$[0,l]$ 上积分，则

$$\int_0^l\{[\overline{X}X''-X\,\overline{X}''(x)]+(\lambda-\overline{\lambda})X\,\overline{X}\}\mathrm{d}x=0$$

所以

$$(\lambda-\overline{\lambda})\int_0^l X\,\overline{X}\mathrm{d}x=-\int_0^l(\overline{X}X''-X\,\overline{X}'')\mathrm{d}x$$

右端

$$-\int_0^l(\overline{X}X''-X\,\overline{X}'')\mathrm{d}x=-\int_0^l\frac{\mathrm{d}}{\mathrm{d}x}(\overline{X}X'-X\,\overline{X}')\mathrm{d}x=-(\overline{X}X'-X\,\overline{X}')\Big|_0^l$$

代入

$$X(0)=\overline{X}(0)=0$$

$$X'(l)=-\sigma X(l)$$

$$\overline{X}'(l)=-\sigma\,\overline{X}(l)$$

则有

$$-\int_0^l(\overline{X}X''-X\,\overline{X}'')\mathrm{d}x=0$$

因此

$$(\lambda-\overline{\lambda})\int_0^l|X|^2\mathrm{d}x=0$$

由此 $\lambda=\overline{\lambda}$，$\lambda$ 为实数.

（2）证明 $\lambda>0$. 由 $X''+\lambda X=0$，则

$$\int_0^l X(X''+\lambda X)\mathrm{d}x=0$$

即

$$\lambda\int_0^l|X|^2\mathrm{d}x=-\int_0^l XX''\mathrm{d}x=-\left[XX'\Big|_0^l-\int_0^l(X')^2\mathrm{d}x\right]$$

$$=\int_0^l(X')^2\mathrm{d}x+\sigma[X(l)]^2\geqslant 0$$

因此 $\lambda\geqslant 0$. 但若 $\lambda=0$，则 $X''=0$，$X(x)=C_1+C_2x$. 由边界条件 $X(0)=0$ 得 $C_1=0$；由 $X'(l)+\sigma X(l)=0$，得 $C_2+\sigma C_2l=0$，即 $C_2=0$. 由此 $\lambda=0$ 只能得到平凡解 $X(x)=0$.

（3）由（1）和（2）得特征值 $\lambda>0$，现在由 $X''(x)+\lambda X(x)=0$，解得

$$X(x)=C\cos\sqrt{\lambda}x+D\sin\sqrt{\lambda}x$$

由 $X(0)=0$,则 $C=0$. 由 $X'(l)+\sigma X(l)=0$,得

$$D(\sqrt{\lambda}\cos\sqrt{\lambda}l+\sigma\sin\sqrt{\lambda}l)=0$$

由此特征值 λ 满足方程

$$\sqrt{\lambda}\cos\sqrt{\lambda}l=-\sigma\sin\sqrt{\lambda}l$$

令 $\nu=l\sqrt{\lambda}$,则

$$-\nu=l\sigma\tan\nu$$

由图解法或数值解法可求出这个方程的根. 由图 2.1 所示,方程 $-\nu=l\sigma\tan\nu$ 的根可以看成在 (ν,f) 平面上 $f=-\dfrac{\nu}{l\sigma}$ 和 $f=\tan\nu$ 的交点的横坐标.

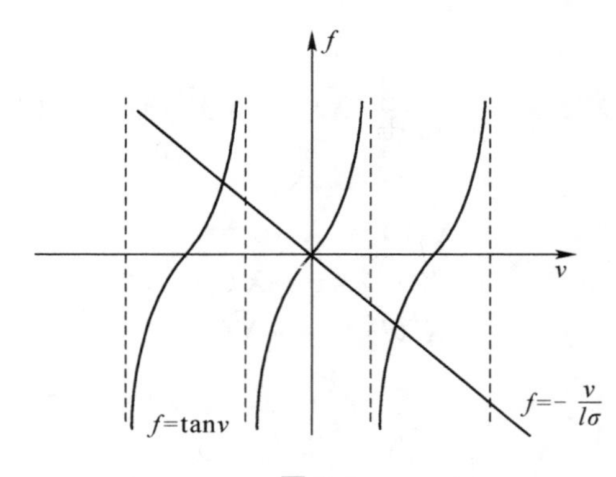

图 2.1

可见有无穷多个根

$$\nu_1,\quad \nu_2,\quad \cdots$$

因而有无穷多个特征值

$$\lambda_1=\frac{\nu_1^2}{l^2},\quad \lambda_2=\frac{\nu_2^2}{l^2},\quad \cdots,\quad \lambda_k=\frac{\nu_k^2}{l^2},\quad \cdots$$

及相应的特征函数

$$C_1\sin\frac{\nu_1}{l}x,\quad C_2\sin\frac{\nu_2}{l}x,\quad \cdots,\quad C_k\sin\frac{\nu_k}{l}x,\quad \cdots$$

(4) 由 $T_k'(t)+\lambda_k a^2T(t)=0$ 解得

$$T_k(t)=B_k\mathrm{e}^{-\lambda_k a^2 t}=B_k\mathrm{e}^{-\frac{\nu_k^2a^2}{l^2}t}$$

因此得

$$u_k(x,t)=A_k\mathrm{e}^{-\left(\frac{\nu_k a}{l}\right)^2 t}\sin\frac{\nu_k x}{l}\quad (k=1,2,\cdots)$$

第二步　由于方程线性、齐次且边值条件齐次,有

$$u(x,t)=\sum_{k=1}^{\infty}A_k\mathrm{e}^{-\frac{a^2\nu_k^2t}{l^2}}\sin\frac{\nu_k}{l}x \tag{2.59}$$

仍满足方程和齐次边值条件(当然假定(2.59)右端可逐项微分).现在确定系数 A_k,使 $u(x,t)$ 满足初始条件,为此我们首先证明特征函数系 $\left\{\sin\frac{\nu_k}{l}x\right\}$ 在 $[0,l]$ 上正交.设 X_n,X_m 为对应于 n,m 的特征函数,则

$$X_n''+\lambda_n X_n=0$$
$$X_m''+\lambda_m X_m=0$$

所以

$$X_m X_n''+\lambda_n X_n X_m=0$$
$$X_n X_m''+\lambda_m X_n X_m=0$$

两式相减,则

$$(X_m X_n''-X_n X_m'')+(\lambda_n-\lambda_m)X_n X_m=0$$

在 $[0,l]$ 上积分,有

$$\int_0^l (X_m X_n''-X_n X_m'')\mathrm{d}x+(\lambda_n-\lambda_m)\int_0^l X_n X_m\mathrm{d}x=0$$

易证

$$\int_0^l (X_m X_n''-X_n X_m'')\mathrm{d}x=0$$

因此

$$(\lambda_n-\lambda_m)\int_0^l X_n X_m\mathrm{d}x=0$$

所以,当 $\lambda_n\neq\lambda_m$ 时有

$$\int_0^l X_n X_m\mathrm{d}x=0$$

又当 $\lambda_n=\lambda_m$ 时,有

$$\int_0^l X_n^2\mathrm{d}x=\int_0^l \sin^2\frac{\nu_n}{l}x\,\mathrm{d}x=\frac{l}{2}\left(1-\frac{\sin 2\nu_n}{2\nu_n}\right)>0$$

所以特征函数系 $\{X_k\}$ 正交.

令 $M_k=\int_0^l \sin^2\frac{\nu_k}{l}x\,\mathrm{d}x$,则 $\sqrt{M_k}$ 为特征函数 $\sin\sqrt{\lambda_k}x$ 的模,由

$$u(x,0)=\varphi(x)=\sum_{n=1}^{\infty}A_n\sin\frac{\nu_k x}{l}$$

利用 $\left\{\sin\frac{\nu_k}{l}x\right\}$ 的正交性,则可得

$$A_k=\frac{1}{M_k}\int_0^l \varphi(\xi)\sin\sqrt{\lambda_k}\xi\,\mathrm{d}\xi$$

因此

$$u(x,t)=\sum_{k=1}^{\infty}\left(\frac{1}{M_k}\int_0^l \varphi(\xi)\sin\sqrt{\lambda_k}\xi\,\mathrm{d}\xi\right)\mathrm{e}^{-\frac{a^2\nu_k^2}{l^2}t}\sin\frac{\nu_k}{l}x \tag{2.60}$$

为定解问题(2.56)—(2.58)的形式解,进一步容易论证当 $\varphi \in C^1$,则 $u(x,t)$ 为定解问题的解.

总结分离变量法的要点如下:

(1) 若边值条件不是齐次的,则必须作函数代换使新的定解问题为齐次边值条件.

(2) 对于非齐次方程齐次边值条件的定解问题可以分成两个定解问题,一个是具有原来初始条件的齐次方程的定解问题,另一个为具有齐次初始条件的非齐次方程的定解问题.前者用分离变量法求解,后者用齐次化原理或者特征函数展开的方法求解.

(3) 利用分离变量法求齐次方程齐次边界条件定解问题的解,首先是求形如 $X(x)T(t)$ 的特解,然后把它代入齐次方程,结合齐次边界条件得到求 $X(x)$ 的特征值问题和求 $T(t)$ 的方程,接着求解特征值问题,最后求出 $T(t)$,作形式级数 $\sum\limits_k T_k(t)X_k(x)$.

(4) 由初值条件确定形式级数中的特定系数.

(5) 进行收敛性讨论及综合过程.

分离变量法实施的重要一步,显然是求特征值和特征函数.特征函数正交性的论证、函数按特征函数的展开等等,这些都是利用分离变量法要解决的问题.

2.5 圆柱体定常温度分布的 Dirichlet 问题

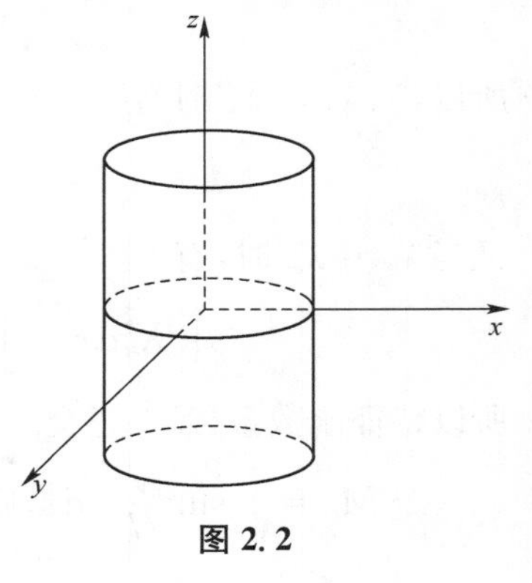

图 2.2

假设有无穷长圆柱体($x^2+y^2 \leqslant a^2$)(如图 2.2 所示),在热传导过程中,内部无热源,而边界保持温度 $\varphi(x,y)$,柱体内点的温度随时间的变化可以忽略,求定常温度分布 $u(x,y)$.这时,由于温度分布不随时间改变,故归结为求解二维 Laplace 方程 Dirichlet 问题

$$\begin{cases} \dfrac{\partial^2 u}{\partial x^2}+\dfrac{\partial^2 u}{\partial y^2}=0 \quad (x^2+y^2<a^2); & (2.61) \\ u\big|_{x^2+y^2=a^2}=\varphi(x,y) & (2.62) \end{cases}$$

这是定义在圆域的 Laplace 方程的求解问题,我们把它化成极坐标形式,即令

$$\begin{cases} x=\rho\cos\theta, \\ y=\rho\sin\theta \end{cases}$$

则得方程的极坐标形式

$$\begin{cases}\dfrac{\partial^2 u}{\partial \rho^2}+\dfrac{1}{\rho}\dfrac{\partial u}{\partial \rho}+\dfrac{1}{\rho^2}\dfrac{\partial^2 u}{\partial \theta^2}=0 \quad (0<\rho<a,0<\theta<2\pi); \\ u\mid_{\rho=a}=\varphi(a\cos\theta,a\sin\theta)=f(\theta)\end{cases}$$

前面我们利用分离变量法求解了初边值问题,本节我们研究边值问题的分离变量法.

第一步 设 $u(\rho,\theta)=R(\rho)\Phi(\theta)$,$R$,$\Phi$ 非零,代入方程,得

$$R''(\rho)\Phi(\theta)+\frac{1}{\rho}R'(\rho)\Phi(\theta)+\frac{1}{\rho^2}R(\rho)\Phi''(\theta)=0$$

即

$$\frac{\rho^2 R''(\rho)+\rho R'(\rho)}{R(\rho)}+\frac{\Phi''(\theta)}{\Phi(\theta)}=0$$

写成

$$\frac{\rho^2 R''(\rho)+\rho R'(\rho)}{R(\rho)}=-\frac{\Phi''(\theta)}{\Phi(\theta)}=\lambda$$

则

$$\Phi''(\theta)+\lambda\Phi(\theta)=0$$

显然 $\Phi(\theta)$ 是周期函数,即

$$\Phi(\theta+2\pi)=\Phi(\theta)$$

求解 $\Phi(\theta)$ 满足的方程,考虑:

(1) $\lambda<0$,$\Phi(\theta)=C_1 e^{\sqrt{-\lambda}\theta}+C_2 e^{-\sqrt{-\lambda}\theta}$,它不是周期函数;

(2) $\lambda=0$,$\Phi(\theta)=C_1+C_2\theta$,欲使其为周期函数,则 $C_2=0$;

(3) $\lambda>0$,$\Phi(\theta)=C_1\cos\sqrt{\lambda}\theta+C_2\sin\sqrt{\lambda}\theta$.

由 $\Phi(\theta+2\pi)=\Phi(\theta)$,则

$$C_1\cos(\sqrt{\lambda}\theta+\sqrt{\lambda}2\pi)+C_2\sin(\sqrt{\lambda}\theta+\sqrt{\lambda}2\pi)=C_1\cos\sqrt{\lambda}\theta+C_2\sin\sqrt{\lambda}\theta$$

因此

$$\sqrt{\lambda}=k$$

即

$$\lambda=k^2 \quad (k=1,2,\cdots)$$

这时特征值为

$$\lambda_k=k^2 \quad (k=0,1,2,\cdots)$$

相应特征函数为

$$\Phi_k(\theta)=\alpha_k\cos k\theta+\beta_k\sin k\theta \quad (k=0,1,2,\cdots)$$

第二步 求出相应的 $R_k(\rho)$,由

$$\frac{\rho^2 R_k''(\rho)+\rho R_k'(\rho)}{R_k(\rho)}=\lambda$$

得 $R_k(\rho)$ 满足的方程为

$$\rho^2 R_k''(\rho)+\rho R_k'(\rho)-k^2 R_k(\rho)=0$$

(1) 对于 $k=0$，则

$$\rho^2 R_0''(\rho)+\rho R_0'(\rho)=0$$

可解得

$$R_0(\rho)=C_1\ln\rho+C_2$$

由于要求 $R_0(\rho)$ 在圆域内部无奇点、连续、2 阶可微，故 $C_1=0$，则 $R_0(\rho)=C_2$.

(2) 对 $k>0$，$\rho^2 R_k''(\rho)+\rho R_k'(\rho)-k^2 R_k(\rho)=0$，可求得

$$R_k(\rho)=C_1\rho^k+C_2\rho^{-k}$$

为了保证 $R_k(\rho)$ 在 $\rho=0$ 处无奇性，故 $C_2=0$.

由此

$$R_k(\rho)=D_k\rho^k$$

则得

$$u_k(\rho,\theta)=D_k\rho^k(\alpha_k\cos k\theta+\beta_k\sin k\theta)\quad(k=1,2,\cdots)$$

第三步 令

$$u(\rho,\theta)=\frac{A_0}{2}+\sum_{k=1}^{\infty}\rho^k(A_k\cos k\theta+B_k\sin k\theta)$$

设其可逐项微分，则显然满足微分方程，现在由边值条件确定系数 A_0,A_k,B_k. 由

$$f(\theta)=\frac{A_0}{2}+\sum_{k=1}^{\infty}\rho^k(A_k\cos k\theta+B_k\sin k\theta)$$

和三角函数系在[0,2π]上的正交性，可得

$$A_0=\frac{1}{\pi}\int_0^{2\pi}f(\theta)\mathrm{d}\theta$$

$$A_k=\frac{1}{\pi a^k}\int_0^{2\pi}f(\theta)\cos k\theta\mathrm{d}\theta\quad(k=1,2,\cdots)$$

$$B_k=\frac{1}{\pi a^k}\int_0^{2\pi}f(\theta)\sin k\theta\mathrm{d}\theta\quad(k=1,2,\cdots)$$

则

$$\begin{aligned}u(\rho,\theta)=&\frac{1}{2\pi}\int_0^{2\pi}f(\theta)\mathrm{d}\theta+\sum_{k=1}^{\infty}\frac{\rho^k}{a^k}\Big[\Big(\frac{1}{\pi}\int_0^{2\pi}f(\theta)\cos k\theta\mathrm{d}\theta\Big)\cos k\theta\\&+\Big(\frac{1}{\pi}\int_0^{2\pi}f(\theta)\sin k\theta\mathrm{d}\theta\Big)\sin k\theta\Big]\end{aligned}\tag{2.63}$$

我们必须证明形式解(2.63)就是边值问题(2.61)—(2.62)的解，即它在圆内满足 Laplace 方程，且满足边界条件，事实上仅需 $f(\theta)$ 连续即可证得.

下面把 $u(\rho,\theta)$ 化成积分表达式

$$u(\rho,\theta)=\frac{1}{2\pi}\int_0^{2\pi}f(\theta)\mathrm{d}\theta+\frac{1}{\pi}\sum_{k=1}^{\infty}\frac{\rho^k}{a^k}\int_0^{2\pi}f(\tau)(\cos k\tau\cos k\theta+\sin k\tau\sin k\theta)\mathrm{d}\tau$$

$$= \frac{1}{2\pi}\int_0^{2\pi}\left[1 + 2\sum_{k=1}^{\infty}\left(\frac{\rho}{a}\right)^k \cos k(\theta - \tau)\right] f(\tau)\mathrm{d}\tau$$

当 $0 \leqslant \rho < a$,有

$$1 + 2\sum_{k=1}^{\infty}\left(\frac{\rho}{a}\right)^k \cos k(\theta - \tau) = 1 + \sum_{k=1}^{\infty}\left[\left(\frac{\rho}{a}\right)^k \mathrm{e}^{\mathrm{i}k(\theta-\tau)} + \left(\frac{\rho}{a}\right)^k \mathrm{e}^{-\mathrm{i}k(\theta-\tau)}\right]$$

$$= 1 + \frac{\frac{\rho}{a}\mathrm{e}^{\mathrm{i}(\theta-\tau)}}{1 - \frac{\rho}{a}\mathrm{e}^{\mathrm{i}(\theta-\tau)}} + \frac{\frac{\rho}{a}\mathrm{e}^{-\mathrm{i}(\theta-\tau)}}{1 - \frac{\rho}{a}\mathrm{e}^{-\mathrm{i}(\theta-\tau)}}$$

$$= \frac{a^2 - \rho^2}{a^2 + \rho^2 - 2a\rho\cos(\theta - \tau)}$$

因此

$$u(\rho,\theta) = \frac{1}{2\pi}\int_0^{2\pi} \frac{a^2 - \rho^2}{a^2 + \rho^2 - 2a\rho\cos(\theta - \tau)} f(\tau)\mathrm{d}\tau \tag{2.64}$$

这称为圆域上的 Poisson 公式.

例 2.9 试求在半径为 a 的圆域内满足 Laplace 方程,在圆周 $R = a$ 上取值 $A + B\sin\theta$ 的函数 u,即求定解问题

$$\begin{cases} \dfrac{\partial^2 u}{\partial x^2} + \dfrac{\partial^2 u}{\partial y^2} = 0 \quad (x^2 + y^2 < a^2), \\ u\big|_{x^2+y^2=a^2} = A + B\sin\theta \end{cases}$$

解 由上面推导的解 $u(\rho,\theta)$ 的表达式,有

$$u(\rho,\theta) = \frac{A_0}{2} + \sum_{k=1}^{\infty}\left(\frac{\rho}{a}\right)^k (A_k\cos k\theta + B_k\sin k\theta)$$

$$A_k = \frac{1}{\pi}\int_0^{2\pi}(A + B\sin\theta)\cos k\theta\mathrm{d}\theta$$

$$= \frac{B}{\pi}\int_0^{2\pi}\sin\theta\cos k\theta\mathrm{d}\theta = 0 \quad (k = 1,2,\cdots)$$

$$B_k = \frac{1}{\pi}\int_0^{2\pi}(A + B\sin\theta)\sin k\theta\mathrm{d}\theta$$

$$= \frac{B}{\pi}\int_0^{2\pi}\sin\theta\sin k\theta\mathrm{d}\theta = \begin{cases} B & (k = 1); \\ 0 & (k \neq 1) \end{cases}$$

$$A_0 = \frac{1}{\pi}\int_0^{2\pi} A\mathrm{d}\theta = 2A$$

所以

$$u(\rho,\theta) = A + \left(\frac{\rho}{a}\right)^1 B\sin\theta = A + \frac{B}{a}y$$

例 2.10 求解 Poisson 方程定解问题

$$\begin{cases}\dfrac{\partial^2 u}{\partial x^2}+\dfrac{\partial^2 u}{\partial y^2}=-4 \quad (x^2+y^2<a^2),\\ u\big|_{x^2+y^2=a^2}=0\end{cases}$$

解 这不是Laplace方程，为了应用前面给出的圆域上Laplace方程第一边值问题的解的表达式，令 $u=v+w$，其中 $w=-(x^2+y^2)$，则

$$\begin{cases}\dfrac{\partial^2 v}{\partial x^2}+\dfrac{\partial^2 v}{\partial y^2}=0,\\ v\big|_{x^2+y^2=a^2}=0-w\big|_{x^2+y^2=a^2}=a^2\end{cases}$$

因此

$$v(x,y)=\frac{A_0}{2}+\sum_{k=1}^{\infty}\left(\frac{\rho}{a}\right)^k(A_k\cos k\theta+B_k\sin k\theta)$$

$$A_0=\frac{1}{\pi}\int_0^{2\pi}a^2\,\mathrm{d}\theta=2a^2$$

$$A_k=\frac{1}{\pi}\int_0^{2\pi}a^2\cos k\theta\,\mathrm{d}\theta=0$$

$$B_k=\frac{1}{\pi}\int_0^{2\pi}a^2\sin k\theta\,\mathrm{d}\theta=0$$

所以

$$v(x,y)=a^2$$

$$u(x,y)=a^2-(x^2+y^2)$$

习 题 2

1. 解下列定解问题：

(1) $$\begin{cases}\dfrac{\partial u}{\partial t}=a^2\dfrac{\partial^2 u}{\partial x^2} & (0<x<l,t>0),\\ u\big|_{t=0}=x(l-x) & (0\leqslant x\leqslant l),\\ u\big|_{x=0}=u\big|_{x=l}=0 & (t\geqslant 0);\end{cases}$$

(2) $$\begin{cases}\dfrac{\partial u}{\partial t}=a^2\dfrac{\partial^2 u}{\partial x^2} & (0<x<l,t>0),\\ u\big|_{t=0}=x & (0\leqslant x\leqslant l),\\ \dfrac{\partial u}{\partial x}\Big|_{x=0}=\dfrac{\partial u}{\partial x}\Big|_{x=l}=0 & (t\geqslant 0).\end{cases}$$

2. 解下列定解问题：

(1) $\begin{cases} \dfrac{\partial^2 u}{\partial t^2} = \dfrac{\partial^2 u}{\partial x^2} & (0 < x < 2, t > 0), \\ u\big|_{t=0} = \dfrac{1}{2}\sin\pi x, \quad \dfrac{\partial u}{\partial t}\Big|_{t=0} = 0 & (0 \leqslant x \leqslant 2), \\ u\big|_{x=0} = u\big|_{x=2} = 0 & (t \geqslant 0); \end{cases}$

(2) $\begin{cases} \dfrac{\partial^2 u}{\partial t^2} = 4\dfrac{\partial^2 u}{\partial x^2} & (0 < x < 1, t > 0), \\ u\big|_{t=0} = 0, \quad \dfrac{\partial u}{\partial t}\Big|_{t=0} = x(1-x) & (0 \leqslant x \leqslant 1), \\ u\big|_{x=0} = u\big|_{x=1} = 0 & (t \geqslant 0); \end{cases}$

(3) $\begin{cases} \dfrac{\partial^2 u}{\partial t^2} = a^2\dfrac{\partial^2 u}{\partial x^2} & (0 < x < 1, t > 0), \\ u\big|_{t=0} = \sin^3\dfrac{\pi x}{l}, \quad \dfrac{\partial u}{\partial t}\Big|_{t=0} = x(1-x) & (0 \leqslant x \leqslant l), \\ u\big|_{x=0} = u\big|_{x=l} = 0 & (t \geqslant 0); \end{cases}$

(4) $\begin{cases} \dfrac{\partial^2 u}{\partial t^2} = a^2\dfrac{\partial^2 u}{\partial x^2} & (0 < x < l, t > 0), \\ u\big|_{t=0} = x^2 - 2lx, \quad \dfrac{\partial u}{\partial t}\Big|_{t=0} = 0 & (0 < x < l), \\ u\big|_{x=0} = \dfrac{\partial u}{\partial x}\Big|_{x=l} = 0 & (t \geqslant 0); \end{cases}$

(5) $\begin{cases} \dfrac{\partial^2 u}{\partial t^2} = a^2\dfrac{\partial^2 u}{\partial x^2} & (0 < x < l, l > 0), \\ u\big|_{t=0} = \sin\dfrac{\pi x}{l}, \quad \dfrac{\partial u}{\partial t}\Big|_{t=0} = x(l-x) & (0 \leqslant x \leqslant l), \\ u\big|_{x=0} = u\big|_{x=l} = 0 & (t \geqslant 0); \end{cases}$

(6) $\begin{cases} \dfrac{\partial^2 u}{\partial t^2} = a^2\dfrac{\partial^2 u}{\partial x^2} & (0 < x < 1, t > 0), \\ \dfrac{\partial u}{\partial t}\Big|_{t=0} = x(1-x) & (0 \leqslant x \leqslant 1), \\ u\big|_{t=0} = \begin{cases} x & (0 \leqslant x \leqslant \dfrac{1}{2}), \\ 1-x & \left(\dfrac{1}{2} < x \leqslant 1\right), \end{cases} \\ u\big|_{x=0} = u\big|_{x=1} = 0 & (t \geqslant 0). \end{cases}$

3. 求解下列混合问题：

(1) $\begin{cases} \dfrac{\partial^2 u}{\partial t^2} = a^2 \dfrac{\partial^2 u}{\partial x^2} & (0 < x < l, t > 0), \\ u\big|_{t=0} = \dfrac{\partial u}{\partial t}\Big|_{t=0} = 0 & (0 < x < l), \\ u\big|_{x=0} = t^2, \quad \dfrac{\partial u}{\partial x}\Big|_{x=l} = 0 & (t \geqslant 0); \end{cases}$

(2) $\begin{cases} \dfrac{\partial^2 u}{\partial t^2} = a^2 \dfrac{\partial^2 u}{\partial x^2} + b\dfrac{\partial u}{\partial x} & (0 < x < l, t > 0), \\ u\big|_{t=0} = \dfrac{\partial u}{\partial t}\Big|_{t=0} = 0 & (0 \leqslant x \leqslant l), \\ u\big|_{x=0} = 0, \quad u\big|_{x=l} = Bt & (t \geqslant 0); \end{cases}$

(3) $\begin{cases} \dfrac{\partial^2 u}{\partial t^2} = \dfrac{\partial^2 u}{\partial x^2} + \mathrm{sh}x & (0 < x < l, t > 0), \\ u\big|_{t=0} = x(l - x), \quad \dfrac{\partial u}{\partial t}\Big|_{t=0} = 0 & (0 \leqslant x \leqslant l), \\ u\big|_{x=0} = 0, \quad u\big|_{x=l} = t & (t \geqslant 0). \end{cases}$

4. 求解下列混合问题：

(1) $\begin{cases} \dfrac{\partial u}{\partial t} = a^2 \dfrac{\partial^2 u}{\partial x^2} & (0 < x < \pi, t > 0), \\ u\big|_{t=0} = \sin x & (0 \leqslant x \leqslant \pi), \\ \dfrac{\partial u}{\partial x}\Big|_{x=0} = \dfrac{\partial u}{\partial x}\Big|_{x=\pi} = 0 & (t \geqslant 0); \end{cases}$

(2) $\begin{cases} \dfrac{\partial u}{\partial t} = a^2 \dfrac{\partial^2 u}{\partial x^2} & (0 < x < l, t > 0), \\ u\big|_{t=0} = 0 & (0 \leqslant x \leqslant l), \\ u\big|_{x=0} = 0, \quad u\big|_{x=l} = At & (t \geqslant 0). \end{cases}$

5. 求解下列混合问题：

$$\begin{cases} \dfrac{\partial u}{\partial t} = a^2 \dfrac{\partial^2 u}{\partial x^2} & (0 < x < l, t > 0); \\ u\big|_{t=0} = \varphi(x); \\ \left(\dfrac{\partial u}{\partial x} + hu\right)\Big|_{x=0} = 0, \quad u\big|_{x=l} = 0 & (t \geqslant 0) \end{cases}$$

其中，h 为常数，$\varphi(x)$ 为已知连续函数，且 $hl \neq 1$.

6. 利用圆内 Dirichlet 问题的一般解式，解边值问题

$$\begin{cases} \dfrac{\partial^2 u}{\partial x^2} + \dfrac{\partial^2 u}{\partial y^2} = 0 & (x^2 + y^2 < a^2); \\ u\big|_{x^2+y^2=a^2} = f \end{cases}$$

其中，f 的表达式分别为(1) $f=A$(常数)；(2) $f=A\cos\theta$；(3) $f=Axy$；(4) $f=\cos\theta\sin2\theta$；(5) $f=A\sin^2\theta+B\cos^2\theta$.

7. 用分离变量法求解矩形平板($0\leqslant x\leqslant a, 0\leqslant y\leqslant b$) 上稳定状态温度分布的定解问题

$$\begin{cases}\dfrac{\partial^2 u}{\partial x^2}+\dfrac{\partial^2 u}{\partial y^2}=0 & (0<x<a, 0<y<b);\\ u(0,y)=u(a,y)=0 & (0\leqslant y\leqslant b);\\ u(x,b)=f(x) & (0\leqslant x\leqslant a);\\ u(x,0)=0 & (0\leqslant x\leqslant a)\end{cases}$$

8. 设 $U(x,t)$ 是热传导方程 $\dfrac{\partial U}{\partial t}=a^2\dfrac{\partial^2 U}{\partial x^2}$ 的解，试证明 $u(x,t)=-2a^2\dfrac{U_x}{U}$ 是下列拟线性偏微分方程

$$\frac{\partial u}{\partial t}+u\frac{\partial u}{\partial x}=a^2\frac{\partial^2 u}{\partial x^2}$$

的解，并由此解下列问题

$$\begin{cases}\dfrac{\partial u}{\partial t}+u\dfrac{\partial u}{\partial x}=a^2\dfrac{\partial^2 u}{\partial x^2} & (0<x<l, t>0);\\ u|_{t=0}=f(x) & (0\leqslant x\leqslant l);\\ u|_{x=0}=u|_{x=l}=0 & (t\geqslant 0)\end{cases}$$

3 积分变换法

上一章研究的定解问题都是在有界区域上的问题，即具有边值条件的偏微分方程定解问题，它们利用分离变量法求解，实质上得到解的Fourier级数表达式. 如果所讨论的区域无限扩大，就需要用Fourier积分代替Fourier级数，以得到初值问题的解，我们通过 Fourier 变换把初值问题的求解归结为求解常微分方程初值问题，把复杂的问题转化为简单的问题. Fourier 变换方法是数学物理中重要的积分变换方法，在电学、热学、无线电、通讯理论、地震资料数据处理等各种工程技术领域得到了广泛的应用，是一重要的运算工具. 但 Fourier 变换在使用时要求被变换的函数满足的条件较强，这使其在应用中遇到困难，因此需要另一种积分变换法——Laplace 变换. 本章仅讨论它们在求解偏微分方程初值问题中的应用.

3.1 Fourier 变换的理论基础、基本性质

有关 $f(x)$ 的 Fourier 积分，数学分析教科书给出下面的定义和定理.

定义 3.1 如果广义积分

$$\frac{1}{\pi}\int_0^{\infty}\mathrm{d}\lambda\int_{-\infty}^{\infty}f(\xi)\cos\lambda(x-\xi)\mathrm{d}\xi$$

对 $x\in(-\infty,+\infty)$ 收敛，则称为 $f(x)$ 的 Fourier 积分.

定理 3.1(Fourier 积分定理) 如果函数 $f(x)$ 在$(-\infty,+\infty)$ 上连续、分段光滑且绝对可积，即$\int_{-\infty}^{\infty}|f(x)|\mathrm{d}x$ 收敛(可记为 $f\in L^1(-\infty,+\infty)$)，则 $f(x)$ 的 Fourier 积分在$(-\infty,+\infty)$ 上每一点收敛于 $f(x)$，即有等式

$$f(x)=\frac{1}{\pi}\int_0^{+\infty}\mathrm{d}\lambda\int_{-\infty}^{+\infty}f(\xi)\cos\lambda(x-\xi)\mathrm{d}\xi$$

Fourier 积分可以写成复数形式，由

$$\cos\lambda(x-\xi)=\frac{1}{2}(\mathrm{e}^{\mathrm{i}\lambda(x-\xi)}+\mathrm{e}^{-\mathrm{i}\lambda(x-\xi)})$$

则

$$\begin{aligned}f(x)&=\frac{1}{2\pi}\int_0^{\infty}\mathrm{d}\lambda\int_{-\infty}^{\infty}f(\xi)\mathrm{e}^{\mathrm{i}\lambda(x-\xi)}\mathrm{d}\xi+\frac{1}{2\pi}\int_0^{\infty}\mathrm{d}\lambda\int_{-\infty}^{\infty}f(\xi)\mathrm{e}^{-\mathrm{i}\lambda(x-\xi)}\mathrm{d}\xi\\&=\frac{1}{2\pi}\int_0^{\infty}\mathrm{d}\lambda\int_{-\infty}^{\infty}f(\xi)\mathrm{e}^{\mathrm{i}\lambda(x-\xi)}\mathrm{d}\xi-\frac{1}{2\pi}\int_0^{-\infty}\mathrm{d}\lambda\int_{-\infty}^{\infty}f(\xi)\mathrm{e}^{\mathrm{i}\lambda(x-\xi)}\mathrm{d}\xi\end{aligned}$$

$$= \frac{1}{2\pi}\int_{-\infty}^{\infty} d\lambda \int_{-\infty}^{\infty} f(\xi) e^{i\lambda(x-\xi)} d\xi$$

因此

$$f(x) = \frac{1}{2\pi}\int_{-\infty}^{\infty} \left(\int_{-\infty}^{\infty} f(\xi) e^{-i\lambda\xi} d\xi\right) e^{i\lambda x} d\lambda$$

定义 3.2　$F(\lambda) = \int_{-\infty}^{\infty} f(\xi) e^{-i\lambda\xi} d\xi$ 称为函数 $f(x)$ 的 Fourier 变换，记为 $\mathscr{F}[f]$，而

$$f(x) = \frac{1}{2\pi}\int_{-\infty}^{\infty} F(\lambda) e^{i\lambda x} d\lambda \tag{3.1}$$

称为函数 $F(\lambda)$ 的 Fourier 逆变换，常记为 $\mathscr{F}^{-1}[F]$.

定理 3.2　如果函数 $f \in L^1(-\infty, +\infty)$，连续且分段光滑，则 $f(x)$ 的 Fourier 变换存在，且其逆变换为 $\mathscr{F}^{-1}[F]$，我们也称 $f(x)$ 的 Fourier 变换 $F(\lambda)$ 为 $f(x)$ 的像函数，$f(x)$ 为 $F(\lambda)$ 的像原函数，(3.1) 称为反演公式.

例 3.1　求函数 $e^{-\alpha|x|}$ 的 Fourier 的变换.

解　$$\mathscr{F}[e^{-\alpha|x|}] = \int_{-\infty}^{+\infty} e^{-\alpha|x|} e^{-i\lambda x} dx = \int_{-\infty}^{0} e^{\alpha x} e^{-i\lambda x} dx + \int_{0}^{+\infty} e^{-\alpha x} e^{-i\lambda x} dx$$

$$= 2\int_{0}^{+\infty} e^{-\alpha x} \cos\lambda x \, dx = \frac{2\alpha}{\lambda^2 + \alpha^2}$$

例 3.2　求函数 $\frac{\sin ax}{x}$（a 为正常数）的 Fourier 变换.

解　$$\mathscr{F}\left[\frac{\sin ax}{x}\right] = \int_{-\infty}^{\infty} \frac{1}{x} \sin ax \, e^{-i\lambda x} dx$$

$$= \int_{0}^{\infty} \frac{1}{x}[\sin(a+\lambda)x + \sin(a-\lambda)x] dx$$

由

$$\int_{0}^{\infty} \frac{\sin ax}{x} dx = \operatorname{sgn} a \cdot \frac{\pi}{2}$$

则

$$\mathscr{F}\left[\frac{\sin ax}{x}\right] = \begin{cases} \pi & (|\lambda| < a); \\ \frac{\pi}{2} & (|\lambda| = a); \\ 0 & (|\lambda| > a) \end{cases}$$

类似的，我们可以讨论多元函数的 Fourier 变换，设 $f(x_1, x_2, \cdots, x_n)$ 在 $\mathbf{R}^n$ 中绝对可积且连续分段光滑，如果令

$$\mathscr{F}[f] = F(\lambda_1, \lambda_2, \cdots \lambda_n) = \int \cdots \int_{\mathbf{R}^n} f(x_1, x_2, \cdots, x_n) e^{-i(\lambda_1 x_1 + \cdots + \lambda_n x_n)} dx_1 dx_2 \cdots dx_n$$

则对一切 $(x_1, x_2, \cdots, x_n) \in \mathbf{R}^n$，有

$$f(x_1, x_2, \cdots, x_n) = \frac{1}{(2\pi)^n} \int \cdots \int_{\mathbf{R}^n} F(\lambda_1, \lambda_2, \cdots, \lambda_n) e^{i(\lambda_1 x_1 + \cdots + \lambda_n x_n)} d\lambda_1 d\lambda_2 \cdots d\lambda_n$$

其中，$F(\lambda_1,\lambda_2\cdots,\lambda_n)$ 为 $f(x_1,x_2,\cdots x_n)$ 的 n 维 Fourier 变换(或像函数)，$f(x_1,x_2,\cdots,x_n)$ 为 $F(\lambda_1,\lambda_2,\cdots\lambda_n)$ 的 n 维 Fourier 逆变换(或像原函数).

下面给出 Fourier 变换的基本性质.

性质 3.1(线性性质)　Fourier 变换与逆变换都是线性变换，即

$$\mathscr{F}[\alpha f_1+\beta f_2]=\alpha\mathscr{F}[f_1]+\beta\mathscr{F}[f_2]=\alpha F_1(\lambda)+\beta F_2(\lambda)$$

$$\mathscr{F}^{-1}[\alpha F_1+\beta F_2]=\alpha\mathscr{F}^{-1}[F_1]+\beta\mathscr{F}^{-1}[F_2]=\alpha f_1+\beta f_2$$

其中，α,β 是任意常数.

这个性质的证明是显然的.

性质 3.2(位移性质)　$\mathscr{F}[f(x-b)]=\mathrm{e}^{-\mathrm{i}\lambda b}\mathscr{F}[f(x)]$，其中 b 是任意常数.

事实上，有

$$\begin{aligned}\mathscr{F}[f(x-b)]&=\int_{-\infty}^{\infty}f(x-b)\mathrm{e}^{-\mathrm{i}\lambda x}\mathrm{d}x\\&=\int_{-\infty}^{\infty}f(t)\mathrm{e}^{-\mathrm{i}\lambda(t+b)}\mathrm{d}t\\&=\mathrm{e}^{-\mathrm{i}\lambda b}\int_{-\infty}^{\infty}f(t)\mathrm{e}^{-\mathrm{i}\lambda t}\mathrm{d}t=\mathrm{e}^{-\mathrm{i}\lambda b}\mathscr{F}[f]\end{aligned}$$

性质 3.3(相似性质)　$\mathscr{F}[f(\alpha x)]=\dfrac{1}{|\alpha|}F\left(\dfrac{\lambda}{\alpha}\right)$，其中 α 是任意常数，且不为 0，$F(\lambda)=\mathscr{F}[f]$.

证明　$\alpha\neq 0$，$\mathscr{F}[f(\alpha x)]=\int_{-\infty}^{\infty}f(\alpha\xi)\mathrm{e}^{-\mathrm{i}\lambda\xi}\mathrm{d}\xi$.

(1) 当 $\alpha>0$ 时，有

$$\begin{aligned}\mathscr{F}[f(\alpha x)]&=\int_{-\infty}^{\infty}f(\eta)\mathrm{e}^{-\mathrm{i}\lambda\frac{\eta}{\alpha}}\mathrm{d}\left(\frac{\eta}{\alpha}\right)\\&=\frac{1}{\alpha}\int_{-\infty}^{\infty}f(\eta)\mathrm{e}^{-\mathrm{i}\left(\frac{\lambda}{\alpha}\right)\eta}\mathrm{d}\eta=\frac{1}{\alpha}F\left(\frac{\lambda}{\alpha}\right)\end{aligned}$$

(2) 当 $\alpha<0$ 时，有

$$\begin{aligned}\mathscr{F}[f(\alpha x)]&=\int_{-\infty}^{\infty}f(\alpha\xi)\mathrm{e}^{-\mathrm{i}\lambda\xi}\mathrm{d}\xi=\int_{\infty}^{-\infty}f(\eta)\mathrm{e}^{-\mathrm{i}\lambda\frac{\eta}{\alpha}}\frac{\mathrm{d}\eta}{\alpha}\\&=-\frac{1}{\alpha}\int_{-\infty}^{\infty}f(\eta)\mathrm{e}^{-\mathrm{i}\left(\frac{\lambda}{\alpha}\right)\eta}\mathrm{d}\eta=\frac{1}{|\alpha|}F\left(\frac{\lambda}{\alpha}\right)\end{aligned}$$

所以有

$$\mathscr{F}[f(\alpha x)]=\frac{1}{|\alpha|}F\left(\frac{\lambda}{\alpha}\right)$$

性质 3.4(微分性质)　如果 $f,f'\in L^1(-\infty,+\infty)\cap C^1(-\infty,+\infty)$，则

$$\mathscr{F}[f'(x)]=\mathrm{i}\lambda\mathscr{F}[f(x)]=\mathrm{i}\lambda F(\lambda)$$

证明　由 $f\in L^1(-\infty,+\infty)$，所以 $\lim\limits_{|x|\to\infty}f(x)=0$，从而

$$\mathscr{F}[f'(x)]=\int_{-\infty}^{\infty}f'(\xi)\mathrm{e}^{-\mathrm{i}\lambda\xi}\mathrm{d}\xi=f(\xi)\mathrm{e}^{-\mathrm{i}\lambda\xi}\Big|_{-\infty}^{\infty}+\mathrm{i}\lambda\int_{-\infty}^{\infty}f(\xi)\mathrm{e}^{-\mathrm{i}\lambda\xi}\mathrm{d}\xi$$
$$=\mathrm{i}\lambda\mathscr{F}[f(x)]$$

因此，如果 $f,f',\cdots,f^{(n)}\in L^1(-\infty,\infty)\cap C^1(-\infty,\infty)$，当 $|x|\to\infty$ 时，$f,f',\cdots,f^{(n-1)}\to 0$，则

$$\mathscr{F}[f^{(n)}(x)]=(\mathrm{i}\lambda)^n\mathscr{F}[f(x)]=(\mathrm{i}\lambda)^nF(\lambda)$$

在 Fourier 变换的应用中，有关 $f(x)$，$g(x)$ 的卷积及其性质起着重要的作用.

定义 3.3（卷积的定义）　设函数 $f(x)$ 和 $g(x)$ 在 $(-\infty,\infty)$ 上有定义，如果积分 $\int_{-\infty}^{\infty}f(x-t)g(t)\mathrm{d}t$ 在 $x\in(-\infty,\infty)$ 上收敛，则称该积分为 $f(x)$ 和 $g(x)$ 在 $x\in(-\infty,\infty)$ 上的卷积，记作

$$(f*g)(x)=\int_{-\infty}^{\infty}f(x-t)g(t)\mathrm{d}t$$

也可简记为 $f*g$.

易证当 $f(x),g(x)\in L^1(-\infty,\infty)$，则 $\int_{-\infty}^{\infty}f(x-t)g(t)\mathrm{d}t$ 也是绝对可积的.

卷积有如下简单性质：

(1) 交换律，即

$$(f*g)(x)=(g*f)(x)$$

(2) 结合律，即

$$(f*(g*h))(x)=((f*g)*h)(x)$$

(3) 分配律，即

$$(f*(g+h))(x)=(f*g)(x)+(f*h)(x)$$

关于卷积的 Fourier 变换有下面重要性质.

性质 3.5　设 $f(x),g(x)\in L^1(-\infty,\infty)\cap C^1(-\infty,\infty)$，则

$$\mathscr{F}[f*g]=\mathscr{F}[f]\cdot\mathscr{F}[g]$$
$$\mathscr{F}[f*g]=\frac{1}{2\pi}\mathscr{F}[f]*\mathscr{F}[g]$$

证明　由 $\mathscr{F}[f*g]=\int_{-\infty}^{\infty}\left(\int_{-\infty}^{\infty}f(x-t)g(t)\mathrm{d}t\right)\mathrm{e}^{-\mathrm{i}\lambda x}\mathrm{d}x$，由于函数 $f(x)$，$g(x)\in L^1(-\infty,\infty)$，则由富比尼定理积分次序可交换，有

$$\mathscr{F}[f\cdot g]=\int_{-\infty}^{\infty}g(t)\mathrm{e}^{-\mathrm{i}\lambda t}\mathrm{d}t\int_{-\infty}^{\infty}f(x-t)\mathrm{e}^{-\mathrm{i}\lambda(x-t)}\mathrm{d}x$$
$$=\mathscr{F}[f]\cdot\mathscr{F}[g]$$

第二个公式可类似证得.

性质 $\mathscr{F}[f*g]=\mathscr{F}[f]\cdot\mathscr{F}[g]$ 非常重要，因为由此可得

$$f*g=\mathscr{F}^{-1}[\mathscr{F}[f]\cdot\mathscr{F}[g]]$$

即傅氏变换积的逆变换等于它们分别逆变换的卷积，它在偏微分方程定解问题的求解中常常用到.

两个多元函数 $f(x_1,x_2,\cdots,x_n)$，$g(x_1,x_2,\cdots,x_n)$ 的卷积的定义为

$$f*g=\int_{-\infty}^{\infty}\cdots\int_{-\infty}^{\infty}f(x_1-t_1,x_2-t_2,\cdots,x_n-t_n)g(t_1,t_2,\cdots,t_n)\mathrm{d}t_1\mathrm{d}t_2\cdots\mathrm{d}t_n$$

对于多元函数 Fourier 变换，特别有用的性质是微分性质，即有

$$\mathscr{F}\left[\frac{\partial}{\partial x_k}f(x_1,x_2,\cdots,x_n)\right]=(\mathrm{i}\lambda_k)\mathscr{F}[f(x_1,x_2,\cdots,x_n)]\quad(k=1,2,\cdots,n)$$

3.2 Fourier 变换的应用

我们利用 Fourier 变换求解初值问题，从最简单的热传导方程初值问题开始.

3.2.1 热传导方程初值问题的解法

(1) 齐次方程初值问题

$$\begin{cases}\dfrac{\partial u}{\partial t}=a^2\dfrac{\partial^2 u}{\partial x^2}\quad(-\infty<x<+\infty,t>0); & (3.2)\\ u|_{t=0}=\varphi(x)\quad(-\infty<x<+\infty) & (3.3)\end{cases}$$

第一步 将未知函数 $u(x,t)$ 和初始条件 $\varphi(x)$ 关于 x 进行 Fourier 变换，记

$$\mathscr{F}[u(x,t)]=\tilde{u}(\lambda,t)$$
$$\mathscr{F}[\varphi(x)]=\tilde{\varphi}(\lambda)$$

对 $\dfrac{\partial u}{\partial t}=a^2\dfrac{\partial^2 u}{\partial x^2}$ 两边关于 x 进行 Fourier 变换，则满足常微分方程

$$\begin{cases}\dfrac{\mathrm{d}\tilde{u}(\lambda,t)}{\mathrm{d}t}=(\mathrm{i}\lambda)^2a^2\tilde{u},\\ \tilde{u}(\lambda,0)=\tilde{\varphi}(\lambda)\end{cases}$$

由

$$\frac{\mathrm{d}\tilde{u}}{\mathrm{d}t}=-\lambda^2a^2\tilde{u}$$

解得

$$\tilde{u}=C\mathrm{e}^{-\lambda^2a^2t}$$

由初始条件 $\tilde{\varphi}(\lambda)$，得

$$\tilde{u}=\tilde{\varphi}(\lambda)\mathrm{e}^{-\lambda^2a^2t}$$

第二步 计算 $u(x,t)=\mathscr{F}^{-1}[\tilde{\varphi}(\lambda)\mathrm{e}^{-\lambda^2a^2t}]$.

由性质 3.5，则

$$u(x,t)=\mathscr{F}^{-1}[\tilde{\varphi}(\lambda)]*\mathscr{F}^{-1}[\mathrm{e}^{-\lambda^2a^2t}]$$

$$\mathscr{F}^{-1}[\tilde{\varphi}(\lambda)] = \varphi(x)$$

$$\mathscr{F}^{-1}[e^{-\lambda^2 a^2 t}] = \frac{1}{2\pi}\int_{-\infty}^{\infty} e^{-\lambda^2 a^2 t} e^{i\lambda x} d\lambda$$

$$\int_{-\infty}^{\infty} e^{-\lambda^2 a^2 t} e^{i\lambda x} d\lambda = \frac{1}{a\sqrt{t}} e^{-\frac{x^2}{4a^2 t}} \int_{-\infty}^{\infty} e^{-(\tilde{\lambda}-\frac{ix}{2a\sqrt{t}})^2} d\tilde{\lambda}$$

其中 $\tilde{\lambda} = \lambda a\sqrt{t}$. 令 $\tilde{y} = \dfrac{x}{2a\sqrt{t}}$,则

$$\int_{-\infty}^{\infty} e^{-\lambda^2 a^2 t} e^{i\lambda x} d\lambda = \frac{e^{-\frac{x^2}{4a^2 t}}}{a\sqrt{t}} \int_{-\infty}^{\infty} e^{-(\tilde{\lambda}-i\tilde{y})^2} d\tilde{\lambda}$$

为了计算 $\int_{-\infty}^{\infty} e^{-(\tilde{\lambda}-i\tilde{y})^2} d\tilde{\lambda}$,我们先计算 $\oint_C e^{-z^2} dz$,其中 $z = \tilde{\lambda} + iy$,C 是图 3.1 中长方形边界.

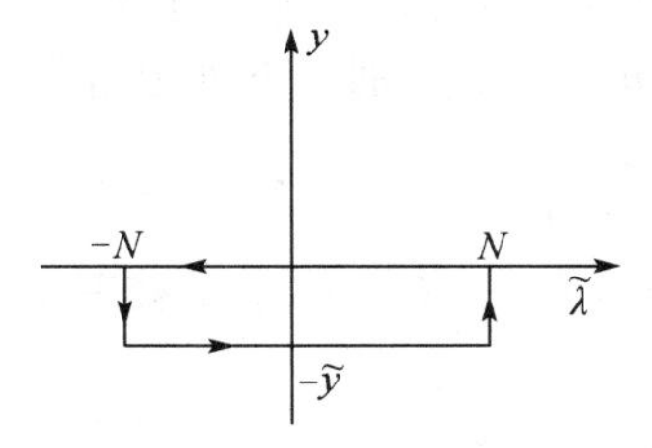

图 3.1

因为 e^{-z^2} 为全纯函数,由 Canchy 积分定理,则 $\oint_C e^{-z^2} dz = 0$,即

$$\int_{-N}^{N} e^{-(\tilde{\lambda}-i\tilde{y})^2} d\tilde{\lambda} + \int_{-\tilde{y}}^{0} e^{-(N+iy)^2} dy + \int_{N}^{-N} e^{-\tilde{\lambda}^2} d\tilde{\lambda} + \int_{0}^{-\tilde{y}} e^{-(-N+iy)^2} dy = 0$$

由

$$\int_{-\tilde{y}}^{0} e^{-N^2-2iNy+y^2} dy \xrightarrow{N\to\infty} 0$$

$$\int_{0}^{-\tilde{y}} e^{-N^2+2iNy+y^2} dy \xrightarrow{N\to\infty} 0$$

所以

$$\int_{-\infty}^{\infty} e^{-(\tilde{\lambda}-i\tilde{y})^2} d\tilde{\lambda} = -\int_{\infty}^{-\infty} e^{-\tilde{\lambda}^2} d\tilde{\lambda} = \int_{-\infty}^{\infty} e^{-\tilde{\lambda}^2} d\tilde{\lambda} = \sqrt{\pi}$$

所以

$$\mathscr{F}^{-1}[e^{-a^2\lambda^2 t}] = \frac{\sqrt{\pi}}{2\pi a\sqrt{t}} e^{-\frac{x^2}{4a^2 t}} = \frac{1}{2a\sqrt{\pi t}} e^{-\frac{x^2}{4a^2 t}}$$

$$u(x,t) = \varphi(x) * \frac{1}{2a\sqrt{\pi t}} e^{-\frac{x^2}{4a^2 t}} = \frac{1}{2a\sqrt{\pi t}} \int_{-\infty}^{\infty} e^{-\frac{(x-\xi)^2}{4a^2 t}} \varphi(\xi) d\xi$$

令

$$G(x,t;\xi)=\frac{1}{2a\sqrt{\pi t}}\mathrm{e}^{-\frac{(x-\xi)^2}{4a^2t}} \tag{3.4}$$

则

$$u(x,t)=\int_{-\infty}^{\infty}G(x,t;\xi)\varphi(\xi)\mathrm{d}\xi \tag{3.5}$$

可以证明若 $\varphi(x)$ 在 $(-\infty,+\infty)$ 上连续且有界，则上式的确为初值问题 (3.2)—(3.3) 的解，且 $u(x,t)$ 具有极高的光滑性，它关于 x,t 可以微分无穷次.

(2) 非齐次方程初值问题

求解如下的非齐次方程初值问题

$$\begin{cases}\dfrac{\partial u}{\partial t}=a^2\dfrac{\partial^2 u}{\partial x^2}+f(x,t) & (-\infty<x<+\infty,t>0); \quad (3.6)\\ u|_{t=0}=\varphi(x) & (-\infty<x<+\infty) \quad (3.7)\end{cases}$$

与上一章对非齐次方程初边值问题分离变量法求解一样，我们有两种方法. 第一种方法，令 $u=u_1+u_2$，其中 u_1 和 u_2 分别为下列定解问题

$$\begin{cases}\dfrac{\partial u_1}{\partial t}=a^2\dfrac{\partial^2 u_1}{\partial x^2} & (-\infty<x<+\infty,t>0);\\ u_1|_{t=0}=\varphi(x) & (-\infty<x<+\infty)\end{cases}$$

及

$$\begin{cases}\dfrac{\partial u_2}{\partial t}=a^2\dfrac{\partial^2 u_2}{\partial x^2}+f(x,t) & (-\infty<x<+\infty,t>0);\\ u_2|_{t=0}=0 & (-\infty<x<+\infty)\end{cases}$$

的解.

$u_1(x,t)$ 解法如前. 对于 $u_2(x,t)$ 可用齐次化原理，设 $w(x,t;\tau)$ 为下列初值问题

$$\begin{cases}\dfrac{\partial w}{\partial t}=a^2\dfrac{\partial^2 w}{\partial x^2} & (-\infty<x<+\infty,t>\tau);\\ w|_{t=\tau}=f(x,\tau) & (-\infty<x<+\infty)\end{cases}$$

的解，则

$$u_2(x,t)=\int_0^t w(x,t;\tau)\mathrm{d}\tau$$

事实上，显然有

$$u_2|_{t=0}=0$$

$$\begin{aligned}\frac{\partial u_2}{\partial t}&=w(x,t;\tau)+\int_0^t\frac{\partial w(x,t;\tau)}{\partial t}\mathrm{d}\tau\\ &=f(x,t)+\int_0^t a^2\frac{\partial^2 w(x,t;\tau)}{\partial x^2}\mathrm{d}\tau\\ &=a^2\frac{\partial^2}{\partial x^2}\int_0^t w(x,t;\tau)\mathrm{d}\tau+f(x,t)\end{aligned}$$

即

$$\frac{\partial u_2}{\partial t}=a^2\frac{\partial^2 u_2}{\partial x_2}+f(x,t)$$

因此为求 $u_2(x,t)$，仅需求解 $w(x,t;\tau)$.

令 $t'=t-\tau$，得 w 满足

$$\begin{cases}\dfrac{\partial w}{\partial t'}=a^2\dfrac{\partial^2 w}{\partial x^2}, \\ w|_{t'=0}=f(x,\tau)\end{cases}\quad(-\infty<x<+\infty,\ t'>0)$$

则

$$w(x,t;\tau)=\frac{2}{2a\sqrt{\pi t'}}\int_{-\infty}^{\infty}\mathrm{e}^{-\frac{(x-\xi)^2}{4a^2t'}}f(\xi,\tau)\mathrm{d}\xi$$

因此

$$u_2(x,t)=\int_0^t\frac{\mathrm{d}\tau}{2a\sqrt{\pi(t-\tau)}}\int_{-\infty}^{\infty}\mathrm{e}^{-\frac{(x-\xi)^2}{4a^2(t-\tau)}}f(\xi,\tau)\mathrm{d}\xi$$

连同 $u_1(x,t)$，得定解问题(3.6)—(3.7) 的解为

$$\begin{aligned}u(x,t)&=\frac{1}{2a\sqrt{\pi t}}\int_{-\infty}^{\infty}\mathrm{e}^{-\frac{(x-\xi)^2}{4a^2t}}\varphi(\xi)\mathrm{d}\xi+\frac{1}{2a\sqrt{\pi}}\int_0^t\int_{-\infty}^{\infty}\frac{1}{\sqrt{t-\tau}}\mathrm{e}^{-\frac{(x-\xi)^2}{4a^2(t-\tau)}}f(\xi,\tau)\mathrm{d}\xi\mathrm{d}\tau\\&=\int_{-\infty}^{\infty}G(x,t;\xi)\varphi(\xi)\mathrm{d}\xi+\int_0^t\int_{-\infty}^{\infty}G(x,t-\tau;\xi)f(\xi,\tau)\mathrm{d}\xi\mathrm{d}\tau\end{aligned}$$

其中，$G(x,t;\xi)$ 的定义如(3.4).

我们也可直接通过对非齐次方程进行 Fourier 变换求解.

设 $\mathscr{F}[f(x,t)]=\tilde{f}(\lambda,t)$，这时 $\tilde{u}(\lambda,t)=\mathscr{F}[u(x,t)]$ 满足常微分方程

$$\begin{cases}\dfrac{\mathrm{d}\tilde{u}}{\mathrm{d}t}=-a^2\lambda^2\tilde{u}+\tilde{f}(\lambda,t), \\ \tilde{u}|_{t=0}=\tilde{\varphi}(\lambda)\end{cases}$$

则

$$\tilde{u}(\lambda,t)=\int_0^t\tilde{f}(\lambda,\tau)\mathrm{e}^{-\lambda^2a^2(t-\tau)}\mathrm{d}\tau+\tilde{\varphi}(\lambda)\mathrm{e}^{-\lambda^2a^2t}$$

$$\begin{aligned}u(x,t)&=\mathscr{F}^{-1}[\tilde{u}(\lambda,t)]\\&=\mathscr{F}^{-1}\left[\int_0^t\tilde{f}(\lambda,\tau)\mathrm{e}^{-\lambda^2a^2(t-\tau)}\mathrm{d}\tau\right]+\mathscr{F}^{-1}[\tilde{\varphi}(\lambda)\mathrm{e}^{-\lambda^2a^2t}]\end{aligned}$$

$$\begin{aligned}\mathscr{F}^{-1}\left[\int_0^t\tilde{f}(\lambda,\tau)\mathrm{e}^{-\lambda^2a^2(t-\tau)}\mathrm{d}\tau\right]&=\frac{1}{2\pi}\int_{-\infty}^{\infty}\left(\int_0^t\tilde{f}(\lambda,\tau)\mathrm{e}^{-\lambda^2a^2(t-\tau)}\mathrm{d}\tau\right)\mathrm{e}^{\mathrm{i}\lambda x}\mathrm{d}\lambda\\&=\int_0^t\mathscr{F}^{-1}[\tilde{f}(\lambda,\tau)\mathrm{e}^{-\lambda^2a^2(t-\tau)}]\mathrm{d}\tau\\&=\int_0^t\{f(x,\tau)*\mathscr{F}^{-1}[\mathrm{e}^{-\lambda^2a^2(t-\tau)}]\}\mathrm{d}\tau\end{aligned}$$

由

$$\mathscr{F}^{-1}\left[e^{-\lambda^2 a^2 (t-\tau)}\right] = \frac{1}{2a\sqrt{\pi(t-\tau)}} e^{-\frac{x^2}{4a^2(t-\tau)}}$$

得

$$\mathscr{F}^{-1}\left[\int_0^t \tilde{f}(\lambda,\tau) e^{-\lambda^2 a^2 (t-\tau)} d\tau\right]$$
$$= \int_0^t \int_{-\infty}^{\infty} \frac{1}{2a\sqrt{\pi}} \frac{1}{\sqrt{t-\tau}} f(\xi,\tau) e^{-\frac{(x-\xi)^2}{4a^2(t-\tau)}} d\xi d\tau$$

最后得

$$u(x,t) = \frac{1}{2a\sqrt{\pi t}} \int_{-\infty}^{\infty} e^{-\frac{(x-\xi)^2}{4a^2 t}} \varphi(\xi) d\xi$$
$$+ \frac{1}{2a\sqrt{\pi}} \int_0^t \int_{-\infty}^{\infty} \frac{f(\xi,\tau)}{\sqrt{t-\tau}} e^{-\frac{(x-\xi)^2}{4a^2(t-\tau)}} d\xi d\tau \tag{3.8}$$

这就是用齐次化原理求得的，当然仅是形式解. 通过简单论证，我们有下面的定理.

定理3.3 若 $\varphi(x)$ 在 $(-\infty,\infty)$ 上连续有界，$f(x,t)$ 在 $(-\infty,\infty)\times(0,\infty)$ 上连续且有界，则由(3.8)表示的函数 $u(x,t)$ 确是初值问题(3.6)，(3.7)的有界解.

例 3.3 求解初值问题

$$\begin{cases} \dfrac{\partial u}{\partial t} = \dfrac{\partial^2 u}{\partial x^2} & (-\infty < x < +\infty, t > 0); \\ u\big|_{t=0} = \begin{cases} 0 & (x < 0), \\ c & (x \geqslant 0, c \text{ 为常数}) \end{cases} \end{cases}$$

解 由

$$u(x,t) = \frac{1}{2\sqrt{\pi t}} \int_{-\infty}^{\infty} e^{-\frac{(x-\xi)^2}{4t}} \varphi(\xi) d\xi$$
$$= \frac{c}{2\sqrt{\pi t}} \int_0^{\infty} e^{-\frac{(x-\xi)^2}{4t}} d\xi$$

令

$$\frac{\xi - x}{2\sqrt{t}} = \eta$$

则

$$u(x,t) = \frac{c}{2\sqrt{\pi t}} \int_{-\frac{x}{2\sqrt{t}}}^{\infty} e^{-\eta^2} 2\sqrt{t}\, d\eta$$
$$= \frac{c}{\sqrt{\pi}} \left(\int_{-\frac{x}{2\sqrt{t}}}^{0} e^{-\eta^2} d\eta + \int_0^{\infty} e^{-\eta^2} d\eta \right)$$
$$= \frac{c}{\sqrt{\pi}} \left(\int_{-\frac{x}{2\sqrt{t}}}^{0} e^{-\eta^2} d\eta + \frac{\sqrt{\pi}}{2} \right)$$

已知误差函数定义 $\mathrm{erf}(\alpha)=\dfrac{2}{\sqrt{\pi}}\int_0^{\alpha}\mathrm{e}^{-\eta^2}\,\mathrm{d}\eta$，故

$$u(x,t)=\frac{c}{2}\left[1+\mathrm{erf}\left(\frac{x}{2\sqrt{t}}\right)\right]$$

例 3.4 求解定解问题

$$\begin{cases}\dfrac{\partial u}{\partial t}=a^2\dfrac{\partial^2 u}{\partial x^2}+A & (-\infty<x<+\infty,t>0);\\ u|_{t=0}=\sin 3x & (-\infty<x<+\infty)\end{cases}$$

解 根据题意，有

$$u(x,t)=\frac{1}{2a\sqrt{\pi t}}\int_{-\infty}^{\infty}\mathrm{e}^{-\frac{(x-\xi)^2}{4a^2t}}\sin 3\xi\mathrm{d}\xi$$
$$+\frac{1}{2a\sqrt{\pi}}\int_0^t\int_{-\infty}^{\infty}\frac{A}{\sqrt{t-\tau}}\mathrm{e}^{-\frac{(x-\xi)^2}{4a^2(t-\tau)}}\mathrm{d}\xi\mathrm{d}\tau$$

$$u_1(x,t)=\frac{1}{2a\sqrt{\pi t}}\int_{-\infty}^{\infty}\mathrm{e}^{-\frac{(x-\xi)}{4a^2t}}\sin 3\xi\mathrm{d}\xi$$
$$=\frac{1}{2a\sqrt{\pi t}}\frac{1}{2\mathrm{i}}\int_{-\infty}^{\infty}\left(\mathrm{e}^{-\frac{(x-\xi)^2}{4a^2t}+3\mathrm{i}\xi}-\mathrm{e}^{-\frac{(x-\xi)^2}{4a^2t}-3\mathrm{i}\xi}\right)\mathrm{d}\xi$$

令

$$\frac{\xi-x}{2a\sqrt{t}}=\eta$$

则

$$\int_{-\infty}^{\infty}\mathrm{e}^{-\frac{(x-\xi)^2}{4a^2t}+3\mathrm{i}\xi}\mathrm{d}\xi=2a\sqrt{t}\,\mathrm{e}^{\mathrm{i}3x}\int_{-\infty}^{\infty}\mathrm{e}^{-\eta^2}\mathrm{e}^{\mathrm{i}6a\sqrt{t}\eta}\mathrm{d}\eta$$

查 Fourier 变换表，有

$$\mathscr{F}[\mathrm{e}^{-\beta x^2}]=\int_{-\infty}^{\infty}\mathrm{e}^{-\beta\xi^2}\mathrm{e}^{-\mathrm{i}\lambda\xi}\mathrm{d}\xi=\left(\frac{\pi}{\beta}\right)^{\frac{1}{2}}\mathrm{e}^{-\frac{\lambda^2}{4\beta}}$$

因此

$$\int_{-\infty}^{\infty}\mathrm{e}^{-\eta^2}\mathrm{e}^{-\mathrm{i}(-6a\sqrt{t})\eta}\mathrm{d}\eta=\left(\frac{\pi}{1}\right)^{\frac{1}{2}}\mathrm{e}^{-\frac{1}{4}(6a\sqrt{t})^2}=\pi^{\frac{1}{2}}\mathrm{e}^{-9a^2t}$$

所以

$$\int_{-\infty}^{\infty}\mathrm{e}^{-\frac{(x-\xi)^2}{4a^2t}+\mathrm{i}3\xi}\mathrm{d}\xi=2a\sqrt{\pi t}\,\mathrm{e}^{\mathrm{i}3x}\mathrm{e}^{-9a^2t}$$

同理

$$\int_{-\infty}^{\infty}\mathrm{e}^{-\frac{(x-\xi)^2}{4a^2t}}\mathrm{e}^{-\mathrm{i}3\xi}\mathrm{d}\xi=2a\sqrt{\pi t}\,\mathrm{e}^{-\mathrm{i}3x}\mathrm{e}^{-9a^2t}$$

则

$$u_1=\mathrm{e}^{-9a^2t}\sin 3x$$

又

$$u_2 = \frac{1}{2a\sqrt{\pi}}\int_0^t\int_{-\infty}^{\infty}\frac{A}{\sqrt{t-\tau}}\mathrm{e}^{-\frac{(x-\xi)^2}{4a^2(t-\tau)}}\mathrm{d}\xi\mathrm{d}\tau$$

令

$$\eta = \frac{\xi - x}{2a\sqrt{t-\tau}}$$

则

$$u_2 = \frac{A}{2a\sqrt{\pi}}\int_0^t\int_{-\infty}^{\infty}2a\mathrm{e}^{-\eta^2}\mathrm{d}\eta\mathrm{d}\tau = At$$

所以

$$u(x,t) = \mathrm{e}^{-9a^2t}\sin 3x + At$$

3.2.2 半无界问题

求解定义在半无界直线上的热传导方程定解问题

$$\begin{cases}\dfrac{\partial u}{\partial t} = a^2\dfrac{\partial^2 u}{\partial x^2} & (0 < x < +\infty); & (3.9)\\ u|_{t=0} = \varphi(x) & (0 < x < +\infty); & (3.10)\\ u|_{x=0} = 0 & (t \geqslant 0) & (3.11)\end{cases}$$

这是一个混合问题,其在边界 $x=0$ 上的定解条件为 $u(0,t)=0$,如果我们能求得一个函数 $v(x,t)$,且其是奇函数,即 $v(-x,t)=-v(x,t)$,则显然有 $v(0,t)=-v(0,t)$,因此 $v(0,t)=0$. 下面我们求奇函数 $v(x,t)$,使其为任何时间 t,右边半无界直线上定解问题的解. 我们首先建立如下引理.

引理 3.1 如果 φ 是奇函数(偶函数、周期函数),则初值问题

$$\begin{cases}\dfrac{\partial u}{\partial t} = a^2\dfrac{\partial^2 u}{\partial x^2} & (-\infty < x < +\infty);\\ u|_{t=0} = \varphi(x) & (-\infty < x < +\infty)\end{cases}$$

的解也是 x 的奇函数(偶函数、周期函数).

证明 以 $\varphi(x)$ 为奇函数为例,这时有

$$u(x,t) = \frac{1}{2a\sqrt{\pi t}}\int_{-\infty}^{\infty}\varphi(\xi)\mathrm{e}^{-\frac{(x-\xi)^2}{4a^2t}}\mathrm{d}\xi$$

则

$$u(-x,t) = \frac{1}{2a\sqrt{\pi t}}\int_{-\infty}^{\infty}\varphi(\xi)\mathrm{e}^{-\frac{(-x-\xi)^2}{4a^2t}}\mathrm{d}\xi$$

令

$$\xi = -\eta$$

则

$$u(-x,t)=\frac{1}{2a\sqrt{\pi t}}\int_{+\infty}^{-\infty}\varphi(-\eta)\mathrm{e}^{-\frac{(-x+\eta)^2}{4a^2t}}(-\mathrm{d}\eta)$$
$$=\frac{-1}{2a\sqrt{\pi t}}\int_{-\infty}^{\infty}\varphi(\eta)\mathrm{e}^{-\frac{(x-\eta)^2}{4a^2t}}\mathrm{d}\eta$$
$$=-u(x,t)$$

所以 $u(x,t)$ 为奇函数.

有了这一引理,则为了求解上述定解问题,可先对 $\varphi(x)$ 作奇式延拓 $\Phi(-x)=-\Phi(x),\Phi(x)=\varphi(x),x\geqslant 0$,使其定义在 $(-\infty,\infty)$. 这时定解问题

$$\begin{cases}\dfrac{\partial U}{\partial t}=a^2\dfrac{\partial^2 U}{\partial x^2} & (-\infty<x<+\infty,t>0);\\ U|_{t=0}=\Phi(x),\quad \Phi(-x)=-\Phi(x) & (-\infty<x<+\infty)\end{cases}$$

的解必然满足 $U(0,t)=0$.

已知上列定解问题的解为

$$u(x,t)=\frac{1}{2a\sqrt{\pi t}}\int_{-\infty}^{\infty}\Phi(\xi)\mathrm{e}^{-\frac{(x-\xi)^2}{4a^2t}}\mathrm{d}\xi$$
$$=\frac{1}{2a\sqrt{\pi t}}\left(\int_{-\infty}^{0}\Phi(\xi)\mathrm{e}^{-\frac{(x-\xi)^2}{4a^2t}}\mathrm{d}\xi+\int_{0}^{\infty}\varphi(\xi)\mathrm{e}^{-\frac{(x-\xi)^2}{4a^2t}}\mathrm{d}\xi\right)$$
$$=\frac{1}{2a\sqrt{\pi t}}\left(-\int_{\infty}^{0}\Phi(-\xi)\mathrm{e}^{-\frac{(x+\xi)^2}{4a^2t}}\mathrm{d}\xi+\int_{0}^{\infty}\varphi(\xi)\mathrm{e}^{-\frac{(x-\xi)^2}{4a^2t}}\mathrm{d}\xi\right)$$

由此得定解问题的形式解

$$u(x,t)=\frac{1}{2a\sqrt{\pi t}}\int_{0}^{\infty}\varphi(\xi)\left(\mathrm{e}^{-\frac{(x-\xi)^2}{4a^2t}}-\mathrm{e}^{-\frac{(x+\xi)^2}{4a^2t}}\right)\mathrm{d}\xi\quad(x>0,t>0)\tag{3.12}$$

3.2.3　三维热传导方程初值问题

考虑三维热传导方程初值问题

$$\frac{\partial u}{\partial t}=a^2\left(\frac{\partial^2 u}{\partial x^2}+\frac{\partial^2 u}{\partial y^2}+\frac{\partial^2 u}{\partial z^2}\right)\quad((x,y,z)\in\mathbf{R}^3,t\in\mathbf{R}^+);\tag{3.13}$$
$$u|_{t=0}=\varphi(x,y,z)\quad((x,y,z)\in\mathbf{R}^3)\tag{3.14}$$

我们利用 Fourier 变换求解,这时采取对函数 $u(x,y,z,t)$ 关于 x,y,z 变量的 Fourier 变换,即

$$\mathscr{F}[u]=\tilde{u}=\int_{-\infty}^{\infty}\int_{-\infty}^{\infty}\int_{-\infty}^{\infty}u\mathrm{e}^{-\mathrm{i}(\lambda_x x+\lambda_y y+\lambda_z z)}\mathrm{d}x\mathrm{d}y\mathrm{d}z$$

代入方程有

$$\begin{cases}\dfrac{\mathrm{d}\tilde{u}}{\mathrm{d}t}=-a^2(\lambda_x^2+\lambda_y^2+\lambda_x^2)\tilde{u},\\ \tilde{u}|_{t=0}=\tilde{\varphi}(\lambda_x,\lambda_y,\lambda_z)\end{cases}$$

$\tilde{\varphi}$ 是 φ 的 Fourier 变换，则解得

$$\tilde{u}(\lambda_x,\lambda_y,\lambda_z)=\tilde{\varphi}(\lambda_x,\lambda_y,\lambda_z)\mathrm{e}^{-a^2(\lambda_x^2+\lambda_y^2+\lambda_z^2)t}$$

$$u(x,y,z,t)=\mathscr{F}^{-1}\left[\tilde{\varphi}(\lambda_x,\lambda_y,\lambda_z)\mathrm{e}^{-a^2(\lambda_x^2+\lambda_y^2+\lambda_z^2)t}\right]$$

$$=\varphi(x,y,z)*\mathscr{F}^{-1}\left[\mathrm{e}^{-a^2(\lambda_x^2+\lambda_y^2+\lambda_z^2)t}\right]$$

$$\mathscr{F}^{-1}\left[\mathrm{e}^{-a^2(\lambda_x^2+\lambda_y^2+\lambda_z^2)t}\right]$$

$$=\left(\frac{1}{2\pi}\right)^3\int_{-\infty}^{\infty}\int_{-\infty}^{\infty}\int_{-\infty}^{\infty}\mathrm{e}^{-a^2(\lambda_x^2+\lambda_y^2+\lambda_z^2)t}\mathrm{e}^{\mathrm{i}(\lambda_x x+\lambda_y y+\lambda_z z)}\mathrm{d}\lambda_x\mathrm{d}\lambda_y\mathrm{d}\lambda_z$$

$$=\left(\frac{1}{2\pi}\right)\int_{-\infty}^{\infty}\mathrm{e}^{-a^2\lambda_x^2t}\mathrm{e}^{\mathrm{i}\lambda_x x}\mathrm{d}\lambda_x\left(\frac{1}{2\pi}\right)\int_{-\infty}^{\infty}\mathrm{e}^{-a^2\lambda_y^2t}\mathrm{e}^{\mathrm{i}\lambda_y y}\mathrm{d}\lambda_y\left(\frac{1}{2\pi}\right)\int_{-\infty}^{\infty}\mathrm{e}^{-a^2\lambda_z^2t}\mathrm{e}^{\mathrm{i}\lambda_z z}\mathrm{d}\lambda_z$$

$$=\left(\frac{1}{2a\sqrt{\pi t}}\right)^3\mathrm{e}^{-\frac{x^2+y^2+z^2}{4a^2t}}$$

因此

$$u(x,y,z,t)=\varphi(x,y,z)*\left(\frac{1}{2a\sqrt{\pi t}}\right)^3\mathrm{e}^{-\frac{x^2+y^2+z^2}{4a^2t}}$$

$$=\left(\frac{1}{2a\sqrt{\pi t}}\right)^3\int_{-\infty}^{\infty}\int_{-\infty}^{\infty}\int_{-\infty}^{\infty}\mathrm{e}^{-\frac{(x-\xi)^2+(y-\eta)^2+(z-\zeta)^2}{4a^2t}}\varphi(\xi,\eta,\zeta)\mathrm{d}\xi\mathrm{d}\eta\mathrm{d}\zeta$$

令

$$G(x,y,z,t;\xi,\eta,\zeta)=\left(\frac{1}{2a\sqrt{\pi t}}\right)^3\mathrm{e}^{-\frac{(x-\xi)^2+(y-\eta)^2+(z-\zeta)^2}{4a^2t}}$$

则三维齐次热传导方程初值问题(3.13)，(3.14) 的形式解可以表示为

$$u(x,y,z,t)=\int_{-\infty}^{\infty}\int_{-\infty}^{\infty}\int_{-\infty}^{\infty}G(x,y,z,t;\xi,\eta,\zeta)\varphi(\xi,\eta,\zeta)\mathrm{d}\xi\mathrm{d}\eta\mathrm{d}\zeta \quad (3.15)$$

完全类似于一维情形，对三维非齐次方程初值问题

$$\begin{cases}\dfrac{\partial u}{\partial t}=a^2\left(\dfrac{\partial^2u}{\partial x^2}+\dfrac{\partial^2u}{\partial y^2}+\dfrac{\partial^2u}{\partial z^2}\right)+f(x,y,z,t) & (x\in\mathbf{R}^3,t\in\mathbf{R}^+); \quad (3.16)\\ u|_{t=0}=\varphi(x,y,z) & (x\in\mathbf{R}^3) \quad (3.17)\end{cases}$$

利用齐次化原理，或直接两边进行 Fourier 变换，可求得的形式解为

$$u(x,y,z,t)$$

$$=\left(\frac{1}{2a\sqrt{\pi}}\right)^3\int_0^t\int_{-\infty}^{\infty}\int_{-\infty}^{\infty}\int_{-\infty}^{\infty}\frac{1}{(\sqrt{t-\tau})^3}f(\xi,\eta,\zeta,\tau)\cdot\mathrm{e}^{-\frac{(x-\xi)^2+(y-\eta)^2+(z-\zeta)^2}{4a^2(t-\tau)}}\mathrm{d}\xi\mathrm{d}\eta\mathrm{d}\zeta\mathrm{d}\tau$$

$$+\left(\frac{1}{2a\sqrt{\pi t}}\right)^3\int_{-\infty}^{\infty}\int_{-\infty}^{\infty}\int_{-\infty}^{\infty}\mathrm{e}^{-\frac{(x-\xi)^2+(y-\eta)^2+(z-\zeta)^2}{4a^2t}}\varphi(\xi,\eta,\zeta)\mathrm{d}\xi\mathrm{d}\eta\mathrm{d}\zeta \quad (3.18)$$

容易给出形式解为定解问题解时初值函数 $\varphi(x,y,z)$ 与非齐次项 $f(x,y,z,t)$ 应满足的条件.

3.2.4 弦振动方程的 Fourier 变换解法

(1) 首先考虑无界弦振动方程的自由振动,这时归结为求解定解问题

$$\begin{cases}\dfrac{\partial^2 u}{\partial t^2}=a^2\dfrac{\partial^2 u}{\partial x^2} \quad (-\infty<x<+\infty,t>0); & (3.19)\\ u\big|_{t=0}=\varphi(x) \quad (-\infty<x<+\infty); & (3.20)\\ \dfrac{\partial u}{\partial t}\Big|_{t=0}=\psi(x) \quad (-\infty<x<+\infty) & (3.21)\end{cases}$$

对方程两边和初始条件进行 Fourier 变换,于是有常微分方程初值问题

$$\begin{cases}\dfrac{\mathrm{d}^2\tilde{u}}{\mathrm{d}t^2}=-a^2\lambda^2\tilde{u},\\ \tilde{u}\big|_{t=0}=\tilde{\varphi}(\lambda),\\ \dfrac{\mathrm{d}\tilde{u}}{\mathrm{d}t}\Big|_{t=0}=\tilde{\psi}(\lambda)\end{cases}$$

因此有

$$\tilde{u}=C_1\mathrm{e}^{\mathrm{i}\lambda at}+C_2\mathrm{e}^{-\mathrm{i}\lambda at}$$

$$\tilde{u}\big|_{t=0}=\tilde{\varphi}(\lambda)=C_1+C_2$$

$$\frac{\mathrm{d}\tilde{u}}{\mathrm{d}t}\Big|_{t=0}=(\mathrm{i}\lambda a)(C_1-C_2)=\tilde{\psi}(\lambda)$$

解得 C_1,C_2,则

$$\tilde{u}(\lambda,t)=\frac{1}{2}\tilde{\varphi}(\lambda)(\mathrm{e}^{\mathrm{i}\lambda at}+\mathrm{e}^{-\mathrm{i}\lambda at})+\frac{\mathrm{i}}{2\lambda a}\tilde{\psi}(\lambda)(\mathrm{e}^{-\mathrm{i}\lambda at}-\mathrm{e}^{\mathrm{i}\lambda at})$$

求其逆变换,由

$$\frac{1}{2\pi}\int_{-\infty}^{\infty}\tilde{\varphi}(\lambda)\mathrm{e}^{\mathrm{i}\lambda(x-at)}\mathrm{d}\lambda=\varphi(x-at)$$

$$\frac{1}{2\pi}\int_{-\infty}^{\infty}\tilde{\varphi}(\lambda)\mathrm{e}^{\mathrm{i}\lambda(x+at)}\mathrm{d}\lambda=\varphi(x+at)$$

$$\begin{aligned}&\frac{1}{2\pi}\int_{-\infty}^{\infty}\tilde{\psi}(\lambda)\frac{\mathrm{i}}{2\lambda a}(\mathrm{e}^{-\mathrm{i}\lambda at}-\mathrm{e}^{\mathrm{i}\lambda at})\mathrm{e}^{\mathrm{i}\lambda x}\mathrm{d}\lambda\\ &=\frac{1}{2\pi}\int_{-\infty}^{\infty}\tilde{\psi}(\lambda)\frac{\mathrm{i}}{2\lambda a}\left[\int_{x+at}^{x-at}\mathrm{e}^{\mathrm{i}\lambda\xi}\mathrm{d}(\mathrm{i}\lambda\xi)\right]\mathrm{d}\lambda\\ &=\frac{1}{2}\int_{x-at}^{x+at}\frac{1}{2\pi}\left(\int_{-\infty}^{\infty}\tilde{\psi}(\lambda)\mathrm{e}^{\mathrm{i}\lambda\xi}\mathrm{d}\lambda\right)\frac{1}{a}\mathrm{d}\xi=\frac{1}{2a}\int_{x-at}^{x+at}\psi(\xi)\mathrm{d}\xi\end{aligned}$$

则

$$u(x,t)=\frac{1}{2}[\varphi(x+at)+\varphi(x-at)]+\frac{1}{2a}\int_{x-at}^{x+at}\psi(\xi)\mathrm{d}\xi \tag{3.22}$$

这就是著名的 D'Alembert 公式.

容易验证,当 $\varphi(x)\in C^2(\mathbf{R})$,$\psi(x)\in C^1(\mathbf{R})$,由 D'Alembert 公式所确定的函

数 $u(x,t)$ 满足定解问题,即其为定解问题之解,也称为古典解,其物理意义将在第4章双曲型方程中进一步阐述.

例 3.5 求解定解问题

$$\begin{cases} \dfrac{\partial^2 u}{\partial t^2} = a^2 \dfrac{\partial^2 u}{\partial x^2} & (-\infty < x < +\infty, t > 0); \\ u|_{t=0} = \sin x & (-\infty < x < +\infty); \\ \left.\dfrac{\partial u}{\partial t}\right|_{t=0} = x^2 & (-\infty < x < +\infty) \end{cases}$$

解 将各相应量代入 D'Alembert 公式(3.22),则

$$\begin{aligned} u(x,t) &= \frac{1}{2}[\sin(x+at) + \sin(x-at)] + \frac{1}{2a}\int_{x-at}^{x+at} \xi^2 \mathrm{d}\xi \\ &= \frac{1}{2}\sin x \cos at + x^2 t + \frac{1}{3}a^2 t^3 \end{aligned}$$

(2) 再考虑无界弦的强迫振动,这时问题归结为考虑非齐次方程定解问题

$$\begin{cases} \dfrac{\partial^2 u}{\partial t^2} = a^2 \dfrac{\partial^2 u}{\partial x^2} + f(x,t) & (-\infty < x < +\infty, t > 0); & (3.23) \\ u|_{t=0} = \varphi(x), \quad \left.\dfrac{\partial u}{\partial t}\right|_{t=0} = \psi(x) & (-\infty < x < +\infty) & (3.24) \end{cases}$$

解法 1 考虑方程的解 $u = u_1 + u_2$,其中 u_1 和 u_2 分别为下列定解问题

$$\begin{cases} \dfrac{\partial^2 u_1}{\partial t^2} = a^2 \dfrac{\partial^2 u_1}{\partial x^2}, & (3.25) \\ u_1|_{t=0} = \varphi(x), & (3.26) \\ \left.\dfrac{\partial u_1}{\partial t}\right|_{t=0} = \psi(x) & (3.27) \end{cases}$$

及

$$\begin{cases} \dfrac{\partial^2 u_2}{\partial t^2} = a^2 \dfrac{\partial^2 u_2}{\partial x^2} + f(x,t), & (3.28) \\ u_2|_{t=0} = 0, & (3.29) \\ \left.\dfrac{\partial u_2}{\partial t}\right|_{t=0} = 0 & (3.30) \end{cases}$$

的解. 显见

$$u_1(x,t) = \frac{1}{2}[\varphi(x+at) + \varphi(x-at)] + \frac{1}{2a}\int_{x-at}^{x+at} \psi(\xi)\mathrm{d}\xi$$

我们利用齐次化原理求解 $u_2(x,t)$,设 $w(x,t;\tau)$ 为下列问题

$$\begin{cases}\dfrac{\partial^2 w}{\partial t^2}=a^2\dfrac{\partial^2 w}{\partial x^2} & (-\infty<x<+\infty,t>\tau);\\ w|_{t=\tau}=0 & (-\infty<x<+\infty);\\ \left.\dfrac{\partial w}{\partial t}\right|_{t=\tau}=f(x,\tau) & (-\infty<x<+\infty)\end{cases}$$

的解,则

$$u_2(x,t)=\int_0^t w(x,t;\tau)\mathrm{d}\tau$$

我们求解 $w(x,t;\tau)$,为此令 $t'=t-\tau$,因此有

$$\begin{cases}\dfrac{\partial^2 w}{\partial t'^2}=a^2\dfrac{\partial^2 w}{\partial x^2} & (-\infty<x<+\infty,t'>0);\\ w|_{t'=0}=0 & (-\infty<x<+\infty);\\ \left.\dfrac{\partial w}{\partial t'}\right|_{t'=0}=f(x,\tau) & (-\infty<x<+\infty)\end{cases}$$

由 D'Alembert 公式

$$w(x,t;\tau)=\frac{1}{2a}\int_{x-at'}^{x+at'}f(\xi,\tau)\mathrm{d}\xi$$

则

$$u_2(x,t)=\frac{1}{2a}\int_0^t\int_{x-a(t-\tau)}^{x+a(t-\tau)}f(\xi,\tau)\mathrm{d}\xi\mathrm{d}\tau$$

定义问题(3.23)—(3.24) 的解为

$$\begin{aligned}u(x,t)=&\frac{1}{2}[\varphi(x+at)+\varphi(x-at)]\\&+\frac{1}{2a}\int_{x-at}^{x+at}\psi(\xi)\mathrm{d}\xi+\frac{1}{2a}\int_0^t\int_{x-a(t-\tau)}^{x+a(t-\tau)}f(\xi,\tau)\mathrm{d}\xi\mathrm{d}\tau\end{aligned}\tag{3.31}$$

解法 2 对 $\dfrac{\partial^2 u}{\partial t^2}=a^2\dfrac{\partial^2 u}{\partial x^2}+f(x,t)$ 两边关于 x 进行 Fourier 交换,则得

$$\begin{cases}\dfrac{\mathrm{d}^2\tilde{u}}{\mathrm{d}t^2}=-a^2\lambda^2\tilde{u}+\tilde{f}(\lambda,t),\\ \tilde{u}|_{t=0}=\tilde{\varphi},\\ \left.\dfrac{\mathrm{d}\tilde{u}}{\mathrm{d}t}\right|_{t=0}=\tilde{\psi}\end{cases}$$

解得

$$\tilde{u}(\lambda,t)=\tilde{\varphi}\cos a\lambda t+\frac{1}{a\lambda}\tilde{\psi}\sin a\lambda t+\int_0^t\tilde{f}(\lambda,\tau)\frac{\sin\lambda a(t-\tau)}{\lambda a}\mathrm{d}\tau$$

求其逆变换即得解的表达式(3.31).

例 3.6 求解定解问题

$$\begin{cases}\dfrac{\partial^2 u}{\partial t^2}=a^2\dfrac{\partial^2 u}{\partial x^2}+x^2-(at)^2 & (-\infty<x<+\infty,t>0);\\ u|_{t=0}=0 & (-\infty<x<+\infty);\\ \left.\dfrac{\partial u}{\partial t}\right|_{t=0}=0\end{cases}$$

解 由公式(3.31),得

$$\begin{aligned}u(x,t)&=\frac{1}{2a}\int_0^t\int_{x-a(t-\tau)}^{x+a(t-\tau)}f(\xi,\tau)\mathrm{d}\xi\mathrm{d}\tau\\&=\frac{1}{2}\int_0^t\int_{x-a(t-\tau)}^{x+a(t-\tau)}(\xi^2-a^2\tau^2)\mathrm{d}\xi\mathrm{d}\tau\\&=\frac{1}{2}x^2t^2\end{aligned}$$

我们总结一下求解定解问题的 Fourier 变换法,其主要步骤如下:

(1) 根据自变量的变化范围及定解条件的情况,对方程两边进行 Fourier 变换,使偏微分方程转化成关于未知函数的 Fourier 变换(像函数) 的常微分方程;

(2) 对定解条件进行相应的变换,导出常微分方程的定解条件;

(3) 解常微分方程定解问题(初值问题),求得原定解问题解的像函数;

(4) 对所有像函数进行逆变换,得偏微分方程定解问题的形式解;

(5) 必要情况下进行综合过程,验证形式解成为古典解的条件.

例 3.7 求解在上半平面上静电场的电势,设电势函数为下列定解问题之解:

$$\begin{cases}\dfrac{\partial^2 u}{\partial x^2}+\dfrac{\partial^2 u}{\partial y^2}=0 & (-\infty<x<+\infty,y>0);\\ u|_{y=0}=\varphi(x) & (-\infty<x<+\infty);\\ \lim\limits_{x^2+y^2\to\infty}u(x,y)=0\end{cases}$$

解 利用 Fourier 变换求解,因为 x 的变化范围为$(-\infty,+\infty)$,故对 $u(x,y)$ 关于 x 进行 Fourier 变换 $\tilde{u}=\mathscr{F}(u)$,则 $\tilde{u}$ 满足下列常微分方程定解问题:

$$\begin{cases}-\lambda^2\tilde{u}+\dfrac{\mathrm{d}^2\tilde{u}}{\mathrm{d}y^2}=0,\\ \tilde{u}(\lambda,0)=\tilde{\varphi}, \quad \lim\limits_{y\to\infty}\tilde{u}=0\end{cases}$$

解得

$$\tilde{u}(\lambda,y)=C_1\mathrm{e}^{|\lambda|y}+C_2\mathrm{e}^{-|\lambda|y}$$

$$\lim_{y\to\infty}\tilde{u}=0$$

所以 $C_1=0$,有

$$\tilde{u}(\lambda,y)=\tilde{\varphi}(\lambda)\mathrm{e}^{-|\lambda|y}$$

求其逆变换,则

$$u(x,y)=\varphi(x)*\mathscr{F}^{-1}[\mathrm{e}^{-|\lambda|y}]=\varphi(x)*\frac{1}{\pi}\frac{y}{x^2+y^2}$$

$$u(x,y)=\frac{1}{\pi}\int_{-\infty}^{\infty}\varphi(\xi)\frac{y}{(\xi-x)^2+y^2}\mathrm{d}\xi$$

3.3 Laplace 变换的引入、基本性质

利用 Fourier 变换求解偏微分方程定解问题会遇到一些困难. 首先,能够进行 Fourier 变换的函数 $f(x)$ 要求在$(-\infty,+\infty)$上绝对可积,此条件实际上很苛刻,使许多常见函数,如常数函数、三角函数、多项式都不能进行 Fourier 变换;其次 Fourier 变换要求被变换的函数定义在$(-\infty,+\infty)$,这样 Fourier 变换只能在解初值问题时使用. 为此引入 Laplace 变换,记

$$\mathscr{L}[f(t)]=\int_0^{+\infty}f(t)\mathrm{e}^{-pt}\mathrm{d}t\quad(\text{其中 } p=\sigma+\mathrm{i}\omega \text{ 为复变数})\tag{3.32}$$

为函数 $f(t)$ 的 Laplace 变换. 记 $F(p)=\mathscr{L}[f(t)]$ 为像函数,则 $f(t)$ 为像原函数, $f(t)=\mathscr{L}^{-1}[F(p)]$ 为 Laplace 逆变换.

关于 Laplace 变换的存在性,我们有下列定理.

定理 3.4 设函数 $f(t)$ 满足下列条件:

(1) 当 $t<0$ 时,$f(t)=0$;

(2) 当 $t\geqslant 0$ 时,$f(t)$ 连续,$f'(t)$ 为分段连续;

(3) 当 $t\to+\infty$ 时,$f(t)$ 的增长速度不超过指数型函数,即

$$|f(t)|\leqslant M\mathrm{e}^{\alpha t}\quad(0<t<+\infty,M>0,\alpha\geqslant 0 \text{ 为一常数})$$

则函数 $f(t)$ 的 Laplace 变换(3.32) 对一切 $\sigma>\alpha$ 存在,其中 α 称为 $f(t)$ 的增长指数.

例 3.8 设 $f(t)=c$(c 为常数),则

$$\mathscr{L}[c]=\int_0^{+\infty}c\mathrm{e}^{-pt}\mathrm{d}t=\left[-c\frac{\mathrm{e}^{-pt}}{p}\right]\Big|_0^{\infty}=\frac{c}{p}$$

例 3.9 设 $f(t)=\mathrm{e}^{\beta t}$($\beta$ 为常数),则

$$\mathscr{L}[\mathrm{e}^{\beta t}]=\int_0^{\infty}\mathrm{e}^{-pt}\mathrm{e}^{\beta t}\mathrm{d}t=\left[-\frac{\mathrm{e}^{-(p-\beta)t}}{p-\beta}\right]\Big|_0^{\infty}=\frac{1}{p-\beta}\quad(\sigma>\beta)$$

例 3.10 设 $f(t)=t^2$,则

$$\mathscr{L}[t^2]=\int_0^{\infty}\mathrm{e}^{-pt}t^2\mathrm{d}t=\frac{2}{p^3}\quad(\sigma>0)$$

例 3.11 设 $f(t)=t^n$,则

$$\mathscr{L}[t^n]=\int_0^{\infty}\mathrm{e}^{-pt}t^n\mathrm{d}t=\frac{n!}{p^{n+1}}\quad(\sigma>0)$$

例 3.12 设 $f(t)=\sin\omega t$,则

$$\mathscr{L}[\sin\omega t]=\int_0^{\infty}\mathrm{e}^{-pt}\sin\omega t\mathrm{d}t=\frac{\omega}{p^2+\omega^2}$$

类似的有

$$\mathscr{L}[\cos\omega t]=\frac{p}{p^2+\omega^2}$$

下面讨论 Laplace 变换的基本性质，设 $\mathscr{L}[f(t)]=F(p)$.

性质 3.6（线性性质） Laplace 变换是线性变换，即

$$\mathscr{L}[\alpha f(t)+\beta g(t)]=\alpha\mathscr{L}[f(t)]+\beta\mathscr{L}[g(t)]$$

其中，α,β 为任意常数.

性质 3.7（位移性质） $\mathscr{L}[\mathrm{e}^{at}f(t)]=F(p-a)\quad(\sigma>a)$.

证明 $\mathscr{L}[\mathrm{e}^{at}f(t)]=\int_0^{\infty}\mathrm{e}^{-pt}\mathrm{e}^{at}f(t)\mathrm{d}t=\int_0^{\infty}\mathrm{e}^{-(p-a)t}f(t)\mathrm{d}t=F(p-a)$

性质 3.8（相似性质） $\mathscr{L}[f(ct)]=\dfrac{1}{c}F\left(\dfrac{p}{c}\right)\quad(c>0)$.

证明 $\mathscr{L}[f(t)]=\int_0^{\infty}\mathrm{e}^{-pt}f(ct)\mathrm{d}t=\int_0^{\infty}\mathrm{e}^{-\frac{p}{c}\xi}f(\xi)\dfrac{1}{c}\mathrm{d}\xi=\dfrac{1}{c}F\left(\dfrac{p}{c}\right)$

性质 3.9（微分性质） 设 $f(t)$ 当 $t\geqslant 0$ 时连续并且满足条件 $|f(t)|\leqslant M\mathrm{e}^{at}$，又假定 $f'(t)$ 当 $t>0$ 时分段连续，则 $f'(t)$ 的 Laplace 变换存在，并且有

$$\mathscr{L}[f'(t)]=p\mathscr{L}[f(t)]-f(0)$$

证明 根据题意，有

$$\mathscr{L}[f'(t)]=\int_0^{\infty}\mathrm{e}^{-pt}f'(t)\mathrm{d}t=\lim_{T\to\infty}\int_0^{T}\mathrm{e}^{-pt}f'(t)\mathrm{d}t$$

而

$$\begin{aligned}\int_0^{T}\mathrm{e}^{-pt}f'(t)\mathrm{d}t&=[\mathrm{e}^{-pt}f(t)]_0^T+\int_0^{T}p\mathrm{e}^{-pt}f(t)\mathrm{d}t\\&=\mathrm{e}^{-pT}f(T)-f(0)+p\int_0^{T}\mathrm{e}^{-pt}f(t)\mathrm{d}t\end{aligned}$$

由

$$|f(t)|\leqslant M\mathrm{e}^{at}$$

所以

$$|\mathrm{e}^{-pT}f(T)|\leqslant M\mathrm{e}^{-(\sigma-a)T}$$

当 $T\to\infty$，只要 $\sigma>\alpha$，都有

$$\mathrm{e}^{-pT}f(T)\to 0$$

因此

$$\mathscr{L}[f'(t)]=p\mathscr{L}[f(t)]-f(0)$$

又若 $f'(t)$，$f''(t)$ 分别满足 $f(t)$ 及 $f'(t)$ 的同样条件，如前所证微分性质，$f''(t)$ 的 Laplace 变换为

$$\begin{aligned}\mathscr{L}[f''(t)] &= p\mathscr{L}[f'(t)] - f'(0)\\ &= p\{p\mathscr{L}[f(t)] - f(0)\} - f'(0)\\ &= p^2\mathscr{L}[f(t)] - pf(0) - f'(0)\end{aligned}$$

一般的有

$$\mathscr{L}[f^{(n)}(t)] = p^n\mathscr{L}[f(t)] - p^{n-1}f(0) - \cdots - pf^{(n-2)}(0) - f^{(n-1)}(0)$$

定义函数 $f(t), g(t)$ 的卷积为

$$(f * g)(t) = \int_0^t f(t-\tau)g(\tau)\mathrm{d}\tau$$

则我们有如下的性质.

性质 3.10(卷积性质)　设 $F(p), G(p)$ 分别是函数 $f(t), g(t)$ 的 Laplace 变换,则 $(f * g)(t)$ 的 Laplace 变换存在,且有

$$\mathscr{L}[f * g] = F(p)\cdot G(p)$$

证明

$$\begin{aligned}L[f * g] &= \int_0^\infty \mathrm{e}^{-pt}\left[\int_0^t f(t-\tau)g(\tau)\mathrm{d}\tau\right]\mathrm{d}t\\ &= \int_0^\infty g(\tau)\int_\tau^\infty f(t-\tau)\mathrm{e}^{-pt}\mathrm{d}t\mathrm{d}\tau\\ &= \int_0^\infty g(\tau)\int_0^\infty f(\xi)\mathrm{e}^{-p(\tau+\xi)}\mathrm{d}\xi\mathrm{d}\tau\\ &= \int_0^\infty g(\tau)\mathrm{e}^{-p\tau}\mathrm{d}\tau\int_0^\infty f(\xi)\mathrm{e}^{-p\xi}\mathrm{d}\xi\\ &= \mathscr{L}[g(t)]\mathscr{L}[f(t)]\\ &= F(p)G(p)\end{aligned}$$

证明过程中利用了 Fourier 定理交换积分次序.

利用 Laplace 变换求解定解问题的步骤与用 Fourier 变换求解定解问题的步骤一样,虽然求逆变换比较复杂,但可利用其基本性质通过查阅 Laplace 变换表得到.

例 3.13　求解半无限长细杆的热传导定解问题

$$\begin{cases}\dfrac{\partial u}{\partial t} = a^2\dfrac{\partial^2 u}{\partial x^2} - hu & (0 < x < \infty, t > 0, a, h \text{ 为正常数});\\ u|_{t=0} = 0 & (0 < x < \infty);\\ u|_{x=0} = u_0;\\ \lim\limits_{x\to+\infty} u(x,t) = 0\end{cases}$$

解　令 $\tilde{u} = \mathscr{L}[u]$ 为 u 关于时间 t 的 Laplace 交换,则由微分性质

$$\mathscr{L}\left[\frac{\partial u}{\partial t}\right] = pL(u) - u(x,0) = p\tilde{u}(x,p)$$

因此有 $\tilde{u}(x,p)$ 满足的常微分方程

$$p\tilde{u} = a^2(\tilde{u})_{xx} - h\tilde{u}$$

即

$$\tilde{u}_{xx}=\frac{1}{a^2}(p+h)\tilde{u}$$

$$\tilde{u}(x,p)=A\mathrm{e}^{\frac{\sqrt{p+h}}{a}x}+B\mathrm{e}^{-\frac{\sqrt{p+h}}{a}x}$$

由 $u|_{x=0}=u_0$，则 $\tilde{u}(0,p)=\dfrac{u_0}{p}$，所以

$$A+B=\frac{u_0}{p}$$

又 $\lim\limits_{x\to\infty}\tilde{u}(x,p)=0$，则 $A=0$，因此

$$\tilde{u}(x,p)=\frac{u_0}{p}\mathrm{e}^{-\frac{\sqrt{p+h}}{a}x}$$

则

$$\begin{aligned}\tilde{u}(x,t)&=\mathscr{L}^{-1}\left[\frac{u_0}{p}\mathrm{e}^{-\frac{\sqrt{p+h}}{a}x}\right]\\&=\mathscr{L}^{-1}\left[\frac{u_0}{p}\right]*\mathscr{L}^{-1}\left[\mathrm{e}^{-\frac{\sqrt{p+h}}{a}x}\right]\end{aligned}$$

$\mathscr{L}^{-1}\left[\dfrac{u_0}{p}\right]=u_0$，下面求 $\mathscr{L}^{-1}\left[\mathrm{e}^{-\frac{\sqrt{p}}{a}x}\right]$. 由 Laplace 变换表查得

$$\mathscr{L}^{-1}\left[\frac{1}{p}\mathrm{e}^{-\frac{\sqrt{p}}{a}x}\right]=\frac{2}{\sqrt{\pi}}\int_{\frac{x}{2a\sqrt{t}}}^{\infty}\mathrm{e}^{-s^2}\,\mathrm{d}s$$

因为

$$\mathscr{L}^{-1}\left[\mathrm{e}^{-\frac{\sqrt{p}}{a}x}\right]=\mathscr{L}^{-1}\left[p\cdot\frac{1}{p}\mathrm{e}^{-\frac{\sqrt{p}}{a}x}\right]$$

由微分性质 $\mathscr{L}[f'(t)]=p\mathscr{L}[f(t)]-f(0)$，则

$$f'(t)=\mathscr{L}^{-1}[p\mathscr{L}[f(t)]-f(0)]$$

上式中令 $\mathscr{L}[f(t)]=\dfrac{1}{p}\mathrm{e}^{-\frac{\sqrt{p}}{a}x}$，则

$$f(t)=\frac{2}{\sqrt{\pi}}\int_{\frac{x}{2a\sqrt{t}}}^{\infty}\mathrm{e}^{-s^2}\,\mathrm{d}s$$

有 $f(0)=0$，因此

$$\mathscr{L}^{-1}\left[p\cdot\frac{1}{p}\mathrm{e}^{-\frac{\sqrt{p}}{a}x}\right]=\frac{\mathrm{d}}{\mathrm{d}t}\left(\frac{2}{\sqrt{\pi}}\int_{\frac{x}{2a\sqrt{t}}}^{\infty}\mathrm{e}^{-s^2}\,\mathrm{d}s\right)=\frac{x}{2a\sqrt{\pi}t^{\frac{3}{2}}}\mathrm{e}^{-\frac{x^2}{4a^2t}}$$

又由位移性质 $\mathscr{L}[\mathrm{e}^{p_0t}f(t)]=F(p-p_0)$，则

$$\mathscr{L}^{-1}[F(p-p_0)]=\mathrm{e}^{p_0t}f(t)$$

由此

$$\mathscr{L}^{-1}\left[\mathrm{e}^{-\frac{\sqrt{p+h}}{a}x}\right]=\mathrm{e}^{-ht}\mathscr{L}^{-1}\left[\mathrm{e}^{-\frac{\sqrt{p}}{a}x}\right]=\mathrm{e}^{-ht}\frac{x}{2a\sqrt{\pi}t^{\frac{3}{2}}}\mathrm{e}^{-\frac{x^2}{4a^2t}}$$

则

$$u(x,t)=u_0*\frac{x}{2a\sqrt{\pi}t^{\frac{3}{2}}}\mathrm{e}^{-ht-\frac{x^2}{4a^2t}}$$
$$=\frac{xu_0}{2a\sqrt{\pi}}\int_0^t\frac{1}{(t-\tau)^{\frac{3}{2}}}\mathrm{e}^{-h(t-\tau)-\frac{x^2}{4a^2(t-\tau)}}\mathrm{d}\tau$$

如果令 $h=0,\eta=\dfrac{x}{2a\sqrt{t-\tau}}$,则

$$u(x,t)=\frac{2u_0}{\sqrt{\pi}}\int_{\frac{x}{2a\sqrt{t}}}^{\infty}\mathrm{e}^{-\eta^2}\mathrm{d}\eta=\frac{2u_0}{\sqrt{\pi}}\int_0^{\infty}\mathrm{e}^{-\eta^2}\mathrm{d}\eta-\frac{2u_0}{\sqrt{\pi}}\int_0^{\frac{x}{2a\sqrt{t}}}\mathrm{e}^{-\eta^2}\mathrm{d}\eta$$
$$u(x,t)=u_0\left[1-\mathrm{erf}\left(\frac{x}{2a\sqrt{t}}\right)\right]=u_0\,\mathrm{erfc}\left(\frac{x}{2a\sqrt{t}}\right)$$

其中,$\mathrm{erf}(x)=\dfrac{2}{\sqrt{\pi}}\displaystyle\int_0^x\mathrm{e}^{-\eta^2}\mathrm{d}\eta$ 为误差函数;$\mathrm{erfc}(x)=1-\mathrm{erf}(x)$ 为余误差函数. 由此得到定解问题的形式解.

例 3.14　求解定解问题

$$\begin{cases}u_{tt}=a^2u_{xx}+b & (x>0,t>0);\\ u(0,t)=0,\quad \lim\limits_{x\to\infty}u_x=0 & (t\geqslant 0);\\ u|_{t=0}=0,\quad u_t|_{t=0}=0 & (t\geqslant 0)\end{cases}$$

解　关于 t 作 Laplace 变换,得

$$p^2\tilde{u}=a^2\frac{\mathrm{d}^2\tilde{u}}{\mathrm{d}x^2}+\frac{b}{p}$$

易求得其通解为

$$\tilde{u}=c_1\mathrm{e}^{\frac{p}{a}x}+c_2\mathrm{e}^{-\frac{p}{a}x}+\frac{b}{p^3}$$

对边界条件作 Laplace 变换,得

$$\tilde{u}|_{x=0}=0,\quad \lim_{x\to\infty}\tilde{u}_x=0$$

由此可得像函数

$$\tilde{u}=\frac{b}{p^3}(1-\mathrm{e}^{-\frac{p}{a}x})$$

于是

$$u(x,t)=\mathscr{L}^{-1}\left[\frac{b}{p^3}\right]-\mathscr{L}^{-1}\left[\frac{b}{p^3}\mathrm{e}^{-\frac{p}{a}x}\right]$$
$$\mathscr{L}^{-1}\left[\frac{b}{p^3}\right]=\frac{b}{2}t^2$$

根据延迟性质(见习题 3 中的 12(2))

$$\mathscr{L}[f(t-\tau)]=\mathrm{e}^{-p\tau}\mathscr{L}[f(t)]$$
$$\mathscr{L}^{-1}\left[\frac{b}{p^3}\mathrm{e}^{-\frac{p}{a}x}\right]=\frac{b}{2}\left(t-\frac{x}{a}\right)^2$$

于是问题的解为

$$u(x,t)=\begin{cases}\dfrac{b}{2}t^2 & \left(0<t<\dfrac{x}{a}\right);\\ \dfrac{b}{2}\left[t^2-\left(t-\dfrac{x}{a}\right)^2\right] & \left(t\geqslant\dfrac{x}{a}\right)\end{cases}$$

习　题　3

1. 求函数的 Fourier 变换：

(1) $f(x)=\begin{cases}|x| & (|x|\leqslant a),\\ 0 & (|x|>a),\end{cases}$ 其中 $a>0$；

(2) $e^{-\eta x^2}$，其中 $\eta>0$；

(3) $\cos\eta x^2$，$\sin\eta x^2$，其中 η 为实数；

(4) $\dfrac{1}{(a^2+x^2)^k}$，其中 $a>0$，k 为自然数.

2. 利用 Fourier 变换的性质求下列函数的 Fourier 变换：

(1) $f(x)=xe^{-a|x|}$，其中 $a>0$；

(2) $f(x)=\begin{cases}e^{ax} & (|x|\leqslant a),\\ 0 & (|x|>a);\end{cases}$

(3) $f(x)=e^{-ax^3+ibx+c}$，其中 $a>0$.

3. 用 Fourier 变换求解下列定解问题：

$$\begin{cases}\dfrac{\partial u}{\partial t}=a^2\dfrac{\partial^2 u}{\partial x^2}+b\dfrac{\partial u}{\partial x}+cu+f(x,t) & (-\infty<x<+\infty,t>0);\\ u|_{t=0}=0 & (-\infty<x<+\infty)\end{cases}$$

其中 a,b,c 为常数.

4. 求下列初值问题的解：

(1) $\begin{cases}\dfrac{\partial u}{\partial t}=a^2\dfrac{\partial^2 u}{\partial x^2} & (-\infty<x<+\infty,t>0),\\ u|_{t=0}=x^2 & (-\infty<x<+\infty);\end{cases}$

(2) $\begin{cases}\dfrac{\partial u}{\partial t}=a^2\dfrac{\partial^2 u}{\partial x^2} & (-\infty<x<+\infty,t>0),\\ u|_{t=0}=\sin x & (-\infty<x<+\infty);\end{cases}$

(3) $\begin{cases}\dfrac{\partial u}{\partial t}=a^2\dfrac{\partial^2 u}{\partial x^2} & (-\infty<x<+\infty,t>0),\\ u|_{t=0}=x^2+1 & (-\infty<x<+\infty).\end{cases}$

5. 求下列函数的 Fourier 逆变换：

(1) $F(\lambda)=e^{(-a^2\lambda^2+ib\lambda+c)t}$，其中 a,b,c 为常数；

(2) $F(\lambda)=\mathrm{e}^{-|\lambda|t}$，其中 $t>0$.

6. 证明下列各式：

(1) $\mathscr{F}[f(at-b)]=\dfrac{1}{|a|}\mathrm{e}^{\mathrm{i}\lambda b/a}\mathscr{F}[\lambda/a]$；

(2) $\mathscr{F}[f^{(n)}(x)]=(\mathrm{i}\lambda)^n\mathscr{F}[f(x)]$.

7. 用 Fourier 变换法解下列半无界直线上的热传导问题：

$$(1)\begin{cases}\dfrac{\partial u}{\partial t}=a^2\dfrac{\partial^2 u}{\partial x^2} & (0<x<+\infty,t>0),\\ u|_{x=0}=0 & (t>0),\\ u|_{t=0}=f(x) & (0\leqslant x<+\infty);\end{cases}$$ ①

$$(2)\begin{cases}\dfrac{\partial u}{\partial t}=a^2\dfrac{\partial^2 u}{\partial x^2} & (0<x<+\infty,t>0),\\ \left.\dfrac{\partial u}{\partial x}\right|_{x=0}=0 & (t>0),\\ u|_{t=0}=f(x) & (0\leqslant x<+\infty).\end{cases}$$ ②

8. 设 $u(x,t)$ 是初值问题

$$\begin{cases}\dfrac{\partial u}{\partial t}=a^2\dfrac{\partial^2 u}{\partial x^2} & (-\infty<x<+\infty,t>0);\\ u|_{t=0}=f(x) & (-\infty<x<+\infty)\end{cases}$$

的解，其中 $f(x)$ 连续且有紧支，证明：$\lim\limits_{t\to\infty}u(x,t)=0$ 关于 x 一致成立.

9. 有一两端无界的枢轴，其初始温度为

$$u(x,0)=\begin{cases}1 & (|x|<1);\\ 0 & (|x|\geqslant 1)\end{cases}$$

试证：在枢轴上的温度分布为

$$u(x,t)=\frac{2}{\pi}\int_0^\infty\frac{\sin\mu}{\mu}\cos(\mu x)\mathrm{e}^{-a^2\mu^2t}\mathrm{d}\mu$$

10. 求下列函数的 Laplace 变换：

---

① 提示：利用正弦 Fourier 变换

$$\mathscr{F}^{(s)}[\lambda]=\int_0^{+\infty}f(\xi)\sin\lambda\xi\mathrm{d}\xi$$

$$f(x)=\frac{2}{\pi}\int_0^{+\infty}\mathscr{F}^{(s)}[\lambda]\sin\lambda x\mathrm{d}\lambda$$

② 提示：利用余弦 Fourier 变换

$$\mathscr{F}^{(c)}[\lambda]=\int_0^{+\infty}f(\xi)\cos\lambda\xi\mathrm{d}\xi$$

$$f(x)=\frac{2}{\pi}\int_0^{+\infty}\mathscr{F}^{(c)}[\lambda]\cos\lambda x\mathrm{d}\lambda$$

(1) $f(t)=\cos\omega t$;

(2) $f(t)=\dfrac{1}{t}\sin\omega t$;

(3) $f(t)=\mathrm{e}^{\omega t}\cos\omega t$;

(4) $f(t)=\begin{cases}3 & (0\leqslant t<2),\\ -1 & (2\leqslant t<4),\\ 0 & (t\geqslant 4);\end{cases}$

(5) $f(t)=\mathrm{sh}\omega t$;

(6) $f(t)=\mathrm{ch}\omega t$.

11. 证明:$\int_0^{\infty}\mathrm{e}^{-a^2x^2}\cos bx\,\mathrm{d}x=\dfrac{\sqrt{\pi}}{2a}\mathrm{e}^{-\frac{b^2}{4a^2}}\quad(a>0)$.

12. 证明 Laplace 变换的如下性质:若 $\mathscr{L}[f(t)]=F(p)$,则

(1) $\mathscr{L}\left[\int_0^t f(\tau)\mathrm{d}\tau\right]=\dfrac{1}{p}F(p)$;

(2) $\mathscr{L}[f(t-\tau)]=\mathrm{e}^{-p\tau}F(p)\quad(\tau>0)$;

(3) $\mathscr{L}\left[\dfrac{f(t)}{t}\right]=\int_p^{\infty}F(p)\mathrm{d}p$,其中假设右端积分绝对收敛.

13. 用 Laplace 变换求下列问题的解:

(1) $\begin{cases}\dfrac{\partial^2 u}{\partial t^2}=a^2\dfrac{\partial^2 u}{\partial x^2} & (0<x<+\infty,t>0),\\ u|_{t=0}=f(x) & (0\leqslant x<+\infty),\\ \left.\dfrac{\partial u}{\partial t}\right|_{t=0}=0 & (0\leqslant x<+\infty),\\ u|_{x=0}=0 & (t>0),\\ \lim\limits_{x\to+\infty}u(x,t)=0;\end{cases}$

(2) $\begin{cases}\dfrac{\partial u}{\partial t}=k\dfrac{\partial^2 u}{\partial x^2} & (0<x<+\infty,t>0),\\ u|_{t=0}=f_0 & (-\infty<x<+\infty),\\ u|_{x=0}=f_1 & (-\infty<x<+\infty),\\ \lim\limits_{x\to+\infty}u(x,t)=f_0,\end{cases}$ 其中 f_0,f_1 都是常数.

4 波动方程

最典型的双曲型方程是波动方程，它在物理、力学和工程技术中有广泛的应用.前面我们已讨论了初边值问题的分离变量法和初值问题的积分变换法，本章研究波动方程初值问题的D'Alembert解法. 它先求微分方程的“通解”，再由初始条件确定要求的解，对一维情形导出了解的表达式——D'Alembert 公式，利用球平均方法推导出三维波动方程初值问题的解的泊松公式，利用降维法推导出二维波动方程的解的表达式，最后利用能量不等式研究了初值问题解的唯一性及连续依赖性.

4.1 齐次弦振动方程的初值问题、D'Alembert 公式、广义解

研究无界弦的自由振动的情形，这时定解问题为初值问题

$$\begin{cases}\dfrac{\partial^2 u}{\partial t^2}=a^2\dfrac{\partial^2 u}{\partial x^2} & (-\infty<x<+\infty, t>0); \quad (4.1)\\ u|_{t=0}=\varphi(x) & (-\infty<x<+\infty); \quad (4.2)\\ \left.\dfrac{\partial u}{\partial t}\right|_{t=0}=\psi(x) & (-\infty<x<+\infty) \quad (4.3)\end{cases}$$

该问题也称为 Cauchy 问题.

在第 1 章中，通过自变量变换

$$\xi=x-at$$
$$\eta=x+at$$

将方程$\dfrac{\partial^2 u}{\partial t^2}=a^2\dfrac{\partial^2 u}{\partial x^2}$化简为典则形式

$$\frac{\partial^2 u}{\partial\xi\partial\eta}=0$$

其可以直接求通解，写成方程为$\dfrac{\partial}{\partial\xi}\left(\dfrac{\partial u}{\partial\eta}\right)=0$，则对$\xi$求积分，因$\dfrac{\partial u}{\partial\eta}$与$\xi$无关，取$\dfrac{\partial u}{\partial\eta}=f(\eta)$，再对$\eta$求积分，则得到通解

$$u(\xi,\eta)=\int f(\eta)\mathrm{d}\eta+G(\xi)=F(\eta)+G(\xi)$$

F,G为两个可微的任意单变量函数. 回到原来自变量，则有

$$u(x,t)=F(x+at)+G(x-at)$$

由初始条件确定任意函数F,G，有

$$u|_{t=0}=F(x)+G(x)=\varphi(x) \tag{4.4}$$

$$\left.\frac{\partial u}{\partial t}\right|_{t=0}=a[F'(x)-G'(x)]=\psi(x) \tag{4.5}$$

对式(4.5)积分,有

$$\int_{x_0}^{x}[F'(\eta)-G'(\eta)]d\eta=\int_{x_0}^{x}\frac{1}{a}\psi(\eta)\mathrm{d}\eta$$

即

$$F(x)-G(x)=\frac{1}{a}\int_{x_0}^{x}\psi(\eta)\mathrm{d}\eta+C \quad (C\text{为常数})$$

联立

$$F(x)+G(x)=\varphi(x)$$

则

$$F(x)=\frac{1}{2}\varphi(x)+\frac{1}{2a}\int_{x_0}^{x}\psi(\eta)\mathrm{d}\eta+\frac{C}{2}$$

$$G(x)=\frac{1}{2}\varphi(x)-\frac{1}{2a}\int_{x_0}^{x}\psi(\eta)\mathrm{d}\eta-\frac{C}{2}$$

由此得定解问题的解为

$$\begin{aligned}u(x,t)&=\frac{1}{2}\varphi(x+at)+\frac{1}{2a}\int_{x_0}^{x+at}\psi(\eta)\mathrm{d}\eta\\&\quad+\frac{1}{2}\varphi(x-at)-\frac{1}{2a}\int_{x_0}^{x-at}\psi(\eta)\mathrm{d}\eta\\&=\frac{1}{2}[\varphi(x+at)+\varphi(x-at)]+\frac{1}{2a}\int_{x-at}^{x+at}\psi(\eta)\mathrm{d}\eta\end{aligned}$$

这就是 D'Alembert 公式(3.22),在上一章用 Fourier 变换的方法推导出.

显然当 $\varphi\in C^2$,$\psi\in C^1$,可以计算得$\frac{\partial u}{\partial t}$,$\frac{\partial u}{\partial x}$,$\frac{\partial^2 u}{\partial t^2}$,$\frac{\partial^2 u}{\partial x^2}$,代入(4.1)—(4.3),满足方程和初始条件,故 $u(x,t)$ 是 Cauchy 问题的解或者说古典解.因此定解问题解存在,其唯一性也容易证明.因为若有两解 $u_1(x,t)$,$u_2(x,t)$ 具有同样的初始条件,则它们用同样的表达式表示,故唯一性得证.下面证明当初始条件连续变化时解也是连续变化的,即解对初始条件具有连续依赖性,这也称为定解问题(4.1)—(4.3)的稳定性.

首先利用解的表达式,则有

$$|u(x,t)|\leqslant\frac{1}{2}[|\varphi(x+at)|+|\varphi(x-at)|]+\frac{1}{2a}\int_{x-at}^{x+at}|\psi(\tau)|\mathrm{d}\tau$$

因此当 $0<t<T$ 时,有下列估计

$$|u(x,t)|\leqslant\sup_{-\infty<x<+\infty}|\varphi(x)|+T\sup_{-\infty<x<+\infty}|\psi(x)|$$

现在设 u_1,u_2 为下列两定解问题之解:

$$\begin{cases}\dfrac{\partial^2 u_1}{\partial t^2}=a^2\dfrac{\partial^2 u_1}{\partial x^2} & (-\infty<x<+\infty,t>0);\\ u_1|_{t=0}=\varphi_1(x),\quad \left.\dfrac{\partial u_1}{\partial t}\right|_{t=0}=\psi_1(x) & (-\infty<x<+\infty)\end{cases} \tag{4.6}$$

$$\begin{cases} \dfrac{\partial^2 u_2}{\partial t^2} = a^2 \dfrac{\partial^2 u_2}{\partial x^2} & (-\infty < x < +\infty, t > 0); \\ u_2|_{t=0} = \varphi_2(x), \quad \left.\dfrac{\partial u_2}{\partial t}\right|_{t=0} = \psi_2(x) & (-\infty < x < +\infty) \end{cases} \tag{4.7}$$

则 $u = u_1 - u_2$ 为定解问题

$$\begin{cases} \dfrac{\partial^2 u}{\partial t^2} = a^2 \dfrac{\partial^2 u}{\partial x^2} \quad (-\infty < x < +\infty, t > 0); \\ u|_{t=0} = \varphi_1 - \varphi_2; \\ \left.\dfrac{\partial u}{\partial t}\right|_{t=0} = \psi_1 - \psi_2 \end{cases}$$

之解. 由此,对 $0 \leqslant t \leqslant T$,则

$$|u(x,t)| \leqslant \sup_{-\infty<x<+\infty} |\varphi_1 - \varphi_2| + T \sup_{-\infty<x<+\infty} |\psi_1 - \psi_2|$$

任给 $\varepsilon > 0$,存在 $\delta = \dfrac{\varepsilon}{2}$,当

$$\sup_{-\infty<x<+\infty} |\varphi_1 - \varphi_2| \leqslant \delta = \frac{\varepsilon}{2}$$

$$T \sup_{-\infty<x<+\infty} |\psi_1 - \psi_2| \leqslant \delta = \frac{\varepsilon}{2}$$

就有

$$|u(x,t)| = |u_1(x,t) - u_2(x,t)| \leqslant \varepsilon$$

因此,不论 T 如何,也不论给定的小正数 ε 怎样,总可以找到 $\delta(\varepsilon, T)$,只要初始条件相差非常小,就可以使两个解 $u_1(x,t)$ 与 $u_2(x,t)$ 在 $0 < t < T$ 上其差绝对值小于 ε.

由此,Cauchy 问题的解存在、唯一、稳定,定解问题是适定的.

例 4.1　求解初值问题

$$\begin{cases} \dfrac{\partial^2 u}{\partial t} = a^2 \dfrac{\partial^2 u}{\partial x^2} & (x \in \mathbf{R}, t > 0); \\ u|_{t=0} = x^2 & (x \in \mathbf{R}); \\ \left.\dfrac{\partial u}{\partial t}\right|_{t=0} = x & (x \in \mathbf{R}) \end{cases}$$

解　由 D'Alembert 公式,则

$$\begin{aligned} u(x,t) &= \frac{1}{2}[(x+at)^2 + (x-at)^2] + \frac{1}{2a}\int_{x-at}^{x+at} \xi \mathrm{d}\xi \\ &= x^2 + a^2 t^2 + xt \end{aligned}$$

例 4.2　求解初值问题

$$\begin{cases} \dfrac{\partial^2 u}{\partial t^2} = a^2 \dfrac{\partial^2 u}{\partial x^2} & (-\infty < x < +\infty, t > 0); \\ u|_{t=0} = \begin{cases} 1 - |x| & (|x| \leqslant 1), \\ 0 & (|x| > 1); \end{cases} \\ \left.\dfrac{\partial u}{\partial t}\right|_{t=0} = 0 & (-\infty < x < +\infty) \end{cases}$$

解 由 D'Alembert 公式

$$u(x,t)=\frac{1}{2}[\varphi(x+at)+\varphi(x-at)]$$

其中,$\varphi(x)$ 如图 4.1 所示.

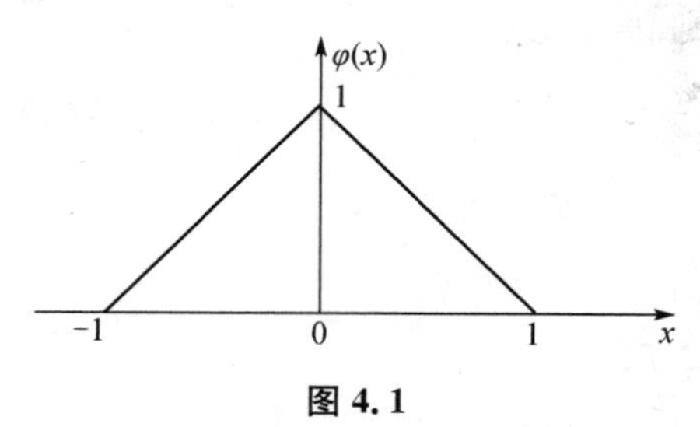

图 4.1

经过运算可得以下解:

(1) 当 $t\leqslant\frac{1}{2a}$ 时,有

$$u(x,t)=\begin{cases}0 & (|x|\geqslant 1+at);\\ \frac{1}{2}(1+x+at) & (-1-at\leqslant x\leqslant -1+at);\\ 1+x & (-1+at\leqslant x\leqslant -at);\\ 1-at & (-at\leqslant x\leqslant at);\\ 1-x & (at\leqslant x\leqslant 1-at);\\ \frac{1}{2}(1-x+at) & (1-at\leqslant x\leqslant 1+at)\end{cases}$$

(2) 当$\frac{1}{2a}\leqslant t\leqslant\frac{1}{a}$ 时,有

$$u(x,t)=\begin{cases}0 & (|x|\geqslant 1+at);\\ \frac{1}{2}(1+x+at) & (-1-at\leqslant x\leqslant -at);\\ \frac{1}{2}(1-x-at) & (-at\leqslant x\leqslant -1+at);\\ 1-at & (-1+at\leqslant x\leqslant 1-at);\\ \frac{1}{2}(1+x-at) & (1-at\leqslant x\leqslant at);\\ \frac{1}{2}(1-x+at) & (at\leqslant x\leqslant 1+at)\end{cases}$$

(3) 当 $at\geqslant 1$ 时,有

$$u(x,t)=\begin{cases}0 & (|x|\geqslant 1+at);\\ \dfrac{1}{2}(1+x+at) & (-1-at\leqslant x\leqslant -at);\\ \dfrac{1}{2}(1-x-at) & (-at\leqslant x\leqslant 1-at);\\ 0 & (1-at\leqslant x\leqslant 1+at);\\ \dfrac{1}{2}(1+x-at) & (-1+at\leqslant x\leqslant at);\\ \dfrac{1}{2}(1-x+at) & (at\leqslant x\leqslant 1+at)\end{cases}$$

令 $at=0,\dfrac{1}{4},\dfrac{3}{4},\dfrac{5}{4}$,分别用图 4.2、图 4.3、图 4.4 和图 4.5 表示 $u(x,t)$.

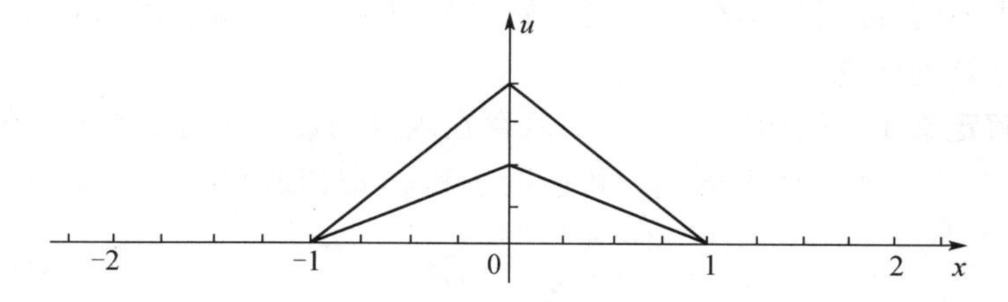

图 4.2

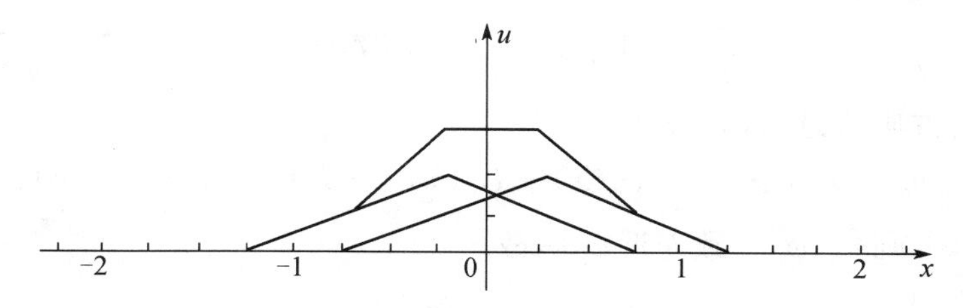

图 4.3

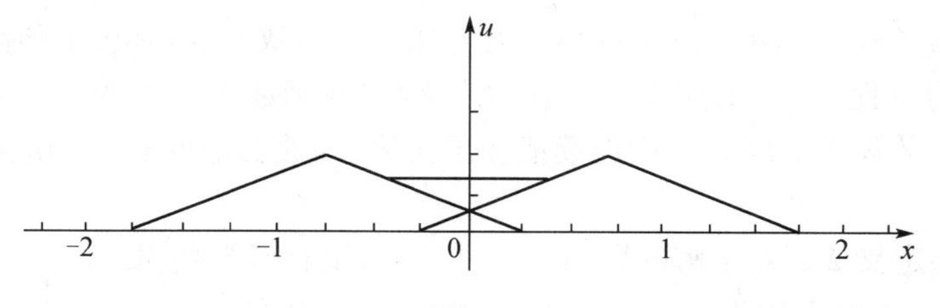

图 4.4

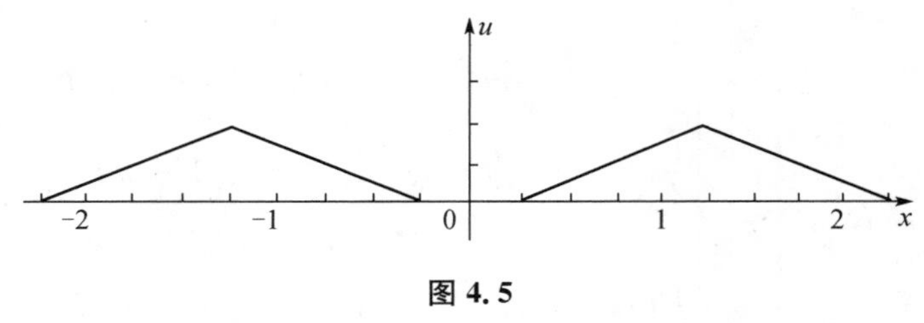

图 4.5

从例 4.2 中,我们看到

$$\varphi(x)=\begin{cases}1-|x| & (|x|\leqslant 1);\\ 0 & (|x|>1)\end{cases}$$

不满足前述要求 $\varphi\in C^2$ 的条件,因此解 $u(x,t)$ 不是一个古典解,它仅是形式解. 上例不存在古典解,故对于不存在古典解的定解问题,为了满足物理实际的需要,下面引进广义解的概念.

广义解定义 1　设初值 $\varphi,\psi\in C$,若存在函数列 $\varphi_n\in C^2,\psi_n\in C^1$,在任意有限区间 $[\alpha,\beta]\subset(-\infty,\infty)$ 上分别一致逼近 φ 和 ψ,记初值问题

$$\begin{cases}\dfrac{\partial^2 u}{\partial t^2}=a^2\dfrac{\partial^2 u}{\partial x^2}, & (4.8)\\ u(x,0)=\varphi_n(x), & (4.9)\\ \dfrac{\partial u}{\partial t}(x,t)=\psi_n(x) & (4.10)\end{cases}$$

对每个 n 的古典解为 $u_n(x,t)$,由于

$$\sup|u_n-u_m|\leqslant\sup_x|\varphi_n(x)-\varphi_m(x)|+T\sup_x|\psi_n(x)-\psi_m(x)|$$

当 $n,m\to\infty$,则 φ_n,ψ_n 一致逼近 φ,ψ,故

$$\sup_x|\varphi_n-\varphi_m|\to 0$$

$$\sup_x|\psi_n-\psi_m|\to 0$$

则函数列 $\{u_n(x,t)\}$ 在 (x,t) 平面任一有界闭域上一致收敛,其极限函数 $u(x,t)\in C$,可定义为方程(4.1)对应于 φ 和 ψ 的广义解(在函数类 C 中的广义解).

这种广义解在函数类 C 中连续依赖于初值,因此初值问题在相应的广义解中适定.

广义解定义 2　对定解问题(4.1)—(4.3),设有函数列 $\{\varphi_n\},\{\psi_n\}$ 在任意有限区间 $[\alpha,\beta]$ 上各自平均收敛于 φ 和 ψ,即当 $n\to\infty$ 时有

$$\int_\alpha^\beta(\varphi_n-\varphi)^2\mathrm{d}x\to 0$$

$$\int_\alpha^\beta(\psi_n-\psi)^2\mathrm{d}x\to 0$$

又设以 φ_n,ψ_n 为初值的初值问题(4.8)—(4.10)有古典解 $u_n(x,t)$,如果函数 $\{u_n\}$ 平均

收敛于某函数 $u(x,t)$，则称 $u(x,t)$ 是定解问题(4.1)—(4.3) 关于函数类 $L^2[(\alpha,\beta)\times(0,T)]$ 的广义解，其中 $L^2(\Omega)$ 为定义于区域 Ω 上的平方可积函数类.

定义 2 中广义解本身不一定连续，广义解概念的提出扩充了古典解的范围，满足了物理应用的需要.

4.2　D'Alembert 公式的物理意义、传播波、依赖区域、影响区域、决定区域

4.2.1　D'Alembert 公式的物理意义、传播波

D'Alembert 公式

$$u(x,t)=\frac{1}{2}[\varphi(x+at)+\varphi(x-at)]+\frac{1}{2a}\int_{x-at}^{x+at}\psi(\tau)\mathrm{d}\tau$$

写成

$$u(x,t)=F(x-at)+G(x+at)$$

其中

$$F(x)=\frac{1}{2}\varphi(x)-\frac{1}{2a}\int_{x_0}^{x}\psi(\tau)\mathrm{d}\tau$$

$$G(x)=\frac{1}{2}\varphi(x)+\frac{1}{2a}\int_{x_0}^{x}\psi(\tau)\mathrm{d}\tau$$

我们首先研究 $F(x-at)$ 的物理意义. 设 $t=0$ 时 $F(x)$ 表示如图 4.6 所示的一个函数或者一个波形，为简单起见，假定其只定义于区间$[x_1,x_2]$，考察它与 t 时刻函数或者波形 $F(x-at)$ 的关系. 因为 $F(x_0)=F(x_0+at-at)$，因此在时刻 t，$x=x_0+at$ 上 $F(x-at)$ 的值与 $F(x_0)$ 的值相同，或者说初始时刻弦对应 x_0 的点已以速率 a 移动到 x_0+at，$F(x-at)$ 的图形就是 $F(x)$ 的图形向右平移 at(如图 4.6 所示). 物理上就是保持波形向右以速率 a 传播的波，称为右行波；类似的，$G(x+at)$ 就是以速率 a 向左传播的波，称为左行波. $u(x,t)=F(x-at)+G(x+at)$ 为左行波和右行波的迭加，这就是 D'Alembert 公式的物理意义，这种方法法也称为行波法.

对于图 4.7 中的波在(x,t) 平面上经过$(x_1,0)$，$(x_2,0)$. 画出两条斜率为$\dfrac{1}{a}$ 的直线

$$x=x_1+at,\quad x=x_2+at$$

显然 $x=x_1+at$ 上的点表示初始时刻在 x_1 上的点在 t 时刻的位置，$x=x_2+at$ 上的点表示初始时刻在 x_2 上的点在 t 时刻的位置，两条直线把(x,t) 上半平面分成了(1)(2)(3) 这三个部分(如图 4.7 所示).

(1) 右行波未到达的位置；

(2) 存在右行波的位置；

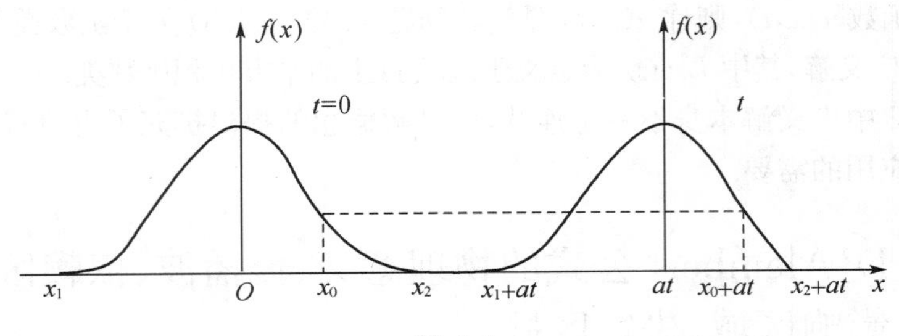

图 4.6

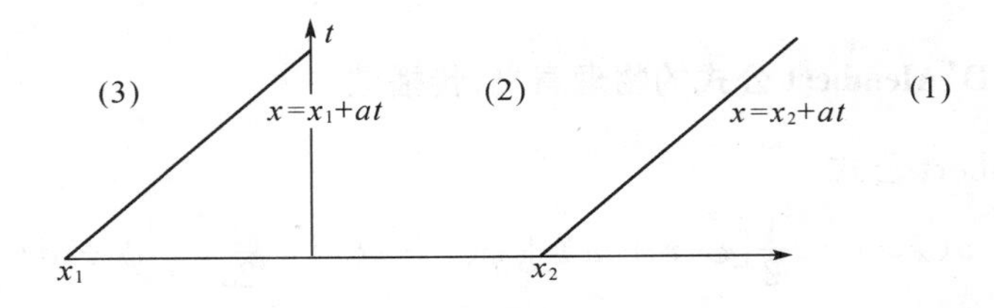

图 4.7

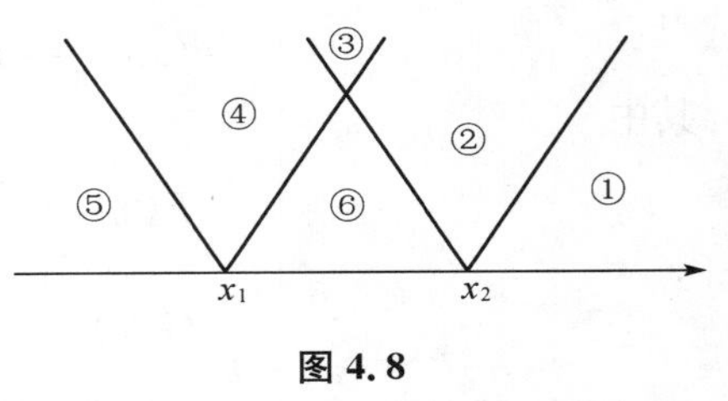

图 4.8

(3) 右行波已经过的位置.

再考虑到左行波，则由 x_1, x_2 出发作两条斜率为 $-\dfrac{1}{a}$ 的直线 $x = x_1 - at, x = x_2 - at$，这样则把 (x,t) 上半平面分成 ① ～ ⑥ 这六个部分(如图 4.8 所示).

① 右行波还未到达、左行波已经过的位置；

② 右行波存在的位置；

③ 左行波、右行波已经过的位置；

④ 左行波存在的位置；

⑤ 左行波还未到达、右行波已经过的位置；

⑥ 存在左、右行波的位置.

在研究双曲线型方程 $\dfrac{\partial^2 u}{\partial t^2} = a^2 \dfrac{\partial^2 u}{\partial x^2}$ 中，(x,t) 平面上斜率为 $\pm\dfrac{1}{a}$ 的直线起着重要的作用，我们称它们为特征线.

4.2.2 影响区域、依赖区域和决定区域

考察 D'Alembert 公式

$$u(x,t) = \frac{1}{2}[\varphi(x-at) + \varphi(x+at)] + \frac{1}{2a}\int_{x-at}^{x+at} \psi(\tau)\mathrm{d}\tau$$

我们看到波动方程的解 $u(x,t)$ 在点 (x,t) 处的值仅仅依赖于 x 轴上 $[x-at, x+at]$ 内的初始条件，而与其他点的初值无关，我们称区间 $[x-at, x+at]$ 为点 (x,t)

的依赖区间，显然它是由过点(x,t)的两条斜率分别为$\pm\frac{1}{a}$的直线在x轴上所截得之区间(如图4.9所示).

在x轴上区间$[x_1,x_2]$两端$x=x_1$，$x=x_2$出发在(x,t)上半平面分别作斜率为$+\frac{1}{a}$，$-\frac{1}{a}$的直线$x=x_1+at$，$x=x_2-at$，它们相交成三角形区域D_1(如图4.10所示)，显然区域D_1中任何一点(x,t)的依赖区间全部落在$[x_1,x_2]$之间，或者说这个区域中任何一点(x,t)上函数$u(x,t)$的数值完全由$[x_1,x_2]$上的初始条件决定，称D_1为$[x_1,x_2]$上初始值的决定区域.

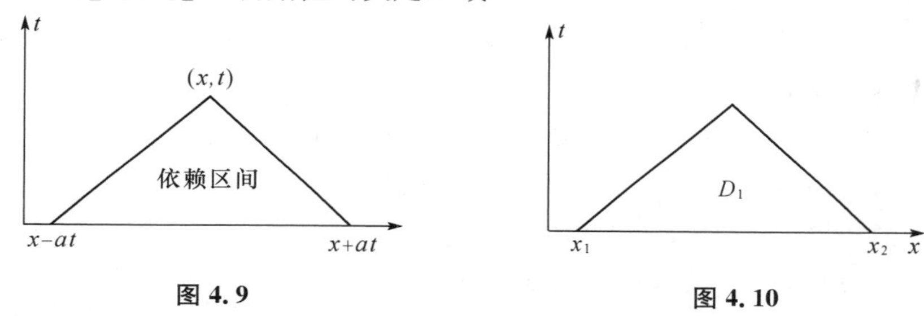

图 4.9　　　　图 4.10

再从$[x_1,x_2]$的端点出发作两条特征线$x=x_1-at$，$x=x_2+at$，连同区间$[x_1,x_2]$构成区域D_2(见图4.11)，其中任何一点(x,t)上u的依赖区间或者全部或者有一部分落在区间$[x_1,x_2]$之间，而在区域D_2外任何一点的依赖区间都不会和$[x_1,x_2]$相交，即D_2内每一点u值受$[x_1,x_2]$上初始值的影响，D_2外每一点u值都与$[x_1,x_2]$上初始值无关，称D_2为$[x_1,x_2]$的影响区域. 再把$[x_1,x_2]$聚集成一点$x_0=x_1=x_2$，这时区域D_3(见图4.12)就是点x_0的影响区域，D_3中每一点的解都受到x_0点处值的影响.

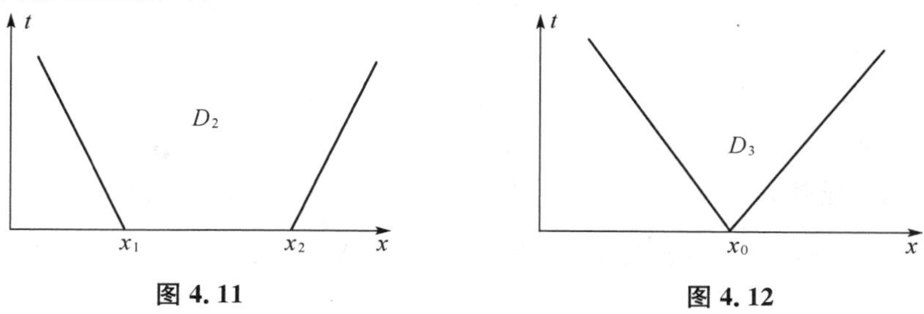

图 4.11　　　　图 4.12

4.3　延拓法求解半无穷长弦振动方程初边值问题

考虑一端固定的半无穷长的弦振动方程初值问题，这时定解问题为

$$\begin{cases} \dfrac{\partial^2 u}{\partial t^2} = a^2 \dfrac{\partial^2 u}{\partial x^2} & (0 < x < +\infty, t > 0); & (4.11) \\ u|_{t=0} = \varphi(x) & (0 \leqslant x < +\infty); & (4.12) \\ \left.\dfrac{\partial u}{\partial t}\right|_{t=0} = \psi(x) & (0 \leqslant x < +\infty); & (4.13) \\ u|_{x=0} = 0 & (t \geqslant 0) & (4.14) \end{cases}$$

为了利用 D'Alembert 公式求解，我们把初始条件延拓到 $-\infty < x < 0$，设这时定解条件为

$$u|_{t=0} = \Phi(x) \quad (-\infty < x < +\infty)$$

$$\left.\frac{\partial u}{\partial t}\right|_{t=0} = \Psi(x) \quad (-\infty < x < +\infty)$$

其中对 $x \geqslant 0$，有

$$\Phi(x) = \varphi(x)$$

$$\Psi(x) = \psi(x)$$

则在 $-\infty < x < +\infty, t > 0$ 上，有

$$u(x,t) = \frac{1}{2}[\Phi(x+at) + \Phi(x-at)] + \frac{1}{2a}\int_{x-at}^{x+at} \Psi(\xi)\mathrm{d}\xi \qquad (4.15)$$

问题是对 $x<0$，如何定义 $\Phi(x)$ 和 $\Psi(x)$，或者说如何把 $\varphi(x)$，$\psi(x)$ 延拓到 $x<0$，使满足定解条件 $u|_{x=0} = 0$，代入(4.15)，即

$$\frac{1}{2}[\Phi(at) + \Phi(-at)] + \frac{1}{2a}\int_{-at}^{at} \Psi(\xi)\mathrm{d}\xi = 0$$

为此，只要使 Φ，Ψ 满足条件

$$\Phi(at) = -\Phi(-at)$$

$$\int_{-at}^{at} \Psi(\xi)\mathrm{d}\xi = 0$$

取

$$\Phi(x) = \begin{cases} \varphi(x) & (x \geqslant 0); \\ -\varphi(-x) & (x < 0) \end{cases} \qquad (4.16)$$

即 $\varphi(x)$ 的奇延拓，$\Phi(x)$ 为奇函数，则有 $\Phi(at) = -\Phi(-at)$. 再由

$$\begin{aligned} \int_{-at}^{at} \Psi(\xi)\mathrm{d}\xi &= \int_{-at}^{0} \Psi(\xi)\mathrm{d}\xi + \int_{0}^{at} \Psi(\xi)\mathrm{d}\xi \\ &= -\int_{at}^{0} \Psi(-\xi)\mathrm{d}\xi + \int_{0}^{at} \Psi(\xi)\mathrm{d}\xi \\ &= \int_{0}^{at} [\Psi(\xi) + \Psi(-\xi)]\mathrm{d}\xi \end{aligned}$$

我们令

$$\Psi(x) = \begin{cases} \psi(x) & (x \geqslant 0); \\ -\psi(-x) & (x < 0) \end{cases} \qquad (4.17)$$

就可满足

$$\int_{-at}^{at}\Psi(\xi)\mathrm{d}\xi=0$$

因此通过 φ,ψ 的奇式延拓(4.16),(4.17),由 D'Alembert 公式,考虑到 $x>0$,得到一端固定的半无穷长弦振动方程定解问题(4.11)—(4.14) 的解如下:

当 $x-at\geqslant 0$ 时,有

$$u(x,t)=\frac{1}{2}[\varphi(x+at)+\varphi(x-at)]+\frac{1}{2a}\int_{x-at}^{x+at}\psi(\xi)\mathrm{d}\xi \tag{4.18}$$

当 $x-at<0$ 时,有

$$u(x,t)=\frac{1}{2}[\varphi(x+at)-\varphi(at-x)]+\frac{1}{2a}\int_{at-x}^{x+at}\psi(\xi)\mathrm{d}\xi \tag{4.19}$$

表达式(4.18),(4.19) 当然是定解问题(4.11)—(4.14) 的形式解. 可以证明,如果 $\varphi\in C^2[0,\infty)$,$\psi\in C^1[0,\infty)$ 且满足相容性条件 $\varphi(0)=0,\psi(0)=0,\varphi''(0)=0$,则半无界问题(4.11)—(4.14) 的二次连续可微解 $u(x,t)$ 必存在,且由式(4.18)和(4.19) 给出.

如果在边界 $x=0$ 上满足第二边值条件,即求解定值问题

$$\begin{cases}\dfrac{\partial^2 u}{\partial t^2}=a^2\dfrac{\partial^2 u}{\partial x^2} & (0<x<+\infty,t>0);\\ u|_{t=0}=\varphi(x) & (0\leqslant x<+\infty);\\ \left.\dfrac{\partial u}{\partial t}\right|_{t=0}=\psi(x) & (0\leqslant x<+\infty);\\ \left.\dfrac{\partial u}{\partial t}\right|_{x=0}=0 & (t\geqslant 0)\end{cases}$$

这时我们把 $\varphi(x),\psi(x)$ 偶式延拓到左边,即令

$$\Phi(x)=\begin{cases}\varphi(x) & (x>0);\\ \varphi(-x) & (x<0)\end{cases}$$

$$\Psi(x)=\begin{cases}\psi(x) & (x>0);\\ \psi(-x) & (x<0)\end{cases}$$

可得 $u(x,t)$ 在 $x>0,t>0$ 的表达式如下:

当 $x-at\geqslant 0$ 时,有

$$u(x,t)=\frac{1}{2}[\varphi(x+at)+\varphi(x-at)]+\frac{1}{2a}\int_{x-at}^{x+at}\psi(\xi)\mathrm{d}\xi$$

当 $x-at<0$ 时,有

$$u(x,t)=\frac{1}{2}[\varphi(x+at)+\varphi(at-x)]+\frac{1}{2a}\left(\int_{0}^{x+at}\psi(\xi)\mathrm{d}\xi+\int_{0}^{at-x}\psi(\xi)\mathrm{d}\xi\right)$$

例 4.3 求解定解问题

$$\begin{cases}\dfrac{\partial^2 u}{\partial t^2}=a^2\dfrac{\partial^2 u}{\partial x^2} & (0<x<+\infty,t>0);\\ u|_{t=0}=\sin x & (0\leqslant x<+\infty);\\ \left.\dfrac{\partial u}{\partial t}\right|_{t=0}=1-\cos x & (0\leqslant x<+\infty);\\ u|_{x=0}=0 & (t>0)\end{cases}$$

解　因为左端边界条件为 $u|_{x=0}=0$，故对 $\varphi=\sin x,\psi=1-\cos x$ 进行奇式延拓，由此利用公式(4.18)，(4.19)，当 $x-at\geqslant 0$ 时，有

$$\begin{aligned}u(x,t)&=\frac{1}{2}[\sin(x+at)+\sin(x-at)]+\frac{1}{2a}\int_{x-at}^{x+at}(1-\cos\xi)\mathrm{d}\xi\\&=\sin x\cos at+t-\frac{1}{a}\sin at\cos x\end{aligned}$$

当 $x-at<0$ 时，有

$$u(x,t)=\left(1-\frac{1}{a}\right)\sin x\cos at+\frac{x}{a}$$

例 4.4　将例 4.3 的定解条件 $u|_{x=0}=0$ 换成第二边值条件 $\left.\dfrac{\partial u}{\partial x}\right|_{x=0}=0$，这时把 $\varphi(x)$ 与 $\psi(x)$ 偶式延拓到左端，有

$$u(x,t)=\begin{cases}\sin x\cos at+t-\dfrac{1}{a}\sin at\cos x & (x-at\geqslant 0);\\ t+\left(1-\dfrac{1}{a}\right)\sin at\cos x & (x-at<0)\end{cases}$$

以上讨论仅对齐次方程定解问题，对于右端有非齐次项 $f(x,t)$ 的情况可以同样处理.

例 4.5　求非齐次方程定解问题

$$\begin{cases}\dfrac{\partial^2 u}{\partial t^2}=a^2\dfrac{\partial^2 u}{\partial x^2}+\dfrac{1}{2}(x-t) & (0<x<+\infty);\\ u|_{t=0}=\sin x;\\ \left.\dfrac{\partial u}{\partial t}\right|_{t=0}=1-\cos x;\\ u|_{x=0}=0\end{cases}$$

解　这是一个非齐次方程，具有非齐次项 $\dfrac{1}{2}(x-t)$，为了满足 $u|_{x=0}=0$，我们把 $\varphi=\sin x,\psi=1-\cos x,f(x,t)=\dfrac{1}{2}(x-t)$ 奇式延拓到 $(-\infty,0)$，即

$$\Phi(x)=\sin x$$

$$\Psi(x)=\begin{cases}1-\cos x & (x\geqslant 0);\\ -(1-\cos x) & (x<0)\end{cases}$$

$$F(x,t)=\begin{cases}\dfrac{1}{2}(x-t) & (x\geqslant 0,t>0);\\ -\dfrac{1}{2}(-x-t) & (x<0)\end{cases}$$

对于

$$\begin{cases}\dfrac{\partial^2 u}{\partial t^2}=a^2\dfrac{\partial^2 u}{\partial x^2}+F(x,t) & (-\infty<x<+\infty,t>0);\\ u|_{t=0}=\Phi(x) & (-\infty<x<+\infty);\\ \left.\dfrac{\partial u}{\partial t}\right|_{t=0}=\Psi(x) & (-\infty<x<+\infty)\end{cases}$$

由在第 3.2.4 节中非齐次方程初值问题解的表达式

$$U(x,t)=\frac{1}{2}[\Phi(x+at)+\Phi(x-at)]+\frac{1}{2a}\int_{x-at}^{x+at}\Psi(\tau)\mathrm{d}\tau+\frac{1}{2a}\int_0^t\int_{x-a(t-\tau)}^{x+a(t-\tau)}F(\xi,\tau)\mathrm{d}\xi\mathrm{d}\tau$$

由此,半无穷长强迫振动满足 $u|_{x=0}=0$ 的解有以下表达式:

当 $x-at\geqslant 0$ 时,有

$$u(x,t)=\frac{1}{2}[\varphi(x+at)-\varphi(x-at)]+\frac{1}{2a}\int_{x-at}^{x+at}\psi(\xi)\mathrm{d}\xi+\frac{1}{2a}\int_0^t\int_{x-a(t-\tau)}^{x+a(t-\tau)}f(\xi,\tau)\mathrm{d}\xi\mathrm{d}\tau$$

当 $x-at<0,x>0$ 时,有

$$u(x,t)=\frac{1}{2}[\varphi(x+at)-\varphi(at-x)]+\frac{1}{2a}\int_{at-x}^{x+at}\psi(\xi)\mathrm{d}\xi+\frac{1}{2a}\left[\int_{t-\frac{x}{a}}^{t}\int_{x-a(t-\tau)}^{x+a(t-\tau)}f(\xi,\tau)\mathrm{d}\xi\mathrm{d}\tau+\int_0^{t-\frac{x}{a}}\int_{a(t-\tau)-x}^{x+a(t-\tau)}f(\xi,\tau)\mathrm{d}\xi\mathrm{d}\tau\right]$$

本例中 $\varphi(x)=\sin x,\psi(x)=1-\cos x,f(x,t)=\dfrac{1}{2}(x-t)$,则当 $x-at\geqslant 0$ 时,有

$$u(x,t)=\sin x\cos at+t-\frac{1}{a}\sin at\cos x+\frac{xt^2}{4}-\frac{t^3}{12}$$

当 $x-at<0,x>0$ 时,有

$$u(x,t)=\left(1-\frac{1}{a}\right)\sin x\cos at+\frac{x}{a}-\frac{1}{12a^3}(x^3-3ax^2t-3a^3xt^2+3a^2xt^2)$$

4.4 三维波动方程的球面平均法、Poisson 公式

对一维波动方程初值问题利用D'Alembert法推导出了它的解的公式,我们现

在利用 D'Alembert 解法来推导三维波动方程初值问题的解. D'Alembert 法的核心就是先求方程的通解,再由初始条件导出定解问题的解,但如何求出三维波动方程的通解呢?

考虑定义于$(-\infty < x,y,z < +\infty, t > 0)$三维波动方程的初值问题:

$$\begin{cases} \dfrac{\partial^2 u}{\partial t^2} = a^2\left(\dfrac{\partial^2 u}{\partial x^2} + \dfrac{\partial^2 u}{\partial y^2} + \dfrac{\partial^2 u}{\partial z^2}\right) & ((x,y,z) \in \mathbf{R}^3, t > 0); \quad (4.20) \\ u|_{t=0} = \varphi(x,y,z) & (-\infty < x,y,z < +\infty); \quad (4.21) \\ \left.\dfrac{\partial u}{\partial t}\right|_{t=0} = \psi(x,y,z) & (-\infty < x,y,z < +\infty) \quad (4.22) \end{cases}$$

其中 φ,ψ 满足一定的光滑性条件.

显然,定解问题的解 $u(x,y,z,t)$ 随着 x,y,z 的改变而改变. 为了利用 D'Alembert 法求解,我们作一球心为空间任意一点 $M_0(x_0,y_0,z_0)$,半径为 r 的球 $B_{M_0}^r$(如图 4.13 所示),对波动方程两边同时在 $B_{M_0}^r$ 上积分,则有

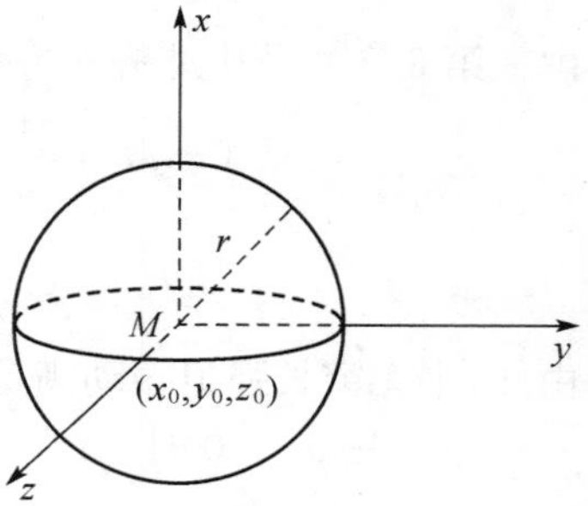

图 4.13

$$\iiint\limits_{B_{M_0}^r} \frac{\partial^2 u}{\partial t^2}\mathrm{d}x\mathrm{d}y\mathrm{d}z = \iiint\limits_{B_{M_0}^r} a^2\left(\frac{\partial^2 u}{\partial x^2} + \frac{\partial^2 u}{\partial y^2} + \frac{\partial^2 u}{\partial z^2}\right)\mathrm{d}x\mathrm{d}y\mathrm{d}z$$

$$\begin{aligned} \text{左边} &= \iiint\limits_{B_{M_0}^r} \frac{\partial^2 u}{\partial t^2}\mathrm{d}x\mathrm{d}y\mathrm{d}z \\ &= \frac{\partial^2}{\partial t^2}\int_0^r \rho^2\mathrm{d}\rho\int_0^\pi\int_0^{2\pi} u(x_0 + \rho\sin\theta\cos\varphi, y_0 + \rho\sin\theta\sin\varphi, z_0 + \rho\cos\theta)\sin\theta\mathrm{d}\theta\mathrm{d}\varphi \end{aligned}$$

为 r,t 的函数;

$$\begin{aligned} \text{右边} &= \iiint\limits_{B_{M_0}^r} a^2\left(\frac{\partial^2 u}{\partial x^2} + \frac{\partial^2 u}{\partial y^2} + \frac{\partial^2 u}{\partial z^2}\right)\mathrm{d}x\mathrm{d}y\mathrm{d}z \\ &= a^2\iiint\limits_{B_{M_0}^r}\left[\frac{\partial}{\partial x}\left(\frac{\partial u}{\partial x}\right) + \frac{\partial}{\partial y}\left(\frac{\partial u}{\partial y}\right) + \frac{\partial}{\partial z}\left(\frac{\partial u}{\partial z}\right)\right]\mathrm{d}x\mathrm{d}y\mathrm{d}z \\ &= a^2\oiint\limits_{\partial B_{M_0}^r}\left[\frac{\partial u}{\partial x}\cos(\boldsymbol{n},x) + \frac{\partial u}{\partial y}\cos(\boldsymbol{n},y) + \frac{\partial u}{\partial z}\cos(\boldsymbol{n},z)\right]\mathrm{d}S \end{aligned}$$

其中,$\partial B_{M_0}^r$ 是以 M_0 为球心,r 为半径的球面. 由于球面的外法线方向与半径一致,故

$$\text{右边} = a^2\oiint\limits_{\partial B_{M_0}^r}\frac{\partial u}{\partial r}\mathrm{d}S = a^2 r^2\int_0^\pi\int_0^{2\pi}\frac{\partial u}{\partial r}\sin\theta\mathrm{d}\theta\mathrm{d}\varphi$$

现在有

$$\frac{\partial^2}{\partial t^2}\int_0^r \rho^2 \mathrm{d}\rho \int_0^{\pi}\int_0^{2\pi} u\sin\theta \mathrm{d}\theta \mathrm{d}\varphi = a^2 r^2 \int_0^{\pi}\int_0^{2\pi} \frac{\partial u}{\partial r}\sin\theta \mathrm{d}\theta \mathrm{d}\varphi$$

对固定的 M_0，左边及右边都为 r,t 的函数，两边对 r 求导，则有

$$\text{左边} = \frac{\partial^2}{\partial t^2}\left(r^2\int_0^{\pi}\int_0^{2\pi} u(x_0 + r\sin\theta\cos\varphi, y_0 + r\sin\theta\sin\varphi, z_0 + r\cos\theta)\sin\theta \mathrm{d}\theta \mathrm{d}\varphi\right)$$

令

$$\begin{aligned}\bar{u} &= \frac{1}{4\pi r^2}\int_0^{\pi}\int_0^{2\pi} u(x_0 + r\sin\theta\cos\varphi, y_0 + r\sin\theta\sin\varphi, z_0 + r\cos\theta) r^2 \sin\theta \mathrm{d}\theta \mathrm{d}\varphi) \\ &= \frac{1}{4\pi r^2}\oiint_{\partial B_{M_0}^r} u \mathrm{d}S\end{aligned}$$

$\bar{u}$ 为 $u(x,y,z,t)$ 在球面 $\partial B_{M_0}^r$ 上的平均值，则

$$\text{左边} = 4\pi \frac{\partial^2}{\partial t^2}(r^2 \bar{u})$$

$$\begin{aligned}\text{右边} &= \frac{\partial}{\partial r}\left(a^2 r^2 \int_0^{\pi}\int_0^{2\pi} \frac{\partial u}{\partial r}\sin\theta \mathrm{d}\theta \mathrm{d}\varphi\right) \\ &= 4\pi \frac{\partial}{\partial r}\left(a^2 r^2 \frac{\partial}{\partial r}\bar{u}\right)\end{aligned}$$

由此利用 u 在 $\partial B_{M_0}^r$ 上的球平均值，我们把三维波动方程化为仅是关于变量 r，t 的一维方程

$$\frac{\partial^2}{\partial t^2}(r^2 \bar{u}) = a^2 \frac{\partial}{\partial r}\left(r^2 \frac{\partial}{\partial r}\bar{u}\right)$$

进一步，有

$$\frac{\partial}{\partial r}\left(r^2 \frac{\partial}{\partial r}\bar{u}\right) = 2r\frac{\partial \bar{u}}{\partial r} + r^2 \frac{\partial^2 \bar{u}}{\partial r^2} = r\left(2\frac{\partial \bar{u}}{\partial r} + r\frac{\partial^2 \bar{u}}{\partial r^2}\right) = r\frac{\partial^2 (r\bar{u})}{\partial r^2}$$

因此有 $\frac{\partial^2}{\partial t^2}(r\bar{u}) = a^2 \frac{\partial^2}{\partial r^2}(r\bar{u})$. 这是一个简单的一维波动方程，我们有其通解为

$$r\bar{u} = F\left(t + \frac{r}{a}\right) + G\left(t - \frac{r}{a}\right) \tag{4.23}$$

其中，F,G 为两任意满足光滑条件的函数. 令 $r=0$，则(4.23) 有

$$F(t) + G(t) = 0$$

因此

$$F(t) = -G(t)$$

这就得到

$$r\bar{u} = F\left(t + \frac{r}{a}\right) - F\left(t - \frac{r}{a}\right)$$

如何由初始条件确定 F 呢？

因为

$$\frac{\partial}{\partial r}(r\bar{u}) = \frac{1}{a}\left[F'\left(t+\frac{r}{a}\right)+F'\left(t-\frac{r}{a}\right)\right]$$

又

$$\frac{\partial}{\partial t}(r\bar{u}) = F'\left(t+\frac{r}{a}\right)-F'\left(t-\frac{r}{a}\right)$$

所以

$$F'\left(t+\frac{r}{a}\right)=\frac{1}{2}\left[a\frac{\partial}{\partial r}(r\bar{u})+\frac{\partial}{\partial t}(r\bar{u})\right] \tag{4.24}$$

$$\frac{\partial}{\partial r}(r\bar{u}) = \bar{u}+r\frac{\partial \bar{u}}{\partial r}$$

所以

$$\left.\frac{\partial}{\partial r}(r\bar{u})\right|_{\substack{r=0\\t=t_0}} = \left.\bar{u}\right|_{\substack{r=0\\t=t_0}} = \frac{1}{4\pi}\int_0^{2\pi}\int_0^{\pi}u(x_0,y_0,z_0,t_0)\sin\theta\mathrm{d}\theta\mathrm{d}\varphi$$

$$= u(x_0,y_0,z_0,t_0)$$

$$F'(t_0) = \frac{a}{2}u(x_0,y_0,z_0,t_0)$$

为了与初始条件联系起来,在式(4.24)中令 $t=0, r=at_0$,则

$$F'(t_0)=\frac{1}{2}\left.\left[a\frac{\partial}{\partial r}(r\bar{u})+\frac{\partial}{\partial t}(r\bar{u})\right]\right|_{\substack{r=at_0\\t=0}}$$

即

$$u(x_0,y_0,z_0,t_0)=\left.\left[\frac{\partial}{\partial r}(r\bar{u})+\frac{1}{a}\frac{\partial}{\partial t}(r\bar{u})\right]\right|_{\substack{r=at_0\\t=0}}$$

因为

$$\left.\frac{\partial}{\partial r}(r\bar{u})\right|_{\substack{r=at_0\\t=0}} = \frac{\partial}{\partial r}\left(r\frac{1}{4\pi}\int_0^{2\pi}\int_0^{\pi}u(x_0+r\sin\theta\cos\varphi,y_0+r\sin\theta\sin\varphi,\right.$$

$$\left.\left.z_0+r\cos\theta,t)\sin\theta\mathrm{d}\theta\mathrm{d}\varphi\right)\right|_{\substack{r=at_0\\t=0}}$$

$$=\frac{\partial}{\partial at_0}\left(at_0\frac{1}{4\pi}\int_0^{2\pi}\int_0^{\pi}u(x_0+at_0\sin\theta\cos\varphi,\right.$$

$$\left.y_0+at_0\sin\theta\sin\varphi,z_0+at_0\cos\theta,0)\sin\theta\mathrm{d}\theta\mathrm{d}\varphi\right)$$

再看

$$\left.\frac{\partial}{\partial t}(r\bar{u})\right|_{\substack{r=at_0\\t=0}}$$

$$=\frac{at_0}{4\pi}\left.\left[\frac{\partial}{\partial t}\int_0^{2\pi}\int_0^{\pi}u(x_0+r\sin\theta\cos\varphi,y_0+r\sin\theta\sin\varphi,z_0+r\cos\theta,t)\sin\theta\mathrm{d}\theta\mathrm{d}\varphi\right]\right|_{\substack{r=at_0\\t=0}}$$

$$=\frac{at_0}{4\pi}\int_0^{2\pi}\int_0^{\pi}\frac{\partial u}{\partial t}(x_0+at_0\sin\theta\cos\varphi,y_0+at_0\sin\theta\sin\varphi,z_0+at_0\cos\theta,0)\sin\theta\mathrm{d}\theta\mathrm{d}\varphi$$

$$= \frac{at_0}{4\pi}\int_0^{2\pi}\int_0^{\pi}\psi(x_0 + at_0\sin\theta\cos\varphi, y_0 + at_0\sin\theta\sin\varphi, z_0 + at_0\cos\theta)\sin\theta\mathrm{d}\theta\mathrm{d}\varphi$$

因此

$$\begin{aligned} &u(x_0, y_0, z_0, t_0) \\ &= \frac{\partial}{\partial t_0}\left(\frac{t_0}{4\pi}\int_0^{2\pi}\int_0^{\pi}\varphi(x_0 + at_0\sin\theta\cos\varphi, y_0 + at_0\sin\theta\sin\varphi, z_0 + at_0\cos\theta)\sin\theta\mathrm{d}\theta\mathrm{d}\varphi\right) \\ &\quad + \frac{t_0}{4\pi}\int_0^{2\pi}\int_0^{\pi}\psi(x_0 + at_0\sin\theta\cos\varphi, y_0 + at_0\sin\theta\sin\varphi, z_0 + at_0\cos\theta)\sin\theta\mathrm{d}\theta\mathrm{d}\varphi \end{aligned}$$

一般的，令

$$\begin{cases} \xi = x + at\sin\theta\cos\varphi, \\ \eta = y + at\sin\theta\sin\varphi, \\ \zeta = z + at\cos\theta \end{cases}$$

则

$$\begin{aligned} &u(x, y, z, t) \\ &= \frac{\partial}{\partial t}\left(\frac{t}{4\pi}\int_0^{2\pi}\int_0^{\pi}\varphi(\xi, \eta, \zeta)\sin\theta\mathrm{d}\theta\mathrm{d}\varphi\right) + \frac{t}{4\pi}\int_0^{2\pi}\int_0^{\pi}\psi(\xi, \eta, \zeta)\sin\theta\mathrm{d}\theta\mathrm{d}\varphi \end{aligned}$$

设 B_M^{at} 是以 $M(x, y, z)$ 为球心，at 为半径的球，其球面为 ∂B_M^{at}，则

$$u(M, t) = \frac{1}{4\pi a}\frac{\partial}{\partial t}\iint_{\partial B_M^{at}}\frac{\varphi}{r}\mathrm{d}S + \frac{1}{4\pi a}\iint_{\partial B_M^{at}}\frac{\psi}{r}\mathrm{d}S \tag{4.25}$$

这是三维波动方程的 Poisson 公式. 若令

$$[\varphi]_{\partial B_M^{at}} = \frac{1}{4\pi a^2 t^2}\iint_{\partial B_M^{at}}\varphi(\xi, \eta, \zeta)\mathrm{d}S$$

$$[\psi]_{\partial B_M^{at}} = \frac{1}{4\pi a^2 t^2}\iint_{\partial B_M^{at}}\psi(\xi, \eta, \zeta)\mathrm{d}S$$

分别为 φ 和 ψ 在球面 ∂B_M^{at} 上的平均值，则 Poisson 公式可以写成

$$u(M, t) = \frac{\partial}{\partial t}(t[\varphi]_{\partial B_M^{at}}) + t[\psi]_{\partial B_M^{at}} \tag{4.26}$$

上面用函数的球面平均值推导三维波动方程解的方法称为平均波动法或球波法，也称为球平均法. 将 $u(x, y, z, t)$ 直接代入方程容易验证下面的定理.

定理 4.1 如果 $\varphi(x, y, z, t) \in C^3$，$\psi(x, y, z, t) \in C^2$，则 Poisson 公式(4.26)表达的 $u(x, y, z, t)$ 在 $\mathbf{R}^3 \times (0, \infty)$ 内二次连续可微，且为三维波动方程初值问题的古典解.

例 4.6 求解三维波动方程初值问题

$$
\begin{cases}
\dfrac{\partial^2 u}{\partial t^2} = a^2\left(\dfrac{\partial^2 u}{\partial x^2}+\dfrac{\partial^2 u}{\partial y^2}+\dfrac{\partial^2 u}{\partial z^2}\right) \quad (-\infty < x,y,z < +\infty); \\
u|_{t=0} = x^2 + yz; \\
\left.\dfrac{\partial u}{\partial t}\right|_{t=0} = 0
\end{cases}
$$

解 现在 $\varphi(x,y,z) = x^2 + yz, \psi(x,y,z) = 0$，因此

$$
u(x,y,z,t) = \frac{1}{4\pi a}\frac{\partial}{\partial t}\iint\limits_{\partial B_M^{at}} \frac{\varphi(\xi,\eta,\zeta)}{r}\mathrm{d}S
$$

其中

$$
\begin{aligned}
&\iint\limits_{\partial B_M^{at}} \frac{\varphi(\xi,\eta,\zeta)}{r}\mathrm{d}S \\
&= at\int_0^{2\pi}\int_0^{\pi}[(x+at\sin\theta\cos\varphi)^2+(y+at\sin\theta\sin\varphi)(z+at\cos\theta)]\sin\theta\mathrm{d}\theta\mathrm{d}\varphi \\
&= 4\pi x^2 + \frac{4\pi}{3}a^2t^2 + 4\pi yz
\end{aligned}
$$

所以

$$
\begin{aligned}
u(x,y,z,t) &= \frac{\partial}{\partial t}\left[\frac{t}{4\pi}\left(4\pi x^2 + \frac{4\pi}{3}a^2t^2 + 4\pi yz\right)\right] \\
&= x^2 + yz + a^2t^2
\end{aligned}
$$

4.5 三维非齐次波动方程初值问题、推迟势

现在我们转入非齐次三维波动方程初值问题的求解，考虑定解问题

$$
\begin{cases}
\dfrac{\partial^2 u}{\partial t^2} = a^2\left(\dfrac{\partial^2 u}{\partial x^2}+\dfrac{\partial^2 u}{\partial y^2}+\dfrac{\partial^2 u}{\partial z^2}\right) + f(x,y,z,t) \\
\qquad\qquad (-\infty < x,y,z < +\infty, t > 0); & (4.27) \\
u|_{t=0} = \varphi(x,y,z); & (4.28) \\
\left.\dfrac{\partial u}{\partial t}\right|_{t=0} = \psi(x,y,z) & (4.29)
\end{cases}
$$

如同我们前面关于非齐次方程的解法，运用叠加原理，令 $u = u_1 + u_2$，其中 u_1 满足齐次方程和原定解问题初始条件，u_2 满足非齐次方程，而初始条件为 0，即

$$
\begin{cases}
\dfrac{\partial^2 u_1}{\partial t^2} = a^2\left(\dfrac{\partial^2 u_1}{\partial x^2}+\dfrac{\partial^2 u_1}{\partial y^2}+\dfrac{\partial^2 u_1}{\partial z^2}\right) & (-\infty < x,y,z < +\infty, t > 0); \\
u_1|_{t=0} = \varphi(x,y,z) & (-\infty < x,y,z < +\infty); \\
\left.\dfrac{\partial u_1}{\partial t}\right|_{t=0} = \psi(x,y,z) & (-\infty < x,y,z < +\infty)
\end{cases}
$$

$$\begin{cases}\dfrac{\partial^2 u_2}{\partial t^2}=a^2\left(\dfrac{\partial^2 u_2}{\partial x^2}+\dfrac{\partial^2 u_2}{\partial y^2}+\dfrac{\partial^2 u_2}{\partial z^2}\right)+f(x,y,z,t) \quad (-\infty<x,y,z<+\infty);\\ u_2\big|_{t=0}=\dfrac{\partial u_2}{\partial t}\bigg|_{t=0}=0\end{cases}$$

其中,$u_1(x,y,z,t)$ 利用第 4.4 节中的 Poisson 公式立刻得到.而关于 u_2,利用齐次化原理,先求解 $w(x,y,z,t;\tau)$,它为定解问题

$$\begin{cases}\dfrac{\partial^2 w}{\partial t^2}=a^2\left(\dfrac{\partial^2 w}{\partial x^2}+\dfrac{\partial^2 w}{\partial y^2}+\dfrac{\partial^2 w}{\partial z^2}\right) \quad (-\infty<x,y,z<+\infty,t>\tau);\\ w\big|_{t=\tau}=0;\\ \dfrac{\partial w}{\partial t}\bigg|_{t=\tau}=f(x,y,z;\tau) \quad (-\infty<x,y,z<+\infty)\end{cases}$$

之解,则

$$u_2=\int_0^t w(x,y,z,t;\tau)\mathrm{d}\tau$$

显然,有

$$\begin{aligned}\frac{\partial u_2}{\partial t}&=w(x,y,z,t;t)+\int_0^t\frac{\partial w(x,y,z,t;\tau)}{\partial t}\mathrm{d}\tau\\&=\int_0^t\frac{\partial w(x,y,z,t;\tau)}{\partial t}\mathrm{d}\tau\end{aligned}$$

$$\begin{aligned}\frac{\partial^2 u_2}{\partial t^2}&=\frac{\partial w(x,y,z,t;t)}{\partial t}+\int_0^t\frac{\partial^2 w(x,y,z,t;\tau)}{\partial t^2}\mathrm{d}t\\&=f(x,y,z,t)+\int_0^t a^2\left(\frac{\partial^2 w}{\partial x^2}+\frac{\partial^2 w}{\partial y^2}+\frac{\partial^2 w}{\partial z^2}\right)\mathrm{d}\tau\\&=a^2\left(\frac{\partial^2}{\partial x^2}\int_0^t w\mathrm{d}\tau+\frac{\partial^2}{\partial y^2}\int_0^t w\mathrm{d}\tau+\frac{\partial^2}{\partial z^2}\int_0^t w\mathrm{d}\tau\right)+f(x,y,z,t)\\&=a^2\left(\frac{\partial^2 u_2}{\partial x^2}+\frac{\partial^2 u_2}{\partial y^2}+\frac{\partial^2 u_2}{\partial z^2}\right)+f(x,y,z,t)\end{aligned}$$

故 u_2 满足定解问题

$$\begin{cases}\dfrac{\partial^2 u_2}{\partial t^2}=a^2\left(\dfrac{\partial^2 u_2}{\partial x^2}+\dfrac{\partial^2 u_2}{\partial y^2}+\dfrac{\partial^2 u_2}{\partial z^2}\right)+f(x,y,z,t),\\ u_2\big|_{t=0}=0,\\ \dfrac{\partial u_2}{\partial t}\bigg|_{t=0}=0\end{cases}$$

为求 $w(x,y,z,t;\tau)$,令 $t'=t-\tau$,则

$$\begin{cases}\dfrac{\partial^2 w}{at'^2}=a^2\left(\dfrac{\partial^2 w}{\partial x^2}+\dfrac{\partial^2 w}{\partial y^2}+\dfrac{\partial^2 w}{\partial z^2}\right),\\ w\big|_{t'=0}=0,\\ \dfrac{\partial w}{\partial t'}\bigg|_{t'=0}=f(x,y,z;\tau)\end{cases}$$

由 Poisson 公式其解为

$$w=\frac{1}{4\pi a}\iint\limits_{\partial B_M^{at'}}\frac{f(\xi,\eta,\zeta,\tau)}{r}\mathrm{d}S$$

因此

$$u_2(x,y,z,t)=\frac{1}{4\pi a}\int_0^t\mathrm{d}\tau\iint\limits_{\partial B_M^{a(t-\tau)}}\frac{f(\xi,\eta,\zeta,\tau)}{r}\mathrm{d}S$$

上式中 $r=a(t-\tau)$，所以

$$t-\tau=\frac{r}{a}$$

$$\tau=t-\frac{r}{a}$$

$$u_2(x,y,z,t)=\frac{1}{4\pi a^2}\int_0^{at}\mathrm{d}r\iint\limits_{\partial B_M^r}\frac{f\left(\xi,\eta,\zeta,t-\frac{r}{a}\right)}{r}\mathrm{d}S$$

$$=\frac{1}{4\pi a^2}\iiint\limits_{B_M^{at}}\frac{f\left(\xi,\eta,\zeta,t-\frac{r}{a}\right)}{r}\mathrm{d}V$$

则非齐次三维波动方程解的公式是

$$u(x,y,z,t)=\frac{1}{4\pi a}\frac{\partial}{\partial t}\iint\limits_{\partial B_M^{at}}\frac{\varphi}{r}\mathrm{d}S+\frac{1}{4\pi a}\iint\limits_{\partial B_M^{at}}\frac{\psi}{r}\mathrm{d}S+\frac{1}{4\pi a^2}\iiint\limits_{B_M^{at}}\frac{f\left(\xi,\eta,\zeta,t-\frac{r}{a}\right)}{r}\mathrm{d}V \tag{4.30}$$

其中，B_M^{at} 为以 M 为球心，at 为半径的球. 称 $\frac{1}{4\pi a^2}\iiint\limits_{B_M^{at}}\frac{f\left(\xi,\eta,\zeta,t-\frac{r}{a}\right)}{r}\mathrm{d}V$ 为推迟势，而 $r=\sqrt{(\xi-x)^2+(\eta-y)^2+(\zeta-z)^2}$. 容易证明，当 $\varphi\in C^3,\psi\in C^2,f\in C^2$，则 (4.30) 为定解问题(4.27)—(4.28) 的古典解.

例 4.7 求解三维非齐次波动方程初值问题

$$\begin{cases}\dfrac{\partial^2 u}{\partial t^2}=a^2\left(\dfrac{\partial^2 u}{\partial x^2}+\dfrac{\partial^2 u}{\partial y^2}+\dfrac{\partial^2 u}{\partial z^2}\right)+2(y-t) & (-\infty<x,y,z<+\infty,t>0);\\ u|_{t=0}=x^2+yz & (-\infty<x,y,z<+\infty);\\ \left.\dfrac{\partial u}{\partial t}\right|_{t=0}=0 & (-\infty<x,y,z<+\infty)\end{cases}$$

解 由例 4.6 可知，我们仅需计算推迟势

$$\frac{1}{4\pi a^2}\iiint\limits_{B_M^{at}}\frac{f\left(\xi,\eta,\zeta,t-\frac{r}{a}\right)}{r}\mathrm{d}V$$

$$=\frac{1}{4\pi a^2}\int_0^{at}\int_0^{2\pi}\int_0^{\pi}\frac{2\left(y+r\sin\theta\sin\varphi-t+\frac{r}{a}\right)}{r}r^2\sin\theta\mathrm{d}\theta\mathrm{d}\varphi\mathrm{d}r$$

$$=yt^2-\frac{t^3}{3}$$

因此定解问题为

$$u(x,y,z,t)=x^2+yz+a^2t^2+yt^2-\frac{t^3}{3}$$

4.6 二维波动方程初值问题的降维法

我们考虑下列二维波动方程初值问题

$$\begin{cases}\dfrac{\partial^2 u}{\partial t^2}=a^2\left(\dfrac{\partial^2 u}{\partial x^2}+\dfrac{\partial^2 u}{\partial y^2}\right) & (-\infty<x,y<+\infty,t>0); & (4.31)\\ u|_{t=0}=\varphi(x,y) & (-\infty<x,y<+\infty); & (4.32)\\ \left.\dfrac{\partial u}{\partial t}\right|_{t=0}=\psi(x,y) & (-\infty<x,y<+\infty) & (4.33)\end{cases}$$

的求解，本节采用降维法，也就是采用三维波动方程初值问题的解来求二维波动方程初值问题解的表达式，为此把 $\varphi(x,y)$ 和 $\psi(x,y)$ 分别看成三元函数 $\Phi(x,y,z)$ 和 $\Psi(x,y,z)$，则由 Poisson 公式知定解问题

$$\begin{cases}\dfrac{\partial^2 u}{\partial t^2}=a^2\left(\dfrac{\partial^2 u}{\partial x^2}+\dfrac{\partial^2 u}{\partial y^2}+\dfrac{\partial^2 u}{\partial z^2}\right) & (-\infty<x,y,z<+\infty,t>0);\\ u|_{t=0}=\Phi(x,y,z)=\varphi(x,y) & (-\infty<x,y<+\infty);\\ \left.\dfrac{\partial u}{\partial t}\right|_{t=0}=\Psi(x,y,z)=\psi(x,y) & (-\infty<x,y<+\infty)\end{cases}$$

的解

$$u(M,t)=\frac{\partial}{\partial t}(t[\Phi]_{\partial B_M^{at}})+t[\Psi]_{\partial B_M^{at}}$$

$$=\frac{\partial}{\partial t}\left(\frac{1}{4\pi a^2 t}\iint\limits_{\partial B_M^{at}}\Phi(\xi,\eta,\zeta)\mathrm{d}S\right)+\frac{1}{4\pi a^2 t}\iint\limits_{\partial B_M^{at}}\Psi(\xi,\eta,\zeta)\mathrm{d}S$$

由于

$$\Phi(\xi,\eta,\zeta)=\varphi(\xi,\eta)=\varphi(x+at\sin\theta\cos\varphi,y+at\sin\theta\sin\varphi)$$

$$\Psi(\xi,\eta,\zeta)=\psi(\xi,\eta)=\psi(x+at\sin\theta\cos\varphi,y+at\sin\theta\sin\varphi)$$

所以 $u(M,t)$ 与 z 无关，它是二维初值问题的解.

计算球面 ∂B_M^{at} 上的积分

$$\iint\limits_{\partial B_M^{at}} \Phi(\xi,\eta,\zeta)\mathrm{d}S = \iint\limits_{\partial B_M^{at}} \varphi(\xi,\eta)\mathrm{d}S = \iint\limits_{\partial B_M^{at,上}} \varphi(\xi,\eta)\mathrm{d}S + \iint\limits_{\partial B_M^{at,下}} \varphi(\xi,\eta)\mathrm{d}S$$

其中，$\partial B_M^{at,上}$ 为球面 ∂B_M^{at} 的上半部分，$\partial B_M^{at,下}$ 为下半部分，它们在(ξ,η) 平面上的投影为圆域

$$\Sigma_M^{at}:(\xi-x)^2+(\eta-y)^2 \leqslant a^2t^2$$

因为球面 ∂B_M^{at} 的面积元素 dS 在圆域Σ_M^{at} 上的投影

$$\mathrm{d}\sigma = \frac{\sqrt{a^2t^2-(\xi-x)^2-(\eta-y)^2}}{at}\mathrm{d}S$$

所以

$$\iint\limits_{\partial B_M^{at,上}} \varphi(\xi,\eta)\mathrm{d}S = \iint\limits_{\Sigma_M^{at}} \varphi(\xi,\eta)\frac{at\,\mathrm{d}\sigma}{\sqrt{(at)^2-(\xi-x)^2-(\eta-y)^2}}$$

同理

$$\iint\limits_{\partial B_M^{at,下}} \varphi(\xi,\eta)\mathrm{d}S = \iint\limits_{\Sigma_M^{at}} \varphi(\xi,\eta)\frac{at\,\mathrm{d}\sigma}{\sqrt{(at)^2-(\xi-x)^2-(\eta-y)^2}}$$

则

$$\begin{aligned}&\frac{\partial}{\partial t}\left(\frac{1}{4\pi a^2 t}\iint\limits_{\partial B_M^{at}} \Phi(\xi,\eta,\zeta)\mathrm{d}S\right)\\&= \frac{1}{2\pi a}\frac{\partial}{\partial t}\left(\iint\limits_{\Sigma_M^{at}} \frac{\varphi(\xi,\eta)\mathrm{d}\xi\mathrm{d}\eta}{\sqrt{(at)^2-(\xi-x)^2-(\eta-y)^2}}\right)\end{aligned}$$

同理

$$\frac{1}{4\pi a^2 t}\iint\limits_{\partial B_M^{at}} \Psi(\xi,\eta,\zeta)\mathrm{d}S = \frac{1}{2\pi a}\iint\limits_{\Sigma_M^{at}} \frac{\psi(\xi,\eta)\mathrm{d}\xi\mathrm{d}\eta}{\sqrt{(at)^2-(\xi-x)^2-(\eta-y)^2}}$$

二维波动方程初值问题 Poisson 公式为

$$\begin{aligned}u(x,y,t) = &\frac{\partial}{\partial t}\left(\frac{1}{2\pi a}\iint\limits_{\Sigma_M^{at}} \frac{\varphi(\xi,\eta)\mathrm{d}\xi\mathrm{d}\eta}{\sqrt{(at)^2-(\xi-x)^2-(\eta-y)^2}}\right)\\&+\frac{1}{2\pi a}\iint\limits_{\Sigma_M^{at}} \frac{\psi(\xi,\eta)\mathrm{d}\xi\mathrm{d}\eta}{\sqrt{(at)^2-(\xi-x)^2-(\eta-y)^2}}\end{aligned} \tag{4.34}$$

也可写成

$$\begin{aligned}u(x,y,z) = &\frac{\partial}{\partial t}\left(\frac{1}{2\pi a}\int_0^{at}\int_0^{2\pi} \frac{\varphi(x+\rho\cos\theta,y+\rho\sin\theta)}{\sqrt{(at)^2-\rho^2}}\rho\mathrm{d}\rho\mathrm{d}\theta\right)\\&+\frac{1}{2\pi a}\int_0^{at}\int_0^{2\pi} \frac{\psi(x+\rho\cos\theta,y+\rho\sin\theta)}{\sqrt{(at)^2-\rho^2}}\rho\mathrm{d}\rho\mathrm{d}\theta\end{aligned} \tag{4.35}$$

对于非齐次方程初值问题

$$\begin{cases}\dfrac{\partial^2 u}{\partial t^2}=a^2\left(\dfrac{\partial^2 u}{\partial x^2}+\dfrac{\partial^2 u}{\partial y^2}\right)+f(x,y,t) \\ \qquad\qquad\qquad (-\infty<x,y<+\infty,t>0); & (4.36)\\ u|_{t=0}=\varphi(x,y) \quad (-\infty<x,y<+\infty); & (4.37)\\ \left.\dfrac{\partial u}{\partial t}\right|_{t=0}=\psi(x,y) \quad (-\infty<x,y<+\infty) & (4.38)\end{cases}$$

同样采用降维法，可得其解为

$$\begin{aligned}u(x,y,t)=&\frac{\partial}{\partial t}\left(\frac{1}{2\pi a}\iint\limits_{\Sigma_M^{at}}\frac{\varphi(\xi,\eta)\mathrm{d}\xi\mathrm{d}\eta}{\sqrt{(at)^2-(\xi-x)^2-(\eta-y)^2}}\right)\\&+\frac{1}{2\pi a}\iint\limits_{\Sigma_M^{at}}\frac{\psi(\xi,\eta)\mathrm{d}\xi\mathrm{d}\eta}{\sqrt{(at)^2-(\xi-x)^2-(\eta-y)^2}}\\&+\frac{1}{2\pi a^2}\int_0^{at}\iint\limits_{\Sigma_M^{r}}\frac{f\left(\xi,\eta,t-\dfrac{r}{a}\right)}{\sqrt{r^2-(\xi-x)^2-(\eta-y)^2}}\mathrm{d}\xi\mathrm{d}\eta\mathrm{d}r\end{aligned}\qquad(4.39)$$

或者，令 $r=a(t-\tau)$，则

$$\begin{aligned}u(x,y,t)=&\frac{\partial}{\partial t}\left(\frac{1}{2\pi a}\int_0^{at}\int_0^{2\pi}\frac{\varphi(x+\rho\cos\theta,y+\rho\sin\theta)}{\sqrt{(at)^2-\rho^2}}\rho\mathrm{d}\rho\mathrm{d}\theta\right)\\&+\frac{1}{2\pi a}\int_0^{at}\int_0^{2\pi}\frac{\psi(x+\rho\cos\theta,y+\rho\sin\theta)}{\sqrt{(at)^2-\rho^2}}\rho\mathrm{d}\rho\mathrm{d}\theta\\&+\frac{1}{2\pi a}\int_0^{t}\int_0^{2\pi}\int_0^{a(t-\tau)}\frac{f(x+\rho\cos\theta,y+\rho\sin\theta,\tau)}{\sqrt{a^2(t-\tau)^2-\rho^2}}\rho\mathrm{d}\rho\mathrm{d}\theta\mathrm{d}\tau\end{aligned}\qquad(4.40)$$

可以证明：当 $\varphi(x,y)\in C^3,\psi(x,y)\in C^2,f(x,y,t)\in C^2$，则初值问题(4.36)—(4.38) 有古典解(4.39) 和(4.40).

4.7　依赖区域、决定区域、影响区域、特征锥

关于一维情形，利用D'Alembert公式得到了初值问题的依赖区间、决定区域、影响区域等概念. 对于高维情形，我们也有同样的概念.

(1) 二维情形

已知齐次方程初值问题解的 Poisson 公式为

$$\begin{aligned}u(x_0,y_0,t_0)=&\frac{1}{2\pi a}\frac{\partial}{\partial t_0}\int_0^{at_0}\int_0^{2\pi}\frac{\varphi(x_0+\rho\cos\theta,y_0+\rho\sin\theta)}{\sqrt{(at_0)^2-\rho^2}}\rho\mathrm{d}\rho\mathrm{d}\theta\\&+\frac{1}{2\pi a}\int_0^{at_0}\int_0^{2\pi}\frac{\psi(x_0+\rho\cos\theta,y_0+\rho\sin\theta)}{\sqrt{(at_0)^2-\rho^2}}\rho\mathrm{d}\rho\mathrm{d}\theta\end{aligned}$$

解 u 在(x_0,y_0,t_0) 上的依赖于(x,y) 平面上圆域 $\Sigma_M^{at_0}:(x-x_0)^2+(y-y_0)^2\leqslant a^2t_0^2$

上给定的初始值 φ,ψ，而与圆域外定义的初始值无关. 如同一维情形，称圆域 Σ_M^{at} 为 $u(x_0,y_0,t_0)$ 的依赖区域，它是由锥体

$$K:(x-x_0)^2+(y-y_0)^2\leqslant a^2(t-t_0)^2$$

与平面 $t=0$ 相交截得之圆域（见图 4.14）. 对于锥体 K 中任何一点 $(\tilde{x},\tilde{y},\tilde{t})$，其解 $u(\tilde{x},\tilde{y},\tilde{t})$ 的依赖区域 $\Sigma_{\tilde{M}}^{a\tilde{t}}$ 都包含在圆域 $\Sigma_{M_0}^{at_0}$ 内，因此圆域 $\Sigma_{M_0}^{at_0}$ 就决定了 K 中每一点上的定解问题的解 $u(x,y,z)$，锥体 K 是 $\Sigma_{M_0}^{at_0}$ 的决定区域.

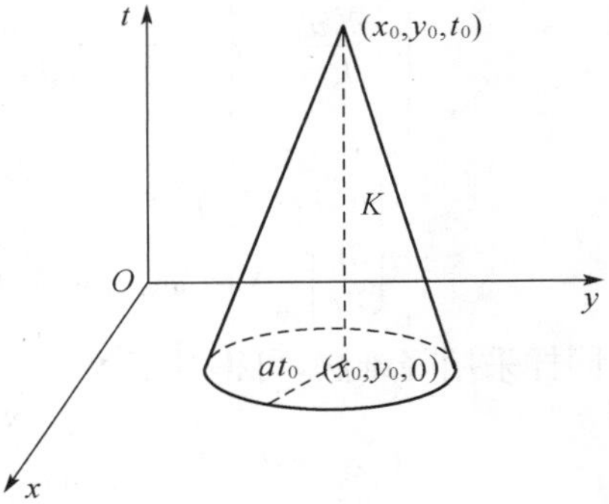

图 4.14

再看平面上一点 $(x_0,y_0,0)$ 上的初始值的影响区域，作锥体域（见图 4.15）：

$$\widetilde{K}:\begin{cases}(x-x_0)^2+(y-y_0)^2\leqslant(at)^2,\\ t\geqslant 0\end{cases}$$

锥体域 $\widetilde{K}$ 中任何一点 (x,y,t)，其依赖区域都包括 $(x_0,y_0,0)$ 这一点，亦即解受到 $(x_0,y_0,0)$ 上定义的初始值 $\varphi(x_0,y_0)$ 和 $\psi(x_0,y_0)$ 的影响；而在 $\widetilde{K}$ 外的任何一点，其依赖区域都不包括 $(x_0,y_0,0)$，都不受到其上初始值的影响. 称锥体域 $\widetilde{K}$ 为 $(x_0,y_0,0)$ 的影响区域.

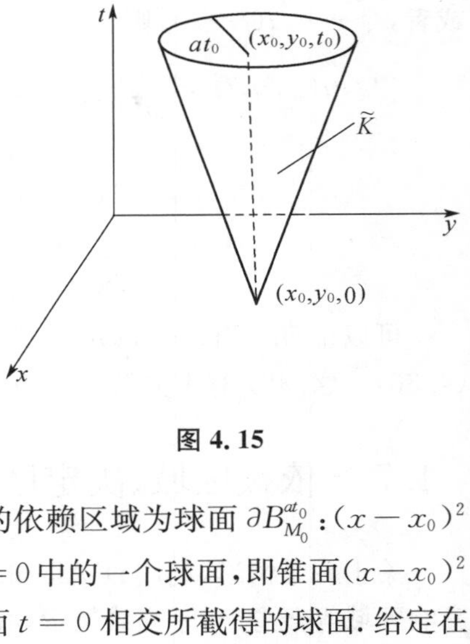

从上看到对于二维波动方程，锥面

$$(x-x_0)^2+(y-y_0)^2=a^2(t-t_0)^2\quad(t_0>0)$$

起着重要作用，称为特征锥.

图 4.15

(2) 三维情形

类似分析可知，对于三维波动方程，其解 $u(x,y,z,t)$ 在任何一点 (x_0,y_0,z_0,t_0)，$t_0>0$ 的依赖区域为球面 $\partial B_{M_0}^{at_0}:(x-x_0)^2+(y-y_0)^2+(z-z_0)^2=(at_0)^2$. 它是超平面 $t=0$ 中的一个球面，即锥面 $(x-x_0)^2+(y-y_0)^2+(z-z_0)^2=a^2(t-t_0)^2$ 与超平面 $t=0$ 相交所截得的球面. 给定在超平面 $t=0$ 上的球域

$$\Omega:\begin{cases}(x-x_0)^2+(y-y_0)^2+(z-z_0)^2\leqslant(at_0)^2,\\ t\geqslant 0\end{cases}$$

由三维波动方程的 Poisson 公式，显然锥体域

$$K:\begin{cases}(x-x_0)^2+(y-y_0)^2+(z-z_0)^2\leqslant a^2(t-t_0)^2,\\ 0\leqslant t\leqslant t_0\end{cases}$$

中任何一点的值都由球域 Ω 上给定的初值决定. 对锥体域内任一固定点，球域 Ω 内

某一球面是其依赖区域,其值由该球面上的初值决定,称锥体域 K 为球域 Ω 的决定区域.

再在初始超平面 $t=0$ 上任取一点 $(x_0,y_0,z_0,0)$,则锥面

$$\overline{K}:\begin{cases}(x-x_0)^2+(y-y_0)^2+(z-z_0)^2=(at)^2,\\ t\geqslant 0\end{cases}$$

为点 $(x_0,y_0,z_0,0)$ 的影响区域,即 $(x_0,y_0,z_0,0)$ 上的初始值是影响到在锥面 $\overline{K}$ 上点的值,对不在 $\overline{K}$ 上的点没有任何影响.

类似于二维情形,称

$$(x-x_0)^2+(y-y_0)^2+(z-z_0)^2=a^2(t-t_0)^2 \quad (t_0>0)$$

为三维波动方程的特征锥.

4.8 Poisson 公式的物理意义、Huygens 原理

首先论述三维 Poisson 公式的物理意义. 前面已指出在初始超平面 $t=0$ 上点 $(x_0,y_0,z_0,0)$ 的初始值 φ,ψ 影响区域是 $(x-x_0)^2+(y-y_0)^2+(z-z_0)^2=a^2t^2$,这是三维空间中的一个球面,它随着 t 的增加以速度 a 向四周扩大. 设三维空间中某点 $M_1(x_1,y_1,z_1)$ 与 $M_0(x_0,y_0,z_0)$ 的距离为 r,则当 $t=\dfrac{r}{a}$,这一瞬刻 M_1 点才落到 M_0 点的影响面上,即受到 M_0 点的初始扰动 φ 和 ψ 的影响. 过后当 $t>\dfrac{r}{a}$,M_1 点不在 M_0 点的影响面上,M_1 点恢复到原来状态,如果 M_0 点的扰动持续了 t_1 秒,则在 $M_1(x_1,y_1,z_1)$ 处受到的扰动也持续了 t_1 秒,过后又恢复到原来状态,只是 M_1 点的扰动较 M_0 点原有的扰动迟发生 $\dfrac{r}{a}$ 秒而已. 这种现象最简单的就是声音的传播,即从某个点发出的声音经过一定时间传到耳朵,开始听到的时间等于离声源的距离 r 除以音速 a,而听到的声音的持续时间等于声源发出声音时间的长短,过后就听不到了.

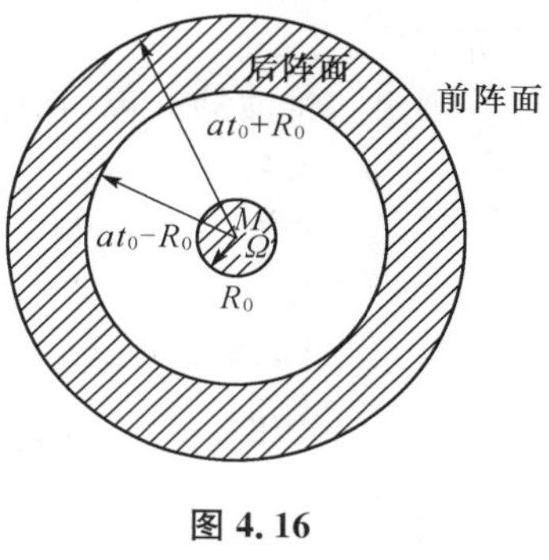

现在设在三维空间某一有限区域 Ω 中给出初始扰动 φ 和 ψ,则在 t_0 时刻受到初始时刻区域 Ω 中 φ 和 ψ 的扰动影响的区域就是以 $M\in\Omega$ 的点为球心,at_0 为半径的球面的全体. 当 t 足够大,这种球面族有内外两个包络面,称外包络为前阵面,内包络为后阵面(如图 4.16 所示). 其中前阵面与后阵面之间的部分表示在时刻 t_0 受到扰动影响的区域;前阵面以外的部分表示在时刻 t_0 扰动还未传到的区域;后阵面内部的区域表示扰动已传过并

图 4.16

恢复原状的区域.因此当初始扰动限制在空间某一局部区域内,波的传播有清晰的前阵面和后阵面,这种现象物理上称为 Huygens 原理或无后效现象.

二维情形与此不同.其一,在(x_0, y_0)点$t=0$时的初始扰动,其影响区域不是圆周,而是整个圆域

$$(x-x_0)^2+(y-y_0)^2\leqslant a^2t^2$$

这个区域以速度a向外扩大,对于与(x_0, y_0)距离为r的点$M_1(x_1, y_1)$,经过$t_0=\frac{r}{a}$开始受到这个扰动的影响,随着时间的增长,初始值在此点的影响不消失,仍继续发挥作用.这是与三维波动方程中扰动传播的不同之外.

其二,设在二维空间某一有限区域Ω中给定初始扰动φ和ψ,观察Ω外任何一点$M(x,y)$在时刻t的状态.设M到区域Ω最近点距离为d,则当$t<t_0=\frac{d}{a}$,函数$u(M,t)=0$说明扰动还未到达M点;但当$t>t_0$,则$u(M,t)\neq 0$,表示从时刻$t_0=\frac{d}{a}$开始点M就受到了Ω中初始扰动的影响,且随着时间的增长Ω中初始扰动总是影响$u(M,t)$的值.这说明二维波动有清晰的前阵面,但无后阵面,即起始扰动对平面上每点都有持久后效.这种现象称为波的弥散,Huygens 原理不成立.这是与三维波动方程的最大区别.

4.9 能量不等式、波动方程初值问题解的唯一性和连续依赖性

前面已给出了波动方程初值问题解的表达式,基于此我们很容易地论证解对初值条件的依赖关系.现在我们从方程本身出发,而不是从解的表达式出发论证解的唯一性和连续依赖性,这对于应用数学工作者来说往往是基本的有实用意义的研究工作.

考虑二维波动方程初值问题

$$\begin{cases}\dfrac{\partial^2 u}{\partial t^2}=a^2\left(\dfrac{\partial^2 u}{\partial x^2}+\dfrac{\partial^2 u}{\partial y^2}\right)+f(x,y,t) \\ \qquad\qquad (\Omega: -\infty<x,y<+\infty, t>0); & (4.41)\\ u|_{t=0}=\varphi(x,y) \quad (-\infty<x,y<+\infty); & (4.42)\\ \left.\dfrac{\partial u}{\partial t}\right|_{t=0}=\psi(x,y) \quad (-\infty<x,y<+\infty) & (4.43)\end{cases}$$

设(x_0, y_0, t_0)为Ω内任意一点,我们从解u的表达式知$u(x_0, y_0, t_0)$只依赖于φ, ψ, f在锥体

$$K: (x-x_0)^2+(y-y_0)^2\leqslant a^2(t-t_0)^2 \quad (0\leqslant t\leqslant t_0)$$

的值. 现在从方程出发直接证明这一点，从而证明解的唯一性和连续依赖性. 关于唯一性，首先对定解问题(4.41)—(4.43)的解建立不等式

$$\iint_{\Omega_\tau}\left\{\left(\frac{\partial u}{\partial x}\right)^2+a^2\left[\left(\frac{\partial u}{\partial x}\right)^2+\left(\frac{\partial u}{\partial y}\right)^2\right]\right\}\mathrm{d}x\mathrm{d}y$$

$$\leqslant M\left\{\iint_{\Omega_0}\left[\left(\frac{\partial u}{\partial t}\right)^2+a^2\left(\left(\frac{\partial u}{\partial x}\right)^2+\left(\frac{\partial u}{\partial y}\right)^2\right)\right]\mathrm{d}x\mathrm{d}y+\int_0^\tau\mathrm{d}t\iint_{\Omega_\tau}f^2\mathrm{d}x\mathrm{d}y\right\} \tag{4.44}$$

其中，$\Omega_\tau=K\cap\{t=\tau\}$，$M=4\max(1,t_0)$(如图4.17所示). 上面的式(4.44)称为能量不等式，因为对于膜扰动而言，$\frac{1}{2}\rho\left(\frac{\partial u}{\partial t}\right)^2\mathrm{d}x\mathrm{d}y$ 表示膜元素 $\mathrm{d}x\mathrm{d}y$ 在时刻 t 的动能，T 为膜的张力，$\frac{T}{2}\left[\left(\frac{\partial u}{\partial x}\right)^2+\left(\frac{\partial u}{\partial y}\right)^2\right]\mathrm{d}x\mathrm{d}y$ 表示膜元素在时刻 t 的势能. 如果不计及常数因子，表达式

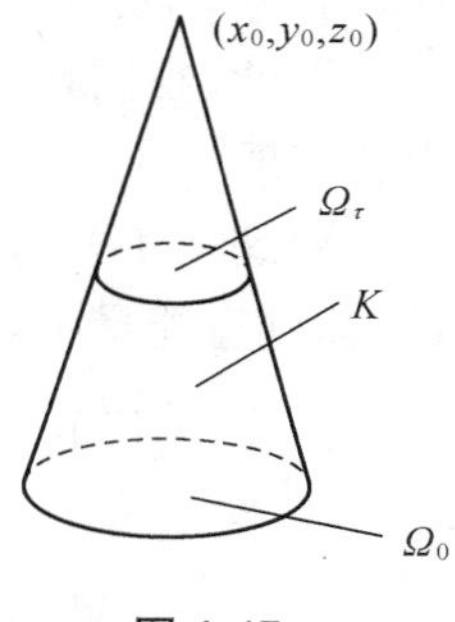

图 4.17

$$\iint_{\Omega_\tau}\left\{\left(\frac{\partial u}{\partial t}\right)^2+a^2\left[\left(\frac{\partial u}{\partial x}\right)^2+\left(\frac{\partial u}{\partial y}\right)^2\right]\right\}\mathrm{d}x\mathrm{d}y$$

表示时刻 τ 膜的总能量，因此其被称为能量积分或解的能量模. 建立的能量不等式(4.44)表示了在 τ 时刻 u 的能量模对初始值 φ,ψ 和 f 的依赖性，则很容易建立下面关于 Cauchy 问题解的唯一性定理.

定理 4.2　波动方程 Cauchy 问题(4.41)—(4.43)的解是唯一的.

证明　如果定解问题(4.41)—(4.43)有两个解 u_1 和 u_2，则 $u=u_1-u_2$ 为齐次方程定解问题

$$\begin{cases}\dfrac{\partial^2 u}{\partial t^2}=a^2\left(\dfrac{\partial^2 u}{\partial x^2}+\dfrac{\partial^2 u}{\partial y^2}\right) & (\Omega:-\infty<x,y<+\infty,t>0);\\ u|_{t=0}=0 & (-\infty<x<+\infty);\\ \left.\dfrac{\partial u}{\partial t}\right|_{t=0}=0 & (-\infty<x<+\infty)\end{cases}$$

的解. 由能量不等式(4.44)，则有

$$\iint_{\Omega_\tau}\left\{\left(\frac{\partial u}{\partial t}\right)^2+a^2\left[\left(\frac{\partial u}{\partial x}\right)^2+\left(\frac{\partial u}{\partial y}\right)^2\right]\right\}\mathrm{d}x\mathrm{d}y$$

$$\leqslant M\left\{\iint_{\Omega_0}\left(\frac{\partial u}{\partial t}\right)^2+a^2\left[\left(\frac{\partial u}{\partial x}\right)^2+\left(\frac{\partial u}{\partial y}\right)^2\right]\right\}\mathrm{d}x\mathrm{d}y$$

由 $u|_{t=0}=0$，则 $\left.\dfrac{\partial u}{\partial x}\right|_{t=0}=\left.\dfrac{\partial u}{\partial y}\right|_{t=0}=0$，及 $\left.\dfrac{\partial u}{\partial t}\right|_{t=0}=0$，因此

$$\iint_{\Omega_\tau}\left\{\left(\frac{\partial u}{\partial t}\right)^2+a^2\left[\left(\frac{\partial u}{\partial x}\right)^2+\left(\frac{\partial u}{\partial y}\right)^2\right]\right\}\mathrm{d}x\mathrm{d}y\leqslant 0$$

显然,有

$$\iint\limits_{\Omega_\tau}\left\{\left(\frac{\partial u}{\partial t}\right)^2+a^2\left[\left(\frac{\partial u}{\partial x}\right)^2+\left(\frac{\partial u}{\partial y}\right)^2\right]\right\}\mathrm{d}x\mathrm{d}y=0$$

故在 Ω_τ 上,有

$$\frac{\partial u}{\partial t}=\frac{\partial u}{\partial x}=\frac{\partial u}{\partial y}=0$$

所以 u 为常数. 由于 u 在锥内连续,由初始条件,则 $u\equiv 0$,因此Cauchy问题解唯一.

因此,我们看到唯一性定理的建立可归结为证明能量不等式(4.44),下面我们严格证明它.

引理 4.1(能量不等式)　设 $u\in C^1(\overline{\Omega})\cap C^2(\Omega)$ 是定解问题(4.41)—(4.43)的解,则有能量不等式(4.44),即

$$\begin{aligned}&\iint\limits_{\Omega_\tau}\left\{\left(\frac{\partial u}{\partial t}\right)^2+a^2\left[\left(\frac{\partial u}{\partial x}\right)^2+\left(\frac{\partial u}{\partial y}\right)^2\right]\right\}\mathrm{d}x\mathrm{d}y\\ &\quad\leqslant M\left\{\iint\limits_{\Omega_0}\left[\left(\frac{\partial u}{\partial t}\right)^2+a^2\left(\left(\frac{\partial u}{\partial x}\right)^2+\left(\frac{\partial u}{\partial y}\right)^2\right)\right]\mathrm{d}x\mathrm{d}y+\int_0^\tau\mathrm{d}t\iint\limits_{\Omega_\tau}f^2\,\mathrm{d}x\mathrm{d}y\right\}\end{aligned}$$

证明　分四步进行.

第一步　在波动方程两边同乘以 $\frac{\partial u}{\partial t}$,再在如图 4.18 所示的锥台体 $K_\tau=K\cap\{0\leqslant t\leqslant\tau\}(\tau<t_0)$ 上积分,则有

$$\begin{aligned}&\iiint\limits_{K_\tau}\frac{\partial u}{\partial t}\left[\frac{\partial^2 u}{\partial t^2}-a^2\left(\frac{\partial^2 u}{\partial x^2}+\frac{\partial^2 u}{\partial y^2}\right)\right]\mathrm{d}x\mathrm{d}y\mathrm{d}t\\ &\quad=\iiint\limits_{K_\tau}\frac{\partial u}{\partial t}f\,\mathrm{d}x\mathrm{d}y\mathrm{d}t\end{aligned}\tag{4.45}$$

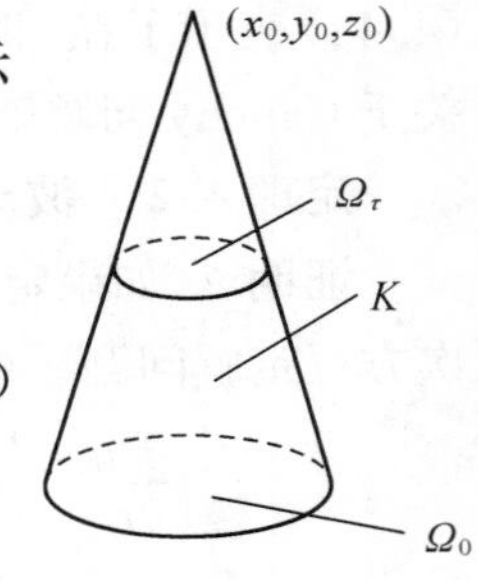

图 4.18

第二步　利用奥 - 高公式,把(4.45)左边体积分(记为 I)化为面积分,由

$$\frac{\partial u}{\partial t}\frac{\partial^2 u}{\partial t^2}=\frac{1}{2}\frac{\partial}{\partial t}\left[\left(\frac{\partial u}{\partial t}\right)^2\right]$$

$$\begin{aligned}\frac{\partial u}{\partial t}\left(\frac{\partial^2 u}{\partial x^2}+\frac{\partial^2 u}{\partial y^2}\right)&=\frac{\partial}{\partial x}\left(\frac{\partial u}{\partial t}\frac{\partial u}{\partial x}\right)-\frac{\partial^2 u}{\partial x\partial t}\frac{\partial u}{\partial x}+\frac{\partial}{\partial y}\left(\frac{\partial u}{\partial t}\frac{\partial u}{\partial y}\right)-\frac{\partial^2 u}{\partial y\partial t}\frac{\partial u}{\partial y}\\ &=\frac{\partial}{\partial x}\left(\frac{\partial u}{\partial t}\frac{\partial u}{\partial x}\right)+\frac{\partial}{\partial y}\left(\frac{\partial u}{\partial t}\frac{\partial u}{\partial y}\right)-\frac{1}{2}\left[\frac{\partial}{\partial t}\left(\frac{\partial u}{\partial x}\right)^2+\frac{\partial}{\partial t}\left(\frac{\partial u}{\partial y}\right)^2\right]\end{aligned}$$

因此

$$\begin{aligned}I=&\iiint\limits_{K_\tau}\left\{\frac{1}{2}\frac{\partial}{\partial t}\left[\left(\frac{\partial u}{\partial t}\right)^2+a^2\left(\left(\frac{\partial u}{\partial x}\right)^2+\left(\frac{\partial u}{\partial y}\right)^2\right)\right]\right.\\ &\left.-a^2\left[\frac{\partial}{\partial x}\left(\frac{\partial u}{\partial t}\frac{\partial u}{\partial x}\right)+\frac{\partial}{\partial y}\left(\frac{\partial u}{\partial t}\frac{\partial u}{\partial y}\right)\right]\right\}\mathrm{d}x\mathrm{d}y\mathrm{d}t\end{aligned}$$

由奥-高公式，则

$$I=\iiint_{\partial K_\tau}\left\{\left[\frac{1}{2}\left(\frac{\partial u}{\partial t}\right)^2+\frac{a^2}{2}\left(\left(\frac{\partial u}{\partial x}\right)^2+\left(\frac{\partial u}{\partial y}\right)^2\right)\right]\cos(\boldsymbol{n},t)\right.$$

$$\left.-a^2\frac{\partial u}{\partial x}\frac{\partial u}{\partial t}\cos(\boldsymbol{n},x)-a^2\frac{\partial u}{\partial y}\frac{\partial u}{\partial t}\cos(\boldsymbol{n},y)\right\}\mathrm{d}S$$

其中，$\boldsymbol{n}$ 表示 K_τ 表面 ∂K_τ 的外法线方向. 用 Γ_τ 表示 K_τ 的侧面，$\partial K_\tau=\Omega_0\cup\Omega_\tau\cup\Gamma_\tau$，则

$$I=\iint_{\Omega_\tau}\frac{1}{2}\left\{\left(\frac{\partial u}{\partial t}\right)^2+a^2\left[\left(\frac{\partial u}{\partial x}\right)^2+\left(\frac{\partial u}{\partial y}\right)^2\right]\right\}\mathrm{d}x\mathrm{d}y$$

$$-\iint_{\Omega_0}\frac{1}{2}\left\{\left(\frac{\partial u}{\partial t}\right)^2+a^2\left[\left(\frac{\partial u}{\partial x}\right)^2+\left(\frac{\partial u}{\partial y}\right)^2\right]\right\}\mathrm{d}x\mathrm{d}y$$

$$+\iint_{\Gamma_\tau}\left\{\left[\frac{1}{2}\left(\frac{\partial u}{\partial t}\right)^2+\frac{a^2}{2}\left(\left(\frac{\partial u}{\partial x}\right)^2+\left(\frac{\partial u}{\partial y}\right)^2\right)\right]\cos(\boldsymbol{n},t)\right.$$

$$\left.-a^2\left[\frac{\partial u}{\partial x}\frac{\partial u}{\partial t}\cos(\boldsymbol{n},x)+\frac{\partial u}{\partial y}\frac{\partial u}{\partial t}\cos(\boldsymbol{n},y)\right]\right\}\mathrm{d}S$$

$$=I_1+I_2+I_3$$

第三步　证明 I_3 非负.

锥面 ∂K 的方程为

$$(x-x_0)^2+(y-y_0)^2=a^2(t-t_0)^2$$

因此外法线方向

$$\boldsymbol{n}=\left\{\frac{x-x_0}{r\sqrt{1+a^2}},\frac{y-y_0}{r\sqrt{1+a^2}},\frac{a}{\sqrt{1+a^2}}\right\}$$

其中

$$r^2=(x-x_0)^2+(y-y_0)^2$$

∂K 的方程为

$$r^2=a^2(t-t_0)^2$$

$$\cos^2(\boldsymbol{n},x)+\cos^2(\boldsymbol{n},y)=\frac{1}{1+a^2}=\frac{\cos^2(\boldsymbol{n},t)}{a^2}$$

由

$$I_3=\iint_{\Gamma_\tau}\left\{\left[\frac{1}{2}\left(\frac{\partial u}{\partial t}\right)^2+\frac{a^2}{2}\left(\left(\frac{\partial u}{\partial x}\right)^2+\left(\frac{\partial u}{\partial y}\right)^2\right)\right]\cos(\boldsymbol{n},t)\right.$$

$$\left.-a^2\left[\frac{\partial u}{\partial x}\frac{\partial u}{\partial t}\cos(\boldsymbol{n},x)+\frac{\partial u}{\partial y}\frac{\partial u}{\partial t}\cos(\boldsymbol{n},y)\right]\right\}\mathrm{d}S$$

$$=\iint_{\Gamma_\tau}\left\{\left[\frac{1}{2}\left(\frac{\partial u}{\partial t}\right)^2+\frac{a^2}{2}\left(\left(\frac{\partial u}{\partial x}\right)^2+\left(\frac{\partial u}{\partial y}\right)^2\right)\right]\frac{\cos^2(\boldsymbol{n},t)}{\cos(\boldsymbol{n},t)}\right.$$

$$-a^2\frac{\partial u}{\partial x}\frac{\partial u}{\partial t}\frac{\cos(\boldsymbol{n},x)\cos(\boldsymbol{n},t)}{\cos(\boldsymbol{n},t)}-a^2\frac{\partial u}{\partial y}\frac{\partial u}{\partial t}\frac{\cos(\boldsymbol{n},y)\cos(\boldsymbol{n},t)}{\cos(\boldsymbol{n},t)}\bigg\}\mathrm{d}S$$

$$=\frac{1}{2}\frac{1}{\cos(\boldsymbol{n},t)}\iint_{\Gamma_\tau}\bigg\{\left(\frac{\partial u}{\partial t}\right)^2\cos^2(\boldsymbol{n},t)+a^2\bigg[\left(\frac{\partial u}{\partial x}\right)^2\cos^2(\boldsymbol{n},t)$$

$$-2\frac{\partial u}{\partial x}\frac{\partial u}{\partial t}\cos(\boldsymbol{n},x)\cos(\boldsymbol{n},t)+\left(\frac{\partial u}{\partial t}\right)^2\cos^2(\boldsymbol{n},x)\bigg]$$

$$+a^2\bigg[\left(\frac{\partial u}{\partial y}\right)^2\cos^2(\boldsymbol{n},t)-2\frac{\partial u}{\partial y}\frac{\partial u}{\partial t}\cos(\boldsymbol{n},y)\cos(\boldsymbol{n},t)$$

$$+\left(\frac{\partial u}{\partial t}\right)^2\cos^2(\boldsymbol{n},y)\bigg]-a^2\left(\frac{\partial u}{\partial t}\right)^2[\cos^2(\boldsymbol{n},x)+\cos^2(\boldsymbol{n},y)]\bigg\}\mathrm{d}S$$

$$=\frac{1}{2}\frac{1}{\cos(\boldsymbol{n},t)}\iint_{\Gamma_\tau}\left(\frac{\partial u}{\partial t}\right)^2\{\cos^2(\boldsymbol{n},t)-a^2[\cos^2(\boldsymbol{n},x)+\cos^2(\boldsymbol{n},y)]\}\mathrm{d}S$$

$$+\frac{a^2}{2\cos(\boldsymbol{n},t)}\iint_{\Gamma_\tau}\left[\frac{\partial u}{\partial x}\cos(\boldsymbol{n},t)-\frac{\partial u}{\partial t}\cos(\boldsymbol{n},x)\right]^2\mathrm{d}S$$

$$+\frac{a^2}{2\cos(\boldsymbol{n},t)}\iint_{\Gamma_\tau}\left[\frac{\partial u}{\partial y}\cos(\boldsymbol{n},t)-\frac{\partial u}{\partial t}\cos(\boldsymbol{n},y)\right]^2\mathrm{d}S$$

由

$$\cos^2(\boldsymbol{n},t)=a^2[\cos^2(\boldsymbol{n},x)+\cos^2(\boldsymbol{n},y)]$$

所以

$$I_3=\frac{a^2}{2\cos(\boldsymbol{n},t)}\iint_{\Gamma_\tau}\bigg\{\left[\frac{\partial u}{\partial x}\cos(\boldsymbol{n},t)-\frac{\partial u}{\partial t}\cos(\boldsymbol{n},x)\right]^2$$

$$+\left[\frac{\partial u}{\partial y}\cos(\boldsymbol{n},t)-\frac{\partial u}{\partial t}\cos(\boldsymbol{n},y)\right]^2\bigg\}\mathrm{d}S\geqslant 0$$

因此有

$$I_1+I_2\leqslant\iiint_{K_\tau}\frac{\partial u}{\partial t}f\,\mathrm{d}x\mathrm{d}y\mathrm{d}t$$

即

$$\begin{aligned}&\iint_{\Omega_\tau}\bigg\{\left(\frac{\partial u}{\partial t}\right)^2+a^2\bigg[\left(\frac{\partial u}{\partial x}\right)^2+\left(\frac{\partial u}{\partial y}\right)^2\bigg]\bigg\}\mathrm{d}x\mathrm{d}y\\&\leqslant\iint_{\Omega_0}\bigg\{\left(\frac{\partial u}{\partial t}\right)^2+a^2\bigg[\left(\frac{\partial u}{\partial x}\right)^2+\left(\frac{\partial u}{\partial y}\right)^2\bigg]\bigg\}\mathrm{d}x\mathrm{d}y+2\iiint_{K_\tau}\frac{\partial u}{\partial t}f\,\mathrm{d}x\mathrm{d}y\mathrm{d}t\end{aligned}\tag{4.46}$$

第四步 估计

$$2\iiint_{K_\tau}\frac{\partial u}{\partial t}f\,\mathrm{d}x\mathrm{d}y\mathrm{d}t$$

由于对任何 $\varepsilon>0$,有

$$2ab \leqslant \varepsilon a^2 + \frac{1}{\varepsilon}b^2$$

因此

$$2\iiint_{K_\tau} \frac{\partial u}{\partial t} f\,\mathrm{d}x\mathrm{d}y\mathrm{d}t \leqslant \varepsilon \iiint_{K_\tau} \left(\frac{\partial u}{\partial t}\right)^2 \mathrm{d}x\mathrm{d}y\mathrm{d}t + \frac{1}{\varepsilon}\iiint_{K_\tau} f^2\,\mathrm{d}x\mathrm{d}y\mathrm{d}t$$

因为

$$\begin{aligned}\iiint_{K_\tau} \left(\frac{\partial u}{\partial t}\right)^2 \mathrm{d}x\mathrm{d}y\mathrm{d}t &= \int_0^\tau \mathrm{d}t \iint_{\Omega_\tau} \left(\frac{\partial u}{\partial t}\right)^2 \mathrm{d}x\mathrm{d}y \\ &\leqslant \int_0^\tau \mathrm{d}t \iint_{\Omega_\tau} \left\{\left(\frac{\partial u}{\partial t}\right)^2 + a^2\left[\left(\frac{\partial u}{\partial x}\right)^2 + \left(\frac{\partial u}{\partial y}\right)^2\right]\right\} \mathrm{d}x\mathrm{d}y\end{aligned}$$

令

$$G(\tau) = \int_0^\tau \iint_{\Omega_\tau} \left\{\left(\frac{\partial u}{\partial t}\right)^2 + a^2\left[\left(\frac{\partial u}{\partial x}\right)^2 + \left(\frac{\partial u}{\partial y}\right)^2\right]\right\} \mathrm{d}x\mathrm{d}y\mathrm{d}t$$

则

$$\iiint_{K_\tau} \left(\frac{\partial u}{\partial t}\right)^2 \mathrm{d}x\mathrm{d}y\mathrm{d}t \leqslant G(\tau)$$

我们转入估计 $G(\tau)$. 因为

$$\frac{\mathrm{d}G(\tau)}{\mathrm{d}\tau} = \iint_{\Omega_\tau} \left\{\left(\frac{\partial u}{\partial t}\right)^2 + a^2\left[\left(\frac{\partial u}{\partial x}\right)^2 + \left(\frac{\partial u}{\partial y}\right)^2\right]\right\} \mathrm{d}x\mathrm{d}y$$

由(4.46),则

$$\frac{\mathrm{d}G(\tau)}{\mathrm{d}\tau} \leqslant \iint_{\Omega_0} \left\{\left(\frac{\partial u}{\partial t}\right)^2 + a^2\left[\left(\frac{\partial u}{\partial x}\right)^2 + \left(\frac{\partial u}{\partial y}\right)^2\right]\right\} \mathrm{d}x\mathrm{d}y + 2\iiint_{K_\tau} \frac{\partial u}{\partial t} f\,\mathrm{d}x\mathrm{d}y\mathrm{d}t$$

因此

$$\frac{\mathrm{d}G(\tau)}{\mathrm{d}\tau} \leqslant \varepsilon\, G(\tau) + \frac{1}{\varepsilon}\iiint_{K_\tau} f^2\,\mathrm{d}x\mathrm{d}y\mathrm{d}t + \iint_{\Omega_0} \left\{\left(\frac{\partial u}{\partial t}\right)^2 + a^2\left[\left(\frac{\partial u}{\partial x}\right)^2 + \left(\frac{\partial u}{\partial y}\right)^2\right]\right\} \mathrm{d}x\mathrm{d}y$$

令

$$F_\varepsilon(\tau) = \frac{1}{\varepsilon}\iiint_{K_\tau} f^2\,\mathrm{d}x\mathrm{d}y\mathrm{d}t + \iint_{\Omega_0} \left\{\left(\frac{\partial u}{\partial t}\right)^2 + a^2\left[\left(\frac{\partial u}{\partial x}\right)^2 + \left(\frac{\partial u}{\partial y}\right)^2\right]\right\} \mathrm{d}x\mathrm{d}y$$

它是 τ 的单调增函数,则

$$\begin{cases}\dfrac{\mathrm{d}G(\tau)}{\mathrm{d}\tau} \leqslant \varepsilon G(\tau) + F_\varepsilon(\tau), \\ G(0) = 0\end{cases}$$

由著名的 Gronwall 不等式,则有

$$G(\tau) \leqslant \frac{1}{\varepsilon} F_\varepsilon(\tau) \mathrm{e}^{\varepsilon\tau}(1-\mathrm{e}^{-\varepsilon\tau})$$
$$= \frac{1}{\varepsilon} F_\varepsilon(\tau) \mathrm{e}^{\varepsilon\tau}\left(\varepsilon\tau - \frac{\varepsilon^2\tau^2}{2!} + \frac{\varepsilon^3\tau^3}{3!} - \cdots\right)$$

适当选取 ε,使 $\varepsilon t_0 = 1$,则

$$G(\tau) \leqslant 3t_0 F_\varepsilon(\tau)$$

由(4.46) 及 $G(\tau)$ 定义,则

$$\iint\limits_{\Omega_\tau} \left\{ \left(\frac{\partial u}{\partial t}\right)^2 + a^2\left[\left(\frac{\partial u}{\partial x}\right)^2 + \left(\frac{\partial u}{\partial y}\right)^2\right]\right\} \mathrm{d}x\mathrm{d}y$$
$$\leqslant \iint\limits_{\Omega_0} \left\{ \left(\frac{\partial u}{\partial t}\right)^2 + a^2\left[\left(\frac{\partial u}{\partial x}\right)^2 + \left(\frac{\partial u}{\partial y}\right)^2\right]\right\} \mathrm{d}x\mathrm{d}y$$
$$+ 3\varepsilon t_0 \left\{ \frac{1}{\varepsilon} \iiint\limits_{K_\tau} f^2 \mathrm{d}x\mathrm{d}y\mathrm{d}t + \iint\limits_{\Omega_0} \left[\left(\frac{\partial u}{\partial x}\right)^2 + a^2\left(\left(\frac{\partial u}{\partial x}\right)^2 + \left(\frac{\partial u}{\partial y}\right)^2\right)\right] \mathrm{d}x\mathrm{d}y \right\}$$
$$+ \frac{1}{\varepsilon} \iiint\limits_{K_\tau} f^2 \mathrm{d}x\mathrm{d}y\mathrm{d}t$$
$$= (1+3\varepsilon t_0) \iint\limits_{\Omega_0} \left\{ \left(\frac{\partial u}{\partial t}\right)^2 + a^2\left[\left(\frac{\partial u}{\partial x}\right)^2 + \left(\frac{\partial u}{\partial y}\right)^2\right]\right\} \mathrm{d}x\mathrm{d}y$$
$$+ \left(3t_0 + \frac{1}{\varepsilon}\right) \iiint\limits_{K_\tau} f^2 \mathrm{d}x\mathrm{d}y\mathrm{d}t$$

因为 $3t_0 + \frac{1}{\varepsilon} = 4t_0$,故令 $M = 4\max(1, t_0)$,则有

$$\iint\limits_{\Omega_\tau} \left\{ \left(\frac{\partial u}{\partial t}\right)^2 + a^2\left[\left(\frac{\partial u}{\partial x}\right)^2 + \left(\frac{\partial u}{\partial y}\right)^2\right]\right\} \mathrm{d}x\mathrm{d}y$$
$$\leqslant M\left\{ \iint\limits_{\Omega_0} \left[\left(\frac{\partial u}{\partial t}\right)^2 + a^2\left(\left(\frac{\partial u}{\partial x}\right)^2 + \left(\frac{\partial u}{\partial y}\right)^2\right)\right] \mathrm{d}x\mathrm{d}y + \int_0^\tau \mathrm{d}t \iint\limits_{\Omega_\tau} f^2 \mathrm{d}x\mathrm{d}y \right\}$$

由此引理得证.

附注:下面我们给出著名的 Gronwall 不等式及其证明,它在常微分方程和偏微分方程的理论研究中有广泛的应用.

如果函数 $G(t)$ 满足

$$\frac{\mathrm{d}G(t)}{\mathrm{d}t} \leqslant A(t) + cG(t)$$

其中函数 $A(t)$ 是非负单调增函数,$c > 0$ 是常数,则有 Gronwall 不等式

$$G(t) \leqslant G(0)\mathrm{e}^{ct} + \frac{1}{c}(\mathrm{e}^{ct} - 1)A(t)$$

证明 不等式两边乘上 e^{-ct},有

$$e^{-ct}\frac{dG(t)}{dt}\leqslant e^{-ct}A(t)+ce^{-ct}G(t)$$

$$e^{-ct}\frac{dG(t)}{dt}-ce^{-ct}G(t)\leqslant e^{-ct}A(t)$$

$$\frac{d}{dt}(e^{-ct}G(t))\leqslant e^{-ct}A(t)$$

上式两边关于 t 从 0 到 t 积分,则

$$e^{-ct}G(t)-G(0)\leqslant\int_0^t e^{-c\tau}A(\tau)d\tau$$

由 $A(t)$ 的单调性,则

$$e^{-ct}G(t)-G(0)\leqslant A(t)\int_0^t e^{-c\tau}d\tau$$

$$G(t)\leqslant e^{ct}G(0)+A(t)e^{ct}\left(\frac{1}{c}-\frac{1}{c}e^{-ct}\right)$$

$$G(t)\leqslant G(0)e^{ct}+\frac{1}{c}(e^{ct}-1)A(t)$$

建立了引理4.1后,再由定理4.2,我们便证明了二维波动方程解的唯一性.下面进一步论述解对初始条件的连续依赖性.为此我们定义 $u(x,y,t)$ 的 L_2 范数或称 L_2 模 $\iiint\limits_{K_\tau}u^2dxdydt$,证明如下引理.

引理 4.2　设 $u\in C^1(\overline{\Omega})\cap C^2(\Omega)$ 是定解问题

$$\begin{cases}\dfrac{\partial^2u}{\partial t^2}=a^2\left(\dfrac{\partial^2u}{\partial x^2}+\dfrac{\partial^2u}{\partial y^2}\right)+f(x,y,t) & (\Omega:-\infty<x,y<+\infty,t>0);\\ u|_{t=0}=\varphi(x,y) & (-\infty<x,y<+\infty);\\ \left.\dfrac{\partial u}{\partial t}\right|_{t=0}=\psi(x,y) & (-\infty<x,y<+\infty)\end{cases}$$

的解,则有估计式

$$\iiint\limits_{K_\tau}u^2dxdydt\leqslant M_1\left\{\iint\limits_{\Omega_0}[\varphi^2+\psi^2+a^2(\varphi_x^2+\varphi_y^2)]dxdy+\iiint\limits_{K_\tau}f^2dxdydt\right\}$$

其中,$M_1=3\max(t_0,Mt_0^3)$,K_τ 和 M 的定义见引理4.1.

证明　分三步进行.

第一步　设 u 为任一函数,估计

$$\iint\limits_{\Omega}u^2(x,y,t)dxdy$$

其中 Ω 为 (x,y) 平面上任一固定区域.由

$$\frac{d}{dt}\iint\limits_{\Omega}u^2(x,y,t)dxdy=\iint\limits_{\Omega}2u(x,y,t)\frac{\partial u}{\partial t}dxdy$$

又

$$2ab \leqslant \varepsilon a^2 + \frac{1}{\varepsilon} b^2 \quad (\varepsilon > 0)$$

则

$$\frac{\mathrm{d}}{\mathrm{d}t} \iint_{\Omega} u^2 \mathrm{d}x\mathrm{d}y \leqslant \varepsilon \iint_{\Omega} u^2 \mathrm{d}x\mathrm{d}y + \frac{1}{\varepsilon} \iint_{\Omega} \left(\frac{\partial u}{\partial t}\right)^2 \mathrm{d}x\mathrm{d}y$$

令

$$G(t) = \iint_{\Omega} u^2 \mathrm{d}x\mathrm{d}y, \quad F_{\varepsilon}(t) = \frac{1}{\varepsilon} \iint_{\Omega} \left(\frac{\partial u}{\partial t}\right)^2 \mathrm{d}x\mathrm{d}y$$

则

$$\frac{\mathrm{d}G(t)}{\mathrm{d}t} \leqslant \varepsilon G(t) + F_{\varepsilon}(t)$$

由 Gronwall 不等式的证明过程，则

$$G(\tau) \leqslant \mathrm{e}^{\varepsilon\tau} G(0) + \int_0^{\tau} \mathrm{e}^{\varepsilon(\tau - t)} F_{\varepsilon}(t) \mathrm{d}t$$

取 $\varepsilon\tau = 1$，则

$$G(\tau) \leqslant 3G(0) + 3\tau \int_0^{\tau} \iint_{\Omega} \left(\frac{\partial u}{\partial t}\right)^2 \mathrm{d}x\mathrm{d}y\mathrm{d}t$$

$$\iint_{\Omega} u^2(x,y,\tau) \mathrm{d}x\mathrm{d}y \leqslant 3 \iint_{\Omega} u^2(x,y,0) \mathrm{d}x\mathrm{d}y + 3\tau \int_0^{\tau} \iint_{\Omega} \left(\frac{\partial u}{\partial t}\right)^2 \mathrm{d}x\mathrm{d}y\mathrm{d}t$$

第二步 设 $u(x,y,\tau)$ 为定解问题之解，估计

$$\iint_{\Omega_\tau} u^2(x,y,\tau) \mathrm{d}x\mathrm{d}y$$

由第一步，可知

$$\iint_{\Omega_\tau} u^2(x,y,\tau) \mathrm{d}x\mathrm{d}y \leqslant 3 \iint_{\Omega_0} \varphi^2 \mathrm{d}x\mathrm{d}y + 3\tau \int_0^{\tau} \iint_{\Omega} \left(\frac{\partial u}{\partial t}\right)^2 \mathrm{d}x\mathrm{d}y\mathrm{d}t$$

由图 4.19 可见

$$\iint_{\Omega_\tau} u^2(x,y,\tau) \mathrm{d}x\mathrm{d}y \leqslant 3 \iint_{\Omega_0} \varphi^2 \mathrm{d}x\mathrm{d}y + 3t_0 \iiint_{K_\tau} \left(\frac{\partial u}{\partial t}\right)^2 \mathrm{d}x\mathrm{d}y\mathrm{d}t$$

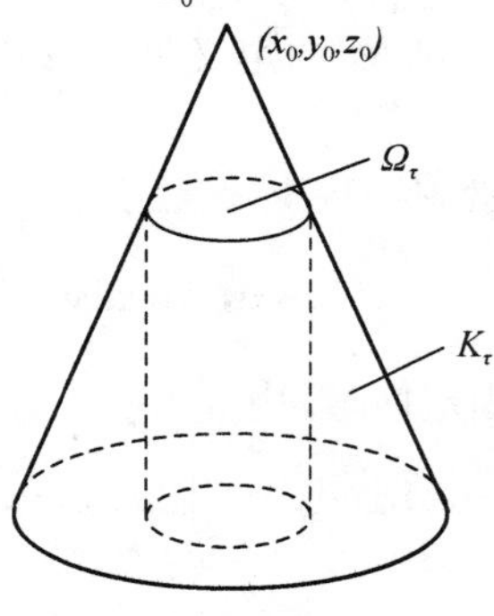

图 4.19

由引理 4.1,我们已证明

$$\iint_{\Omega_\tau}\left\{\left(\frac{\partial u}{\partial t}\right)^2+a^2\left[\left(\frac{\partial u}{\partial x}\right)^2+\left(\frac{\partial u}{\partial y}\right)^2\right]\right\}\mathrm{d}x\mathrm{d}y$$

$$\leqslant M\left\{\iint_{\Omega_0}\left[\left(\frac{\partial u}{\partial t}\right)^2+a^2\left(\left(\frac{\partial u}{\partial x}\right)^2+\left(\frac{\partial u}{\partial y}\right)^2\right)\right]\mathrm{d}x\mathrm{d}y+\int_0^\tau\mathrm{d}t\iint_{\Omega_\tau}f^2\mathrm{d}x\mathrm{d}y\right\}$$

因此

$$\int_0^\tau\mathrm{d}t\iint_{\Omega_\tau}\left\{\left(\frac{\partial u}{\partial t}\right)^2+a^2\left[\left(\frac{\partial u}{\partial x}\right)^2+\left(\frac{\partial u}{\partial y}\right)^2\right]\right\}\mathrm{d}x\mathrm{d}y$$

$$\leqslant\int_0^\tau M\iint_{\Omega_0}\left\{\left(\frac{\partial u}{\partial t}\right)^2+a^2\left[\left(\frac{\partial u}{\partial x}\right)^2+\left(\frac{\partial u}{\partial y}\right)^2\right]\right\}\mathrm{d}x\mathrm{d}y\mathrm{d}t+M\int_0^\tau\mathrm{d}t\int_0^\tau\mathrm{d}t\iint_{\Omega_\tau}f^2\mathrm{d}x\mathrm{d}y$$

$$\iiint_{K_\tau}\left\{\left(\frac{\partial u}{\partial t}\right)^2+a^2\left[\left(\frac{\partial u}{\partial x}\right)^2+\left(\frac{\partial u}{\partial y}\right)^2\right]\right\}\mathrm{d}x\mathrm{d}y\mathrm{d}t$$

$$\leqslant Mt_0\iint_{\Omega_0}[\psi^2+a^2(\varphi_x^2+\psi_y^2)]\mathrm{d}x\mathrm{d}y+Mt_0\iiint_{K_\tau}f^2\mathrm{d}x\mathrm{d}y\mathrm{d}t$$

因此

$$\iint_{\Omega_\tau}u^2\mathrm{d}x\mathrm{d}y\leqslant 3\iint_{\Omega_0}\varphi^2\mathrm{d}x\mathrm{d}y+3t_0\iiint_{K_\tau}\left(\frac{\partial u}{\partial t}\right)^2\mathrm{d}x\mathrm{d}y\mathrm{d}t$$

$$\leqslant 3\iint_{\Omega_0}\varphi^2\mathrm{d}x\mathrm{d}y+3t_0\iiint_{K_\tau}\left\{\left(\frac{\partial u}{\partial t}\right)^2+a^2\left[\left(\frac{\partial u}{\partial x}\right)^2+\left(\frac{\partial u}{\partial y}\right)^2\right]\right\}\mathrm{d}x\mathrm{d}y\mathrm{d}t$$

$$\leqslant 3\iint_{\Omega_0}\varphi^2\mathrm{d}x\mathrm{d}y+3t_0\left\{Mt_0\iint_{\Omega_0}[\psi^2+a^2(\varphi_x^2+\varphi_y^2)]\mathrm{d}x\mathrm{d}y\right.$$

$$\left.+Mt_0\iiint_{K_\tau}f^2\mathrm{d}x\mathrm{d}y\mathrm{d}t\right\}$$

第三步 估计

$$\iiint_{K_\tau}u^2\mathrm{d}x\mathrm{d}y\mathrm{d}t$$

由上最后一式,得

$$\iint_{\Omega_\tau}u^2\mathrm{d}x\mathrm{d}y\leqslant 3\iint_{\Omega_0}\varphi^2\mathrm{d}x\mathrm{d}y+3t_0^2M\left\{\iint_{\Omega_0}[\psi^2+a^2(\varphi_x^2+\varphi_y^2)]\mathrm{d}x\mathrm{d}y+\iiint_{K_\tau}f^2\mathrm{d}x\mathrm{d}y\mathrm{d}t\right\}$$

从 $0\to\tau$ 积分,则

$$\iiint_{K_\tau}u^2\mathrm{d}x\mathrm{d}y\mathrm{d}t\leqslant 3t_0\iint_{\Omega_0}\varphi^2\mathrm{d}x\mathrm{d}y+3t_0^3M\left\{\iint_{\Omega_0}[\psi^2+a^2(\varphi_x^2+\varphi_y^2)]\mathrm{d}x\mathrm{d}y+\iiint_{K_\tau}f^2\mathrm{d}x\mathrm{d}y\mathrm{d}t\right\}$$

取 $M_1=3\max(t_0,t_0^3M)$,则有

$$\iiint\limits_{K_\tau} u^2 \mathrm{d}x\mathrm{d}y\mathrm{d}t \leqslant M_1 \left\{ \iint\limits_{\Omega_0} [\varphi^2 + \psi^2 + a^2(\varphi_x^2 + \varphi_y^2)] \mathrm{d}x\mathrm{d}y + \iiint\limits_{K_\tau} f^2 \mathrm{d}x\mathrm{d}y\mathrm{d}t \right\}$$

引理得证.

定理 4.3 波动方程 Cauchy 问题(4.41)—(4.43) 的解关于初始值和右端是连续依赖的,即任给 $\varepsilon > 0$,存在 $\eta > 0$,只要

$$\| \varphi_1 - \varphi_2 \|_{L_2(\Omega_0)} < \eta$$

$$\| \varphi_{1x} - \varphi_{2x} \|_{L_2(\Omega_0)} < \eta$$

$$\| \varphi_{1y} - \varphi_{2y} \|_{L_2(\Omega_0)} < \eta$$

$$\| \psi_1 - \psi_2 \|_{L_2(\Omega_0)} < \eta$$

$$\| f_1 - f_2 \|_{L_2(K_\tau)} < \eta$$

则相应的解 u_1, u_2,其差满足

$$\| u_1 - u_2 \|_{L^2(K_\tau)} < \varepsilon$$

证明 由 $u_1 - u_2$ 满足定解问题

$$\begin{cases} \dfrac{\partial^2(u_1 - u_2)}{\partial t^2} = a^2\left(\dfrac{\partial^2(u_1 - u_2)}{\partial x^2} + \dfrac{\partial^2(u_1 - u_2)}{\partial y^2}\right) + (f_1 - f_2) \\ \qquad\qquad\qquad\qquad (-\infty < x, y < +\infty, f > 0); \\ (u_1 - u_2)|_{t=0} = \varphi_1 - \varphi_2 \qquad (-\infty < x, y < +\infty); \\ \left.\dfrac{\partial}{\partial t}(u_1 - u_2)\right|_{t=0} = \psi_1 - \psi_2 \qquad (-\infty < x, y < +\infty) \end{cases}$$

由引理 4.2,则

$$\iiint\limits_{K_\tau} |u_1 - u_2|^2 \mathrm{d}x\mathrm{d}y\mathrm{d}t \leqslant M_1 \left\{ \iint\limits_{\Omega_0} [|\varphi_1 - \varphi_2|^2 + |\psi_1 - \psi_2|^2 + a^2((\varphi_{1x} - \varphi_{2x})^2 + (\varphi_{1y} - \varphi_{2y})^2)] \mathrm{d}x\mathrm{d}y + \iiint\limits_{K_\tau} |f_1 - f_2|^2 \mathrm{d}x\mathrm{d}y\mathrm{d}t \right\}$$

由已知条件,则

$$\begin{aligned} \| u_1 - u_2 \|_{L^2(K_\tau)}^2 &\leqslant M_1(\eta^2 + \eta^2 + a^2\eta^2 + a^2\eta^2 + \eta^2) \\ &= M_1(2a^2 + 3)\eta^2 \end{aligned}$$

对任意 $\varepsilon > 0$,只需取 $\eta = \dfrac{\varepsilon}{\sqrt{(2a^2 + 3)M_1}}$,则有

$$\| u_1 - u_2 \|_{L^2(K_\tau)} < \varepsilon$$

由此定理得证.

上面我们只研究了二维初值问题的唯一性和连续依赖性,证明过程中没有利用解的表达式.类似的证明可应用于一维和二维初值问题以及混合初边值问题,有兴趣的读者可参考董光昌等编的《数学物理方程》一书.

习 题 4

1. 用 D'Alembert 公式解下列定解问题:

(1) $\begin{cases} \dfrac{\partial^2 u}{\partial t^2} = \dfrac{\partial^2 u}{\partial x^2} & (-\infty < x < \infty, t > 0), \\ u|_{t=0} = 1, \quad \dfrac{\partial u}{\partial t}\Big|_{t=0} = 0 & (-\infty < x < \infty); \end{cases}$

(2) $\begin{cases} \dfrac{\partial^2 u}{\partial t^2} = \dfrac{\partial^2 u}{\partial x^2} & (-\infty < x < \infty, t > 0), \\ u|_{t=0} = 0, \quad \dfrac{\partial u}{\partial t}\Big|_{t=0} = 1 & (-\infty < x < \infty); \end{cases}$

(3) $\begin{cases} \dfrac{\partial^2 u}{\partial t^2} = a^2 \dfrac{\partial^2 u}{\partial x^2} & (-\infty < x < \infty, t > 0), \\ u|_{t=0} = x^2, \quad \dfrac{\partial u}{\partial t}\Big|_{t=0} = x & (-\infty < x < \infty). \end{cases}$

2. 在上半平面$\{(x,t)\,|-\infty < x < \infty, t > 0\}$上给出一点$M(2,5)$,对于弦振动$u_{tt} = u_{xx}$方程来说,点$M$的依赖区间是什么?它是否落在(1,0)的影响区域内?

3. 用延拓法求解下列定解方程:

(1) $\begin{cases} \dfrac{\partial^2 u}{\partial t^2} = a^2 \dfrac{\partial^2 u}{\partial x^2} & (0 < x < +\infty, t > 0), \\ u|_{t=0} = x\mathrm{e}^{-x^2} & (0 \leqslant x < +\infty), \\ \dfrac{\partial u}{\partial t}\Big|_{t=0} = 0 & (0 \leqslant x < +\infty), \\ u|_{x=0} = 0 & (t \geqslant 0); \end{cases}$

(2) $\begin{cases} \dfrac{\partial^2 u}{\partial t^2} = a^2 \dfrac{\partial^2 u}{\partial x^2} & (0 < x < +\infty, t > 0), \\ u|_{t=0} = f(x) & (0 \leqslant x < +\infty), \\ \dfrac{\partial u}{\partial t}\Big|_{t=0} = 0 & (0 \leqslant x < +\infty), \\ \dfrac{\partial u}{\partial x}\Big|_{x=0} = 0 & (t \geqslant 0). \end{cases}$

4. 问初值$u(x,0) = \varphi(x)$和$u_t(x,0) = \psi(x)$满足怎样的条件时,齐次波动方程初值问题的解仅由右传播波组成?

5. 若电报方程

$$u_{xx} = CLu_{11} + (CR + LG)u_t + GRu \qquad (C,L,R,G \text{ 为常数})$$

具有形如

$$u(x,t)=\mu(t)f(x-at)$$

的解(称为阻尼波),问此时 C,L,R,G 之间应成立什么关系?

6. 试用降维法导出弦振动方程的 D'Alembert 公式.

7. 求解下列 Cauchy 问题

$$\begin{cases}\dfrac{\partial^2 v}{\partial t^2}=a^2\left(\dfrac{\partial^2 v}{\partial x^2}+\dfrac{\partial^2 v}{\partial y^2}\right)+c^2 v,\\ v|_{t=0}=\varphi(x,y),\\ \left.\dfrac{\partial v}{\partial t}\right|_{t=0}=\psi(x,y)\end{cases}$$

其中 c 为常数.①

8. 求解平面波动方程的 Cauchy 问题

$$\begin{cases}\dfrac{\partial^2 u}{\partial t^2}=a^2\left(\dfrac{\partial^2 u}{\partial x^2}+\dfrac{\partial^2 u}{\partial y^2}\right),\\ u|_{t=0}=x^2(x+y),\\ \left.\dfrac{\partial u}{\partial t}\right|_{t=0}=0\end{cases}$$

9. 试用能量积分证明下列混合问题

$$\begin{cases}\dfrac{\partial^2 u}{\partial t^2}=a^2\dfrac{\partial^2 u}{\partial x^2}+f(x,t) \quad (0<x<l,t>0);\\ u|_{t=0}=\varphi(x),\quad \left.\dfrac{\partial u}{\partial t}\right|_{t=0}=\psi(x);\\ u|_{x=0}=\mu_1(t),\quad u|_{x=l}=\mu_2(t)\end{cases}$$

的解是唯一的,其中 $f(x,t)$ 为已知的连续函数,μ_1,μ_2,φ,ψ 为充分光滑的已知函数.

10. 设受摩擦力作用的固定端点的有界弦振动满足方程

$$\frac{\partial^2 u}{\partial t^2}=a^2\frac{\partial^2 u}{\partial x^2}-c\frac{\partial u}{\partial t}\quad (c\text{ 为正数})$$

证明其能量

$$E(t)=\int_0^l (u_t^2+a^2u_x^2)\mathrm{d}x$$

是减少的.并由此证明方程

$$\frac{\partial^2 u}{\partial t^2}=a^2\frac{\partial^2 u}{\partial x^2}-c\frac{\partial u}{\partial t}+f(x,t)$$

的混合问题解的唯一性及对初始条件的连续依赖性.

11. 设 $Lu=u_{tt}-a^2u_{xx}$.

---

① 提示:令 $u(x,y,z,t)=\mathrm{e}^{\frac{cz}{a}}v(x,y,t)$.

(1) 如果 $Lu=0, Lv=0$，证明：$L(u_t v_t + a^2 u_x v_x) = 0$.

(2) 如果 u, v 都满足

$$\begin{cases} Lw = 0 & (0 < x < l, t > 0); \\ w(0,t) = w(l,t) = 0 & (t \geqslant 0) \end{cases}$$

证明：$\dfrac{\mathrm{d}}{\mathrm{d}t}\displaystyle\int_0^l (u_t v_t + a^2 u_x v_x)\mathrm{d}x = 0$.

12. 求混合问题

$$\begin{cases} \dfrac{\partial^2 u}{\partial t^2} = a^2 \dfrac{\partial^2 u}{\partial x^2} \quad (0 < x < \pi, t > 0); \\ u\big|_{t=0} = \dfrac{\pi}{2} - \left|\dfrac{\pi}{2} - x\right|, \quad \dfrac{\partial u}{\partial t}\Big|_{t=0} = 0; \\ u\big|_{x=0} = u\big|_{x=\pi} = 0 \end{cases}$$

的 Fourier 级数形式的解，并计算其能量积分.

13. 试证明波动方程混合问题(如图 4.20 所示)

$$\begin{cases} \dfrac{\partial^2 u}{\partial t^2} = a^2\left(\dfrac{\partial^2 u}{\partial x^2} + \dfrac{\partial^2 u}{\partial y^2}\right) + f(x,y,t) \\ \qquad\qquad\qquad ((x,y,z,t) \in Q, Q \text{ 为柱体}, Q = \Omega \times (0,\infty)); \\ u\big|_{t=0} = \varphi(x,y) \qquad ((x,y) \in \Omega); \\ \dfrac{\partial u}{\partial t}\Big|_{t=0} = \psi(x,y) \qquad ((x,y) \in \Omega); \\ u\big|_{\Sigma} = 0 \qquad (\Sigma \text{ 是 } Q \text{ 的侧面积}, \Sigma = \partial\Omega \times (0,\infty)) \end{cases}$$

的解的唯一性，以及在 L_2 模意义下对初值和方程右端项的连续依赖性.

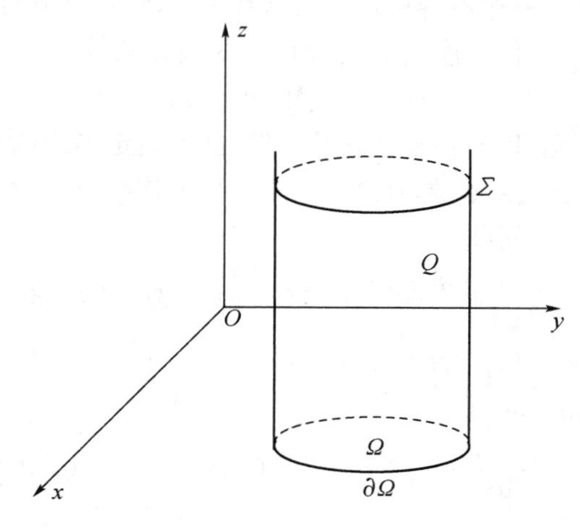

图 4.20

5 椭圆型方程

稳定温度场、静电场位势、不可压缩无旋流动等一系列稳定场问题的求解都归结为解椭圆型方程边值问题，而 Laplace 方程和 Poisson 方程是最典型的椭圆形方程. 本章进行比较深入的研究，重点在调和函数的基本性质及对特殊区域(如球、半空间、圆) 上利用 Green 函数求解边值问题.

5.1 椭圆型方程边值问题的提法

我们研究二维和三维 Laplace 方程

$$\Delta u = \frac{\partial^2 u}{\partial x^2} + \frac{\partial^2 u}{\partial y^2} = 0 \tag{5.1}$$

$$\Delta u = \frac{\partial^2 u}{\partial x^2} + \frac{\partial^2 u}{\partial y^2} + \frac{\partial^2 u}{\partial z^2} = 0 \tag{5.2}$$

及二维和三维 Poisson 方程

$$\Delta u = f(x,y) \tag{5.3}$$

$$\Delta u = f(x,y,z) \tag{5.4}$$

设 Ω 是 $\mathbf{R}^p (p = 2,3)$ 内一个有界区域，$\partial\Omega$ 是其边界，称在区域 Ω 内有 2 阶连续偏导数，并且满足 Laplace 方程的连续函数为 Ω 内的调和函数.

Ω 上的 Laplace 方程的三种边值问题的提法如下.

(1) 第一边值问题(Dirichlet 问题)　在 $\partial\Omega$ 上给定连续函数 φ，要求找出这样的函数 u，其在 Ω 内是调和函数，在 $\overline{\Omega} = \Omega \cup \partial\Omega$ 上连续，在 $\partial\Omega$ 上等于 φ.

二维情形 Dirichlet 问题

$$\begin{cases} \dfrac{\partial^2 u}{\partial x^2} + \dfrac{\partial^2 u}{\partial y^2} = 0 \quad ((x,y) \in \Omega \subset \mathbf{R}^2); \\ u|_{\partial\Omega} = \varphi(x,y) \end{cases} \tag{5.5}$$

三维情形 Dirichlet 问题

$$\begin{cases} \dfrac{\partial^2 u}{\partial x^2} + \dfrac{\partial^2 u}{\partial y^2} + \dfrac{\partial^2 u}{\partial z^2} = 0 \quad ((x,y,z) \in \Omega \subset \mathbf{R}^3); \\ u|_{\partial\Omega} = \varphi(x,y,z) \end{cases} \tag{5.6}$$

(2) 第二边值问题(Neumann 问题)　设 $\partial\Omega$ 光滑，在 $\partial\Omega$ 上给定连续函数 φ，要求找出这样的函数 u，它在 Ω 内是调和函数，在 $\overline{\Omega}$ 上连续，在 $\partial\Omega$ 上任何一点其法向

导数$\frac{\partial u}{\partial n}$存在,并且等于$\varphi$在这一点的值,即

$$\left.\frac{\partial u}{\partial n}\right|_{\partial\Omega}=\varphi \tag{5.7}$$

这里$\boldsymbol{n}$表示$\partial\Omega$的外法线方向.

(3) 第三边值问题(Robin问题) 设$\partial\Omega$光滑,在$\partial\Omega$上给定连续函数f,要求找出这样的函数u,在Ω内是调和函数,在$\overline{\Omega}$上连续,而且$\frac{\partial u}{\partial n}+au$(其中$a$是$\partial\Omega$上有定义的已知函数,且$a\geqslant 0$,$a$不恒等于0;$\frac{\partial u}{\partial n}$是$u$的外法向导数)在$\partial\Omega$上每点的值等于已给函数$\varphi$在该点的值,即

$$\left.\left(\frac{\partial u}{\partial n}+au\right)\right|_{\partial\Omega}=\varphi \tag{5.8}$$

实际应用中,我们常常要求解某个有界区域Ω外的调和函数,例如飞行器外部流场的确定、物体外部温度场的确定等等都归结为外问题,即找一个函数u,它在曲面$\partial\Omega$外部Ω'调和,在$\overline{\Omega}'=\Omega'\cup\partial\Omega$上连续,在$\partial\Omega$上满足给定的边界条件.为了外问题解的唯一性,在无穷远处往往加上一定的限制,下面以三维Laplace方程第一、第二外问题为例.

(1) Dirichlet外问题 在空间$\mathbf{R}^3$内某闭曲面$\partial\Omega$上给定连续函数$\varphi(x,y,z)$,要求找出函数$u(x,y,z)$,其在$\partial\Omega$的外部Ω'内调和,在$\overline{\Omega}'$上连续,在点(x,y,z)趋于无穷远处时,$u(x,y,z)$一致趋于零,即

$$\begin{cases}\Delta u=\dfrac{\partial^2 u}{\partial x^2}+\dfrac{\partial^2 u}{\partial y^2}+\dfrac{\partial^2 u}{\partial z^2}=0 & ((x,y,z)\in\Omega');\\ u|_{\partial\Omega}=\varphi(x,y,z); & \\ \lim\limits_{r\to\infty}\sup\limits_{|OM|=r}|u(M)|=0 & (r=\sqrt{x^2+y^2+z^2})\end{cases} \tag{5.9}$$

(2) Neumann外问题 在光滑的闭曲面$\partial\Omega$上给定连续函数φ,要求u在$\partial\Omega$外部区域Ω'内调和,$\overline{\Omega}'$上连续,无穷远处一致趋于零,在$\partial\Omega$上任一点法向导数$\frac{\partial u}{\partial n}$存在,且满足

$$\left.\frac{\partial u}{\partial n}\right|_{\partial\Omega}=\varphi(x,y,z)$$

这里$\frac{\partial u}{\partial n}$是$\partial\Omega$相对于区域$\Omega'$的外法线方向.

Dirichlet外问题和Neumann外问题简称为狄外问题和诺外问题,而Dirichlet内问题和Neumann内问题分别为狄内问题和诺内问题.对于Poisson方程也可提出类似的定解问题.

二维狄外问题和诺外问题为保证解的唯一性,要求解在无穷远处保持有界.

5.2 Green 公式

为了建立 Laplace 方程解的表达式,需要推导出 Green 公式,它们是数学分析中有关线面积分中的奥 - 高公式的直接推论.

根据数学分析的内容我们知道,设 Ω 是足够光滑曲面 $\partial\Omega$ 为边界的有界区域, $P(x,y,z),Q(x,y,z),R(x,y,z)$ 是在 $\Omega\cup\partial\Omega$ 上连续,在 Ω 内有一阶连续偏导数的任意函数,则有如下奥 - 高公式:

$$\iiint_{\Omega}\left(\frac{\partial P}{\partial x}+\frac{\partial Q}{\partial y}+\frac{\partial R}{\partial z}\right)\mathrm{d}\Omega=\oiint_{\partial\Omega}[P\cos(\boldsymbol{n},x)+Q\cos(\boldsymbol{n},y)+R\cos(\boldsymbol{n},z)]\mathrm{d}S \tag{5.10}$$

其中,$\mathrm{d}\Omega$ 为体积元素,$\boldsymbol{n}$ 是 $\partial\Omega$ 的外法线向量,$\mathrm{d}S$ 是 $\partial\Omega$ 上的面积元素.

现在来推导奥 - 高公式(5.10) 的两个推论.

设函数 $u(x,y,z),v(x,y,z)$ 在 $\overline{\Omega}=\Omega\cup\partial\Omega$ 上具有 1 阶连续偏导数,在 Ω 内具有连续的所有 2 阶偏导数. 在(5.10) 中,令

$$P=u\frac{\partial v}{\partial x},\quad Q=u\frac{\partial v}{\partial y},\quad R=u\frac{\partial v}{\partial z}$$

则

$$\iiint_{\Omega}\left[\frac{\partial}{\partial x}\left(u\frac{\partial v}{\partial x}\right)+\frac{\partial}{\partial y}\left(u\frac{\partial v}{\partial y}\right)+\frac{\partial}{\partial z}\left(u\frac{\partial v}{\partial z}\right)\right]\mathrm{d}\Omega$$
$$=\oiint_{\partial\Omega}\left[u\frac{\partial v}{\partial x}\cos(\boldsymbol{n},x)+u\frac{\partial v}{\partial y}\cos(\boldsymbol{n},y)+u\frac{\partial v}{\partial z}\cos(\boldsymbol{n},z)\right]\mathrm{d}S$$

因为

$$\iiint_{\Omega}\left[\frac{\partial}{\partial x}\left(u\frac{\partial v}{\partial x}\right)+\frac{\partial}{\partial y}\left(u\frac{\partial v}{\partial y}\right)+\frac{\partial}{\partial z}\left(u\frac{\partial v}{\partial z}\right)\right]\mathrm{d}\Omega$$
$$=\iiint_{\Omega}u\left(\frac{\partial^2 v}{\partial x^2}+\frac{\partial^2 v}{\partial y^2}+\frac{\partial^2 v}{\partial z^2}\right)\mathrm{d}\Omega+\iiint_{\Omega}\left(\frac{\partial u}{\partial x}\frac{\partial v}{\partial x}+\frac{\partial u}{\partial y}\frac{\partial v}{\partial y}+\frac{\partial u}{\partial z}\frac{\partial v}{\partial z}\right)\mathrm{d}x\mathrm{d}y\mathrm{d}z$$

所以

$$\iiint_{\Omega}u\Delta v\mathrm{d}\Omega+\iiint_{\Omega}\nabla u\cdot\nabla v\mathrm{d}\Omega=\oiint_{\partial\Omega}u\frac{\partial v}{\partial n}\mathrm{d}S$$

其中,$\nabla u=\left(\frac{\partial}{\partial x}\boldsymbol{i}+\frac{\partial}{\partial y}\boldsymbol{j}+\frac{\partial}{\partial z}\boldsymbol{k}\right)u=\mathbf{grad}u$ 为 u 的梯度.

称

$$\iiint_{\Omega}u\Delta v\mathrm{d}\Omega=\iint_{\partial\Omega}u\frac{\partial v}{\partial n}\mathrm{d}S-\iiint_{\Omega}\nabla u\cdot\nabla v\mathrm{d}\Omega \tag{5.11}$$

为第一 Green 公式. 交换 u,v 的位置,则有

$$\iiint_{\Omega} v\Delta u \mathrm{d}\Omega=\iint_{\partial\Omega} v\frac{\partial u}{\partial n}\mathrm{d}S-\iiint_{\Omega}\nabla v\cdot\nabla u \mathrm{d}\Omega$$

两式相减,我们得到第二 Green 公式

$$\iiint_{\Omega}(u\Delta v-v\Delta u)\mathrm{d}\Omega=\iint_{\partial\Omega}\left(u\frac{\partial v}{\partial n}-v\frac{\partial u}{\partial n}\right)\mathrm{d}S \tag{5.12}$$

由(5.12)我们可推导出调和函数的基本积分表达式.

5.3 调和函数的基本积分表达式和一些基本性质

在三维空间 $\mathbf{R}^3$ 中给定区域 Ω(如图 5.1 所示),设 M_0 为 Ω 中一点,且

$$r=\overline{MM_0}=\sqrt{(x-x_0)^2+(y-y_0)^2+(z-z_0)^2}$$

易证,当 $M\neq M_0$,则$\dfrac{1}{r_{MM_0}}$满足 Laplace 方程,即

$$\Delta\left(\frac{1}{r_{MM_0}}\right)=0$$

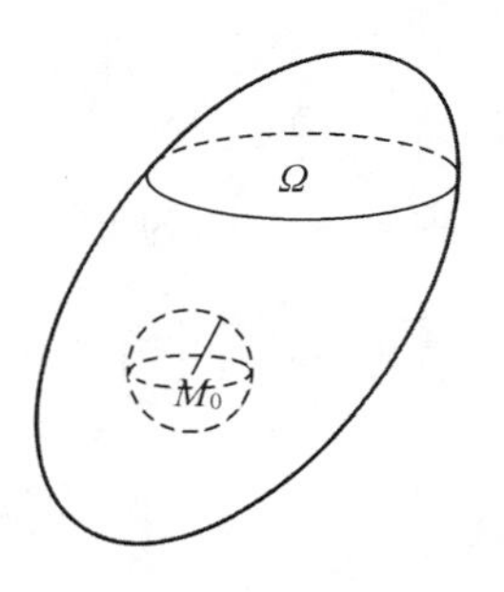

图 5.1

而在$M=M_0$,则为无穷大,即$\dfrac{1}{r_{MM_0}}$在$M=M_0$有奇性. 我们推导调和函数 u 的基本表达式,在第二 Green 公式中令 $v=\dfrac{1}{r_{MM_0}}$,显然这不满足公式中对函数 v 的要求,为此在区域 Ω 中挖去一个以 M_0 为球心,$\varepsilon>0$ 为半径的小球 $B_{M_0}^{\varepsilon}$,记小球面为 $\partial B_{M_0}^{\varepsilon}$ 且全部落在区域 Ω 中. 在区域 $\Omega\backslash B_{M_0}^{\varepsilon}$ 中应用 Green 第二公式,有

$$\iiint_{\Omega\backslash B_{M_0}^{\varepsilon}}\left[u\Delta\left(\frac{1}{r_{MM_0}}\right)-\frac{1}{r_{MM_0}}\Delta u\right]\mathrm{d}\Omega=\oiint_{\partial\Omega\cup\partial B_{M_0}^{\varepsilon}}\left[u\frac{\partial}{\partial n}\left(\frac{1}{r_{MM_0}}\right)-\frac{1}{r_{MM_0}}\frac{\partial u}{\partial n}\right]\mathrm{d}S$$

因为 u 和$\dfrac{1}{r_{MM_0}}$在区域 $\Omega\backslash B_{M_0}^{\varepsilon}$ 中调和,故有

$$\oiint_{\partial\Omega}\left[u\frac{\partial}{\partial n}\left(\frac{1}{r_{MM_0}}\right)-\frac{1}{r_{MM_0}}\frac{\partial u}{\partial n}\right]\mathrm{d}S+\oiint_{\partial B_{M_0}^{\varepsilon}}\left[u\frac{\partial}{\partial n}\left(\frac{1}{r_{MM_0}}\right)-\frac{1}{r_{MM_0}}\frac{\partial u}{\partial n}\right]\mathrm{d}S=0$$

考察

$$\oiint_{\partial B_{M_0}^{\varepsilon}}\left[u\frac{\partial}{\partial n}\left(\frac{1}{r_{MM_0}}\right)-\frac{1}{r_{MM_0}}\frac{\partial u}{\partial n}\right]\mathrm{d}S$$

第一项

$$\oiint_{\partial B_{M_0}^{\varepsilon}}u\frac{\partial}{\partial n}\left(\frac{1}{r_{MM_0}}\right)\mathrm{d}S$$

因为在球面 $\partial B_{M_0}^{\varepsilon}$ 上,有

$$\frac{\partial}{\partial n}\left(\frac{1}{r}\right)=-\frac{\partial\left(\frac{1}{r}\right)}{\partial r}=\frac{1}{r^2}=\frac{1}{\varepsilon^2}$$

所以

$$\oiint_{\partial B_{M_0}^{\varepsilon}} u\frac{\partial}{\partial n}\left(\frac{1}{r_{MM_0}}\right)\mathrm{d}S=\frac{1}{\varepsilon^2}\oiint_{\partial B_{M_0}^{\varepsilon}} u\mathrm{d}S=\frac{1}{\varepsilon^2}\bar{u}4\pi\varepsilon^2=4\pi\bar{u}$$

其中，$\bar{u}$ 是函数 u 在球面 $\partial B_{M_0}^{\varepsilon}$ 上的平均值. 第二项

$$\oiint_{\partial B_{M_0}^{\varepsilon}}\frac{1}{r_{MM_0}}\frac{\partial u}{\partial n}\mathrm{d}S=\frac{1}{\varepsilon}\oiint_{\partial B_{M_0}^{\varepsilon}}\frac{\partial u}{\partial n}\mathrm{d}S=4\pi\varepsilon\left(\frac{\partial\bar{u}}{\partial n}\right)$$

此处 $\left(\frac{\partial\bar{u}}{\partial n}\right)$ 是 $\frac{\partial u}{\partial n}$ 在球面 $\partial B_{M_0}^{\varepsilon}$ 上的平均值. 由此

$$\oiint_{\partial\Omega}\left[u\frac{\partial}{\partial n}\left(\frac{1}{r_{MM_0}}\right)-\frac{1}{r_{MM_0}}\frac{\partial u}{\partial n}\right]\mathrm{d}S+4\pi\bar{u}-4\pi\varepsilon\left(\frac{\partial\bar{u}}{\partial n}\right)=0$$

令 $\varepsilon\to 0$，因为 $u(x,y,z)$ 为连续函数，$\lim\limits_{\varepsilon\to 0}u=u(M_0)$，$u(x,y,z)$ 一阶连续可微，$\frac{\partial u}{\partial n}$ 有界，$\lim\limits_{\varepsilon\to 0}\varepsilon\left(\frac{\partial\bar{u}}{\partial n}\right)=0$，则

$$u(x_0,y_0,z_0)=-\frac{1}{4\pi}\oiint_{\partial\Omega}\left[u\frac{\partial}{\partial n}\left(\frac{1}{r_{MM_0}}\right)-\frac{1}{r_{MM_0}}\frac{\partial u}{\partial n}\right]\mathrm{d}S \tag{5.13}$$

这是调和函数的基本积分表达式，它在区域 Ω 内任何一点 M_0 处的值用其在边界 $\partial\Omega$ 上的函数 u 和法向导数 $\frac{\partial u}{\partial n}$ 的积分表达出来，具有广泛的应用价值，是研究调和函数性质的基础.

类似可证明

$$-\oiint_{\partial\Omega}\left[u\frac{\partial}{\partial n}\left(\frac{1}{r_{MM_0}}\right)-\frac{1}{r_{MM_0}}\frac{\partial u}{\partial n}\right]\mathrm{d}S=\begin{cases}2\pi u(M_0) & (M_0\in\partial\Omega);\\ 0 & (M\notin\partial\Omega)\end{cases}$$

如果 u 在 $\overline{\Omega}$ 上存在连续 1 阶偏导数，且在 Ω 内满足 Poisson 方程 $\Delta u=f$，则从第二 Green 公式可类似证明

$$u(M_0)=-\frac{1}{4\pi}\oiint_{\partial\Omega}\left[u\frac{\partial}{\partial n}\left(\frac{1}{r_{MM_0}}\right)-\frac{1}{r_{MM_0}}\frac{\partial u}{\partial n}\right]\mathrm{d}S-\frac{1}{4\pi}\iiint_{\Omega}\frac{f}{r_{MM_0}}\mathrm{d}\Omega \tag{5.14}$$

称 $v(M,M_0)=\frac{1}{r_{MM_0}}$ 为三维 Laplace 方程的基本解.

可证明二维问题的基本解为

$$v(M,M_0)=\ln\frac{1}{r_{MM_0}}=\ln\frac{1}{\sqrt{(x-x_0)^2+(y-y_0)^2}} \tag{5.15}$$

二维调和函数基本积分公式为

$$u(M_0)=\frac{1}{2\pi}\oint_{\partial\Omega}\left[\ln\frac{1}{r_{MM_0}}\frac{\partial u}{\partial n}-u(M)\frac{\partial}{\partial n}\left(\ln\frac{1}{r_{MM_0}}\right)\right]\mathrm{d}S \tag{5.16}$$

而对 Poisson 方程(5.3)，有

$$u(M_0)=\frac{1}{2\pi}\oint_{\partial\Omega}\left[\ln\frac{1}{r_{MM_0}}\frac{\partial u}{\partial n}-u(M)\frac{\partial}{\partial n}\left(\ln\frac{1}{r_{MM_0}}\right)\right]\mathrm{d}S-\frac{1}{2\pi}\iint_{\Omega}f(M)\ln\frac{1}{r_{MM_0}}\mathrm{d}\Omega \tag{5.17}$$

由格林公式和调和函数的基本积分表达式，我们能推导出调和函数的一些基本性质(以三维调和函数为例).

(1) Neumann 问题有解的必要条件

定理 5.1　设函数 u 在以曲面 $\partial\Omega$ 为边界的区域 Ω 内调和，且 $u\in C^1(\overline{\Omega})$，则

$$\oiint_{\partial\Omega}\frac{\partial u}{\partial n}\mathrm{d}S=0 \tag{5.18}$$

由此 Neumann 内问题

$$\begin{cases}\dfrac{\partial^2 u}{\partial x^2}+\dfrac{\partial^2 u}{\partial y^2}+\dfrac{\partial^2 u}{\partial z^2}=0 \quad ((x,y,z)\in\Omega);\\ \left.\dfrac{\partial u}{\partial n}\right|_{\partial\Omega}=\varphi(x,y,z)\end{cases}$$

有解的必要条件为函数 φ 满足

$$\oiint_{\partial\Omega}\varphi\mathrm{d}S=0 \tag{5.19}$$

证明　在第二Green公式中令 $v=1$，立得(5.18)，由此Neumann问题有解的必要条件为(5.19) 成立.

事实上，这个条件也是 Neumann 问题有解的充分条件，证明见 A. H. 吉诺诺夫和 A. A. 萨乌尔斯基所著《数学物理方程》一书的中册(黄克欧等译，人民教育出版社出版).

(2) 调和函数的平均值定理

定理 5.2　调和函数 u 在其定义域 Ω 内任一点 M_0 的值等于 u 在以 M_0 为球心含于 Ω 中任意球面 $\partial B_{M_0}^R$ 上积分的平均值.

证明　由调和函数基本积分表达式

$$u(M_0)=\frac{1}{4\pi}\oiint_{\partial\Omega}\left[\frac{1}{r}\frac{\partial u}{\partial n}-u\frac{\partial}{\partial n}\left(\frac{1}{r}\right)\right]\mathrm{d}S$$

取 $\partial\Omega$ 为以 M_0 为球心，R 为半径的球面 $\partial B_{M_0}^R$，其全部落在 Ω 之中，由于其外法线方向 $\boldsymbol{n}$ 与半径 r 正向一致，故有

$$u(M_0)=\frac{1}{4\pi}\oiint_{\partial B_{M_0}^R}\left[\frac{1}{R}\frac{\partial u}{\partial n}-u\frac{\partial}{\partial r}\left(\frac{1}{r}\right)\right]\mathrm{d}S$$

因为

$$\oiint\limits_{\partial B_{M_0}^R} \frac{\partial u}{\partial n}\mathrm{d}S = 0$$

所以

$$u(M_0) = \frac{1}{4\pi R^2} \oiint\limits_{\partial B_{M_0}^R} u\mathrm{d}S$$

证毕.

（3）调和函数的极值定理

定理 5.3 有界连通区域 Ω 内的调和函数 u 若在闭区域 $\overline{\Omega}$ 上连续，且不为常数，则此时在边界 $\partial\Omega$ 上取得其最大值和最小值.

证明 用反证法. 设有某调和函数 u 在 Ω 上不为常数，而在 Ω 内某点 M_1 上达到最大值，我们证明 u 在 $\overline{\Omega}$ 上处处取得最大值，故为常数，与假设矛盾.

循此思路，以 M_1 为心，某 ρ_1 为半径做球面 $\partial B_{M_1}^{\rho_1}$，使球体 $B_{M_1}^{\rho_1}$ 完全含在 Ω 内，由于 u 在点 M_1 上取得最大值，故在球面 $\partial B_{M_1}^{\rho_1}$ 上，有

$$u(M)\big|_{M\in\partial B_{M_1}^{\rho_1}} \leqslant u(M_1)$$

今证明上式中不等号不能成立，因为若有一点 $M^1 \in \partial B_{M_1}^{\rho_1}$，使 $u(M^1) < u(M_1)$，则由 u 在 $\overline{\Omega}$ 上连续可知，存在含有点 M^1 的曲面 $S_{M^1} \subset \partial B_{M_1}^{\rho_1}$，使在 S_{M^1} 上有 $u(M) < u(M_1)$，于是

$$\iint\limits_{S_{M^1}} u\mathrm{d}S < u(M_1) \iint\limits_{S_{M^1}} \mathrm{d}S$$

又

$$\iint\limits_{\partial B_{M_1}^{\rho_1} \setminus S_{M^1}} u\mathrm{d}S \leqslant u(M_1) \iint\limits_{\partial B_{M_1}^{\rho_1} \setminus S_{M^1}} \mathrm{d}S$$

而由平均值公式，有

$$\begin{aligned} u(M_1) &= \frac{1}{4\pi\rho_1^2} \iint\limits_{\partial B_{M_1}^{\rho_1}} u\mathrm{d}S = \frac{1}{4\pi\rho_1^2}\left(\iint\limits_{S_{M^1}} u\mathrm{d}S + \iint\limits_{\partial B_{M_1}^{\rho_1} \setminus S_{M^1}} u\mathrm{d}S \right) \\ &< \frac{1}{4\pi\rho_1^2}\left[u(M_1) \iint\limits_{S_{M^1}} \mathrm{d}S + u(M_1) \iint\limits_{\partial B_{M_1}^{\rho_1} \setminus S_{M^1}} \mathrm{d}S \right] \\ &= \frac{1}{4\pi\rho_1^2} u(M_1) \iint\limits_{\partial B_{M_1}^{\rho_1}} \mathrm{d}S \\ &= u(M_1) \end{aligned}$$

这个矛盾说明在 S_{M^1} 上应该处处有 $u(M)=u(M_1)$，由于上述讨论可应用 $\partial B_{M_1}^{\rho_1}$ 所包含的任一同心球面，故在 $\partial B_{M_1}^{\rho_1}$ 所围球体内到处有 $u(M)=u(M_1)$.

现在证明对 $\overline{\Omega}$ 中所有点都成立 u 恒为常数，且等于 $u(M_1)$. 设 P 为 Ω 中任一点（见图 5.2），假定它不在以 M_1 为心的球内，我们用完全在 Ω 内的有限段折线 l 连结 M_1 和 P（假定 Ω 是连通区域），设 d 为 l 到 $\partial\Omega$ 的最小距离，且 $d>0$. 由前所证，$u(M)$ 在以 M_1 为心，$d/2$ 为半径的球体内处处等于 $u(M_1)$，设 M_2 为球面与 l 的交点，则 $u(M_2)=u(M_1)$，所以在以 M_2 为心，$d/2$ 为半径的球体内，处处也有 $u(M)=u(M_1)$. 这样，经过有限次后，P 可包含在以某一点 M_n 为心，$d/2$ 为半径的球体内，因而 $u(P)=u(M_1)$. 因为 P 是 Ω 内任意一点，所以 Ω 中处处有 $u(M)=u(M_1)$，因此若 $u(M)$ 不为常数，则不能在 Ω 内取得最大值，同样可以证明 $u(M)$ 也不能在 Ω 内取得最小值. 这个性质称为调和函数的极值原理.

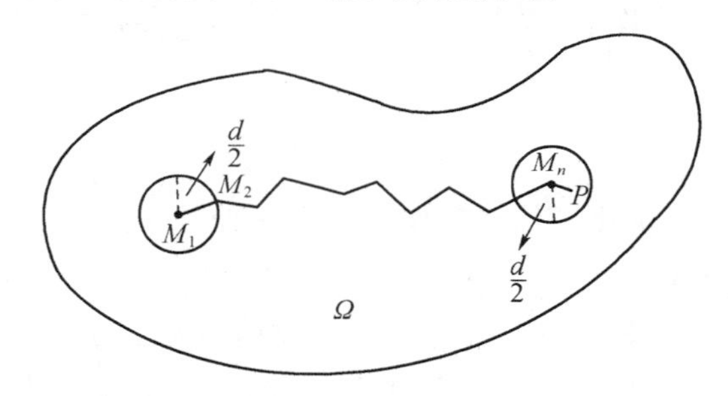

图 5.2

实际问题中，如稳定温度场问题，物体温度分布不可能在内部有最高点和最低点，否则热量要从高温处流向低温处，破坏内部的温度分布平衡状态.

推论 5.1　设在有界区域 Ω 内的调和函数在闭区域 $\overline{\Omega}$ 上连续，如果在 $\partial\Omega$ 上为常数 K，则它在 Ω 内各点的值也为常数 K.

推论 5.2　设在有界区域 Ω 内的两个调和函数在闭区域 $\overline{\Omega}$ 上连续，如果在 $\partial\Omega$ 上取值相等，则在 Ω 内也取值相等.

5.4　Laplace 方程第一边值问题解的唯一性及稳定性

由调和函数的极值定理及推论，我们立刻可建立 Laplace 方程 Dirichlet 问题解的唯一性及对边值条件的连续依赖性（稳定性）.

定理 5.4　Laplace 方程 Dirichlet 内问题解是唯一的.

该定理由上节推论 5.2 立即证得.

定理 5.5　Laplace 方程 Dirichlet 内问题的解连续依赖于边值条件.

证明　u_1,u_2 为两个调和函数，它们在边界 $\partial\Omega$ 上分别取值 φ_1,φ_2，且 $|\varphi_1-\varphi_2|$

$<\varepsilon$,则调和函数 $u=u_1-u_2$ 的边值 $\varphi_1-\varphi_2$ 满足不等式

$$-\varepsilon<\varphi_1-\varphi_2<\varepsilon$$

则由极值原理,在 Ω 内有

$$-\varepsilon<u_1-u_2<\varepsilon$$

即

$$|u_1-u_2|<\varepsilon$$

因此 Laplace 方程 Dirichlet 问题解连续依赖于边值条件,或者说解是稳定的.

对于 Laplace 方程 Dirichlet 外问题(5.9),我们也能使用极值原理证明解的唯一性.

定理 5.6 Laplace 方程 Dirichlet 外问题(5.9) 至多只有一个解.

证明 若(5.9) 有两个解 u_1,u_2,则 $u=u_1-u_2$ 的差满足定解条件

$$\begin{cases}\Delta u=\dfrac{\partial^2 u}{\partial x^2}+\dfrac{\partial^2 u}{\partial y^2}+\dfrac{\partial^2 u}{\partial z^2}=0 \quad ((x,y,z)\in\Omega');\\ u|_{\partial\Omega}=0;\\ \lim\limits_{r\to\infty}\sup\limits_{|OM|=r}|u(M)|=0\end{cases}$$

由 $\lim\limits_{r\to\infty}\sup\limits_{|OM|=r}|u(M)|=0$,则任给 $\varepsilon>0$,存在 $R>0$,则当 $r=AM\geqslant R$(A 为 Ω 中的任何一点)时有 $|u(M)|<\varepsilon$. 以 A 为球心,$r\geqslant R$ 为半径作球面 ∂B_A^r,取 $r\geqslant R$ 相当大,包围区域 Ω,称 $\partial\Omega$ 和 ∂B_A^r 包围的区域为 V(如图5.3 所示),则在有界区域 V 中 u 为调和函数,在边界 ∂V 上,$u|_{\partial\Omega}=0$,$|u(M)|_{\partial B_A^r}<\varepsilon$. 由调和函数极值原理,则对 V 中任何一点 M' 有 $|u(M')|<\varepsilon$,由 ε 任意小和 M' 的任意性,在区域 V 中处处有 $u_1=u_2$,也即在 Ω' 中处处有 $u_1=u_2$. 定理得证.

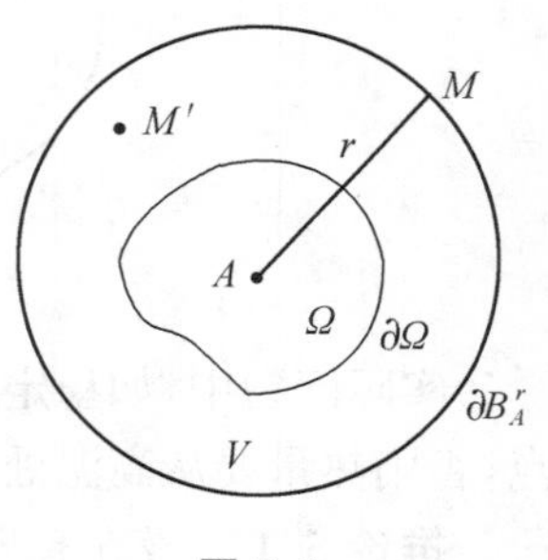

图 5.3

对于二维外问题,虽然在无穷远处的限制比三维情形弱的多,但仍能利用极值原理证明解的唯一性.

类似的可以证明二维和三维无限域调和方程第一边值问题的解的一致稳定性.

5.5 Green 函数、Dirichlet 问题的解

5.5.1 Green 函数的引出

对于在区域 Ω 中调和且在 $\overline{\Omega}$ 上有 1 阶连续偏导数的函数 u,我们有调和函数基

本公式

$$u(M_0)=\frac{1}{4\pi}\iint\limits_{\partial\Omega}\left[\frac{1}{r_{MM_0}}\frac{\partial u}{\partial n}-u\frac{\partial}{\partial n}\left(\frac{1}{r_{MM_0}}\right)\right]\mathrm{d}S_M$$

其中，$M_0(x_0,y_0,z_0)\in\Omega$. 这个公式用函数 u 及其法向导数$\frac{\partial u}{\partial n}$在边界 $\partial\Omega$ 上的值把在区域中任一点 M_0 的函数值表达出来，这自然使我们想到用它来求解边值问题. 由于在公式中需要 u 及$\frac{\partial u}{\partial n}$在 $\partial\Omega$ 上的值，因此不能直接用它来解 Dirichlet 问题或 Neumann 问题. 其原因是如对 Dirichlet 问题，边界 $\partial\Omega$ 上函数值已知，但法向导数值$\left.\frac{\partial u}{\partial n}\right|_{\partial\Omega}$未知，且当边界上函数值给定以后 Laplace 方程解唯一，因此$\left.\frac{\partial u}{\partial n}\right|_{\partial\Omega}$的值不能任意给定，在这种情况下要利用调和函数基本积分表达式求解函数 u 唯一的方法就是想办法在公式中去掉$\frac{\partial u}{\partial n}$这一项，这就引进了 Green 函数的概念.

我们对 Laplace 方程 Dirichlet 问题进一步详细研讨，目的在于在调和函数基本表达式中去掉法向导数这一项.

考虑 Ω 中另一调和函数 v，由第二 Green 公式

$$\iiint\limits_{\Omega}(u\Delta v-v\Delta u)\mathrm{d}\Omega=\iint\limits_{\partial\Omega}\left(u\frac{\partial v}{\partial n}-v\frac{\partial u}{\partial n}\right)\mathrm{d}S$$

u,v 调和，则

$$\oiint\limits_{\partial\Omega}\left(u\frac{\partial v}{\partial n}-v\frac{\partial u}{\partial n}\right)\mathrm{d}S=0$$

为了在调和函数基本公式(5.13)中消去$\frac{\partial u}{\partial n}$这一项，我们令 $v(M)=g(M,M_0)$ 在 Ω 中调和，在边界 $\partial\Omega$ 上 $g(M,M_0)=\frac{1}{4\pi r_{MM_0}}$. 注意到 M_0 是 Ω 中一固定内点，且 $g(M,M_0)$ 仅在边界上取值$\frac{1}{4\pi r_{MM_0}}$，在区域 Ω 中调和，即 $g(M,M_0)$ 为下列第一边值问题

$$\begin{cases}\Delta g=0\quad((x,y,z)\in\Omega);\\ g|_{\partial\Omega}=\dfrac{1}{4\pi r_{MM_0}}\end{cases}\tag{5.20}$$

的解，因此有

$$\iint\limits_{\partial\Omega}\left(u\frac{\partial g}{\partial n}-g\frac{\partial u}{\partial n}\right)\mathrm{d}S=0$$

或者写成

$$\iint\limits_{\partial\Omega}\left(u\frac{\partial g}{\partial n}-\frac{1}{4\pi r_{MM_0}}\frac{\partial u}{\partial n}\right)\mathrm{d}S=0$$

与(5.13)相加,抵消掉$\frac{1}{4\pi r_{MM_0}}\frac{\partial u}{\partial n}$这一项,则有

$$u(M_0)=-\iint_{\partial\Omega} u\frac{\partial}{\partial n}\left[\frac{1}{4\pi r_{MM_0}}-g(M,M_0)\right]\mathrm{d}S$$

记$G(M,M_0)=\frac{1}{4\pi r_{MM_0}}-g(M,M_0)$,则 Laplace 方程 Dirichlet 问题

$$\begin{cases}\frac{\partial^2 u}{\partial x^2}+\frac{\partial^2 u}{\partial y^2}+\frac{\partial^2 u}{\partial z^2}=0 \quad ((x,y,z)\in\Omega);\\ u|_{\partial\Omega}=\varphi(x,y,z)\end{cases}$$

的解有表达式

$$u(M_0)=-\iint_{\partial\Omega} u\frac{\partial G}{\partial n}\mathrm{d}S=-\iint_{\partial\Omega}\varphi\frac{\partial G}{\partial n}\mathrm{d}S \tag{5.21}$$

其中,$G(M,M_0)=\frac{1}{4\pi r_{MM_0}}-g(M,M_0)$称为 Laplace 方程 Dirichlet 问题 Green 函数.

5.5.2 Green 函数的基本性质

下面给出 Green 函数的定义及基本性质.

定义 5.1 若在区域Ω内函数$G(M,M_0)$具有下列性质:

(1) 除点$M=M_0$外,G作为M的函数,在Ω中满足方程$\Delta G=0$;

(2) G作为M的函数满足边值条件$G|_{\partial\Omega}=0$;

(3) 在Ω中G可以表示为

$$G(M,M_0)=\frac{1}{4\pi r_{MM_0}}-g(M,M_0)$$

其中

$$r_{MM_0}=\left[(x-x_0)^2+(y-y_0)^2+(z-z_0)^2\right]^{\frac{1}{2}}$$

而$g(M,M_0)$在区域Ω中调和,即为下列 Dirichlet 问题之解:

$$\begin{cases}\Delta g(M,M_0)=0 \quad (M\in\Omega),\\ g|_{M\in\partial\Omega}=\frac{1}{4\pi r_{MM_0}}\end{cases}$$

则$G(M,M_0)$为 Laplace 第一边值问题的 Green 函数或称 Green 函数.

因此有下面的定理.

定理 5.6′ 边值问题(5.6)的解,用 Green 函数表示为(5.21).

定理 5.7 Possion 方程第一边值问题

$$\begin{cases}\frac{\partial^2 u}{\partial x^2}+\frac{\partial^2 u}{\partial y^2}+\frac{\partial^2 u}{\partial z^2}=-f(x,y,z) \quad ((x,y,z)\in\Omega);\\ u|_{\partial\Omega}=0\end{cases}$$

的解用 Green 函数 G 可表示为

$$u(M_0) = \iiint_{\Omega} G(M, M_0) f(M) \mathrm{d}\Omega \tag{5.22}$$

证明　如图 5.1 所示，从 Ω 中挖去以 M_0 为球心，ε 为半径的球 $B_{M_0}^{\varepsilon}$，则有 Green 公式

$$\iiint_{\Omega \setminus B_{M_0}^{\varepsilon}} (u\Delta G - G\Delta u) \mathrm{d}\Omega = \iint_{\partial\Omega \cup \partial B_{M_0}^{\varepsilon}} \left(u \frac{\partial G}{\partial n} - G \frac{\partial u}{\partial n}\right) \mathrm{d}S$$

由边值条件及 $G(M, M_0)$ 的性质，则

$$\text{左端} = \iiint_{\Omega \setminus B_{M_0}^{\varepsilon}} Gf \mathrm{d}\Omega$$

$$\text{右端} = \iint_{\partial B_{M_0}^{\varepsilon}} \left(u \frac{\partial G}{\partial n} - G \frac{\partial u}{\partial n}\right) \mathrm{d}S$$

右端式中第一项

$$\iint_{\partial B_{M_0}^{\varepsilon}} u \frac{\partial G}{\partial n} \mathrm{d}S = \iint_{\partial B_{M_0}^{\varepsilon}} u \frac{\partial}{\partial n}\left(\frac{1}{4\pi r_{MM_0}} - g(M, M_0)\right) \mathrm{d}S$$

$$= u^* + 4\pi\varepsilon^2 \left(u \frac{\partial g(M, M_0)}{\partial r}\right)^*$$

其中，u^* 和 $\left(u \frac{\partial g(M, M_0)}{\partial r}\right)^*$ 为 $\partial B_{M_0}^{\varepsilon}$ 上的均值. 当 $\varepsilon \to 0$，上式右边第一项极限为 $u(M_0)$，第二项极限为 0.

右端式中第二项

$$\iint_{\partial B_{M_0}^{\varepsilon}} G \frac{\partial u}{\partial n} \mathrm{d}S = \iint_{\partial B_{M_0}^{\varepsilon}} \left(\frac{1}{4\pi r_{MM_0}} - g\right) \frac{\partial u}{\partial n} \mathrm{d}S$$

其中

$$\text{第一项} = \frac{1}{4\pi\varepsilon} \iint_{\partial B_{M_0}^{\varepsilon}} \frac{\partial u}{\partial n} \mathrm{d}S = 0$$

$$\text{第二项} = \iint_{\partial B_{M_0}^{\varepsilon}} g \frac{\partial u}{\partial n} \mathrm{d}S = \left(g \frac{\partial u}{\partial n}\right)^* 4\pi\varepsilon^2 \xrightarrow{\varepsilon \to 0} 0$$

由此 $\varepsilon \to 0$，则有

$$\iiint_{\Omega} Gf \mathrm{d}\Omega = u(M_0)$$

即

$$u(x_0, y_0, z_0) = \iiint_{\Omega} G(M, M_0) f(M) \mathrm{d}\Omega_M$$

定理得证.

可证明 Green 函数的互易性 $G(M,M_0)=G(M_0,M)$，则(5.22) 亦可表示为

$$u(M)=\iiint_{\Omega}G(M,M_0)f(M_0)\mathrm{d}\Omega_{M_0}$$

由上述两定理，可得 Poisson 方程 Dirichlet 问题

$$\begin{cases}\Delta u=-f(x,y,z) & ((x,y,z)\in\Omega);\\ u|_{\partial\Omega}=\varphi(x,y,z)\end{cases}$$

的解的表达式为

$$u(M_0)=-\iint_{\partial\Omega}\varphi(M)\frac{\partial G(M,M_0)}{\partial n}\mathrm{d}S_M+\iiint_{\Omega}G(M,M_0)f(M)\mathrm{d}\Omega_M \tag{5.23}$$

我们还可建立下面的定理.

定理 5.8 若 $G(M,M_0)$ 为 Laplace 方程第一边值问题的 Green 函数，则

$$\oiint_{\partial\Omega}\frac{\partial G(M,M_0)}{\partial n}\mathrm{d}S=-1$$

证明 利用第二 Green 公式(5.12)，考虑到点 $G(M,M_0)$ 在 M_0 点有奇性，因此在 Ω 中挖去球 $B_{M_0}^{\varepsilon}$，则有

$$\iiint_{\Omega\backslash B_{M_0}^{\varepsilon}}(v\Delta G-G\Delta v)\mathrm{d}\Omega=\oiint_{\partial\Omega\cup\partial B_{M_0}^{\varepsilon}}\left(v\frac{\partial G}{\partial n}-G\frac{\partial v}{\partial n}\right)\mathrm{d}S$$

令 $v=1$，则

$$\oiint_{\partial\Omega\cup\partial B_{M_0}^{\varepsilon}}\frac{\partial G}{\partial n}\mathrm{d}S=0,\quad \oiint_{\partial\Omega}\frac{\partial G}{\partial n}\mathrm{d}S=-\oiint_{\partial B_{M_0}^{\varepsilon}}\frac{\partial G}{\partial n}\mathrm{d}S$$

右端

$$\oiint_{\partial B_{M_0}^{\varepsilon}}\frac{\partial G}{\partial n}\mathrm{d}S=\oiint_{\partial B_{M_0}^{\varepsilon}}\frac{\partial}{\partial n}\left[\frac{1}{4\pi r_{MM_0}}-g(M,M_0)\right]\mathrm{d}S$$

因为

$$\oiint_{\partial B_{M_0}^{\varepsilon}}\frac{\partial}{\partial n}\left(\frac{1}{4\pi r_{MM_0}}\right)\mathrm{d}S=-\oiint_{\partial B_{M_0}^{\varepsilon}}\frac{\partial}{\partial r}\left(\frac{1}{4\pi r_{MM_0}}\right)\mathrm{d}S=1$$

$$\oiint_{\partial B_{M_0}^{\varepsilon}}\frac{\partial g}{\partial n}\mathrm{d}S=0$$

所以有

$$\oiint_{\partial B_{M_0}^{\varepsilon}}\frac{\partial G}{\partial n}\mathrm{d}S=1,\qquad \oiint_{\partial\Omega}\frac{\partial G}{\partial n}\mathrm{d}S=-1 \tag{5.24}$$

定理 5.9(Green 函数互易性定理) Green 函数关于 M 和 M_0 两点对称，即有

$$G(M,M_0)=G(M_0,M)$$

证明　设 $G(M,M_1)$，$G(M,M_2)$ 为两个 Green 函数，它们分别以 M_1，M_2 为奇点，在区域 Ω 中对它们使用第二 Green 公式，为此在 Ω 中挖去以 M_1，M_2 为球心，ε 为半径的球 $B_{M_1}^{\varepsilon}$，$B_{M_2}^{\varepsilon}$，则在区域 $\Omega\backslash(B_{M_1}^{\varepsilon}\cup B_{M_2}^{\varepsilon})$ 中利用第二 Green 公式，有

$$\iiint\limits_{\Omega\backslash(B_{M_1}^{\varepsilon}\cup B_{M_2}^{\varepsilon})}[G(M,M_1)\Delta G(M,M_2)-G(M,M_2)\Delta G(M,M_1)]\mathrm{d}\Omega$$

$$=\oiint\limits_{\partial\Omega\cup\partial B_{M_1}^{\varepsilon}\cup\partial B_{M_2}^{\varepsilon}}\left[G(M,M_1)\frac{\partial G(M,M_2)}{\partial n}-G(M,M_2)\frac{\partial G(M,M_1)}{\partial n}\right]\mathrm{d}S$$

由在区域 $\Omega\backslash(B_{M_1}^{\varepsilon}\cup B_{M_2}^{\varepsilon})$ 中 $G(M,M_1)$，$G(M,M_2)$ 调和，在 $\partial\Omega$ 上

$$G(M,M_1)=0,\qquad G(M,M_2)=0$$

因此，得

$$\oiint\limits_{\partial B_{M_1}^{\varepsilon}\cup\partial B_{M_2}^{\varepsilon}}\left[G(M,M_1)\frac{\partial G(M,M_2)}{\partial n}-G(M,M_2)\frac{\partial G(M,M_1)}{\partial n}\right]\mathrm{d}S=0$$

考虑

$$\oiint\limits_{\partial B_{M_1}^{\varepsilon}}\left[G(M,M_1)\frac{\partial G(M,M_2)}{\partial n}-G(M,M_2)\frac{\partial G(M,M_1)}{\partial n}\right]\mathrm{d}S$$

第一项

$$\oiint\limits_{\partial B_{M_1}^{\varepsilon}}G(M,M_1)\frac{\partial G(M,M_2)}{\partial n}\mathrm{d}S$$

$$=\oiint\limits_{\partial B_{M_1}^{\varepsilon}}\left[\left(\frac{1}{4\pi r_{MM_1}}-g(M,M_1)\right)\frac{\partial G(M,M_2)}{\partial n}\right]\mathrm{d}S$$

$$=\frac{1}{4\pi\varepsilon}\oiint\limits_{\partial B_{M_1}^{\varepsilon}}\frac{\partial G(M,M_2)}{\partial n}\mathrm{d}S-\left(g(M,M_1)\frac{\partial G(M,M_2)}{\partial n}\right)^{*}4\pi\varepsilon^2\xrightarrow{\varepsilon\to0}0$$

第二项

$$\oiint\limits_{\partial B_{M_1}^{\varepsilon}}G(M,M_2)\frac{\partial G(M,M_1)}{\partial n}\mathrm{d}S$$

$$=\oiint\limits_{\partial B_{M_1}^{\varepsilon}}G(M,M_2)\frac{\partial}{\partial n}\left(\frac{1}{4\pi r_{MM_1}}-g(M,M_1)\right)\mathrm{d}S$$

$$=\oiint\limits_{\partial B_{M_1}^{\varepsilon}}G(M,M_2)\frac{1}{4\pi r_{MM_1}^2}\mathrm{d}S-\left(G(M,M_2)\frac{\partial g(M,M_1)}{\partial n}\right)^{*}4\pi\varepsilon^2\xrightarrow{\varepsilon\to0}G(M_1,M_2)$$

所以

$$\oiint_{\partial B_{M_1}^{\varepsilon}} \left[G(M,M_1)\frac{\partial G(M,M_2)}{\partial n} - G(M,M_2)\frac{\partial G(M,M_1)}{\partial n}\right]\mathrm{d}S \xrightarrow{\varepsilon\to 0} -G(M_1,M_2)$$

同理

$$\oiint_{\partial B_{M_2}^{\varepsilon}} \left[G(M,M_1)\frac{\partial G(M,M_2)}{\partial n} - G(M,M_2)\frac{\partial G(M,M_1)}{\partial n}\right]\mathrm{d}S \xrightarrow{\varepsilon\to 0} G(M_2,M_1)$$

则

$$-G(M_1,M_2)+G(M_2,M_1)=0$$

即

$$G(M_1,M_2)=G(M_2,M_1) \tag{5.25}$$

5.5.3 特殊区域的 Green 函数、静电源像法

由前面分析可知，求解 Laplace 方程和 Possion 方程 Dirichlet 问题的解归结为 Green 函数 $G(M,M_0)$ 的确定，有

$$G(M,M_0)=\frac{1}{4\pi r_{MM_0}}-g(M,M_0)$$

其中，g 是问题

$$\begin{cases}\dfrac{\partial^2 g}{\partial x^2}+\dfrac{\partial^2 g}{\partial y^2}+\dfrac{\partial^2 g}{\partial z^2}=0 \quad ((x,y,z)\in\Omega); \\ g|_{\partial\Omega}=\dfrac{1}{4\pi r_{MM_0}}\end{cases} \tag{5.26}$$

的解. 这是一个 Laplace 方程 Dirichlet 问题，因此确定 Green 函数仍是一个困难问题. 我们不能对一般区域求出它，但因 Green 函数只与区域有关，而与原来定解问题中的非齐次项、边界条件都无关，只要求得了某个区域的 Green 函数，则由公式(5.23)便解决了所有的这个区域上的 Dirichlet 边值问题，这使对固定区域求出 Green 函数具有重要意义. 另一方面，对某些特殊区域，如球、半空间等上的 Green 函数可用初等方法求得.

本节介绍构造 Green 函数的静电源像法或称为镜像法，其出发点是按静电学原理，在 $M_0(\in\Omega)$ 点设置单位正电荷，则在点产生的电位为 $\dfrac{1}{4\pi r_{MM_0}}$. ①

设想在 Ω 外适当选取点 M_1(M_0 点关于边界 $\partial\Omega$ 的像点)，其上安置 q 单位的负电荷，它在 M 点产生的负电位为

$$\frac{-q}{4\pi r_{MM_1}}$$

① 在理化单位中，这个电位应为 $\dfrac{1}{4\pi\varepsilon r_{MM_0}}$. 这里为方便起见，取介电系数 $\varepsilon=1$.

因此 M_0 点及其像点在 M 点产生的总电位为

$$v(M,M_0)=\frac{1}{4\pi r_{MM_0}}-\frac{q}{4\pi r_{MM_1}}$$

其中，$\frac{q}{4\pi r_{MM_1}}$ 在 Ω 中调和. 适当选取 q 和像点，使

$$v(M,M_0)\mid_{\partial\Omega}=0$$

实际上就确定了调和函数

$$g(M,M_0)=\frac{q}{4\pi r_{MM_1}}$$

及 Green 函数

$$G(M,M_0)=v(M,M_0)$$

5.5.3.1 球域的 Green 函数及 Dirichlet 问题的解

设区域 Ω 为球心在原点，半径为 R 的球 $B:x^2+y^2+z^2\leqslant R^2$，任取球内一点 $M_0(x_0,y_0,z_0)$，在 M_0 点放置一单位正电荷，在半射线 OM_0 上截线段 OM_1 使 $\rho_0\rho_1=R^2$，其中 $\rho_0=OM_0$，$\rho_1=OM_1$. 称点 M_1 为 M_0 关于球面 ∂B 的反演点或镜像点. 在 M_1 上设置 q 单位的负电荷，则这两个电荷在 M 点产生的电位为

$$\frac{1}{4\pi r_{MM_0}}-\frac{q}{4\pi r_{MM_1}}=\frac{1}{4\pi}\left(\frac{1}{r_{MM_0}}-\frac{q}{r_{MM_1}}\right)$$

适当选择 q，使当 $M=P\in\partial B$，则上式为 0(如图 5.4 所示).

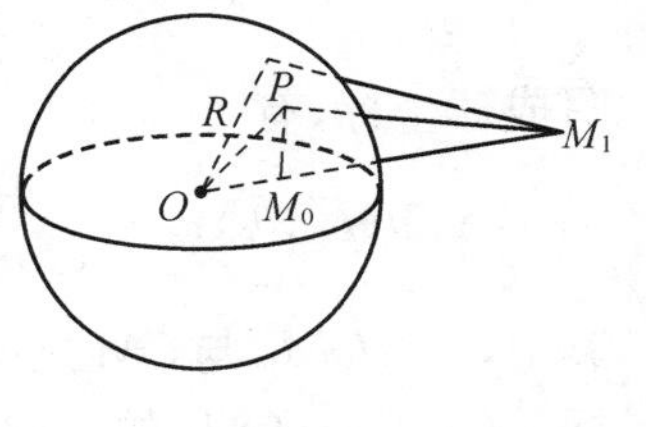

图 5.4

考虑 $\triangle OPM_0$ 与 $\triangle OM_1P$，由于公共角及夹此角的两边成比例，即$\frac{OM_0}{R}=\frac{R}{OM_1}$，故$\triangle OPM_0\backsim\triangle OM_1P$，则

$$\frac{r_{PM_0}}{r_{PM_1}}=\frac{OM_0}{R}$$

取 $q=\frac{r_{PM_1}}{r_{PM_0}}=\frac{R}{OM_0}$，因此

$$\begin{aligned}G(M,M_0)&=\frac{1}{4\pi r_{MM_0}}-\frac{R}{4\pi r_{OM_0}r_{MM_1}}=\frac{1}{4\pi}\left(\frac{1}{r_{MM_0}}-\frac{R}{r_{OM_0}r_{MM_1}}\right)\\&=\frac{1}{4\pi}\left(\frac{1}{\sqrt{(OM)^2+\rho_0^2-2(OM)\rho_0\cos\gamma}}\right.\\&\qquad\left.-\frac{R}{\rho_0\sqrt{(OM)^2+\rho_1^2-2(OM)\rho_1\cos\gamma}}\right)\end{aligned}$$

其中，γ 是 OM 与 ρ_0 之间的夹角，$\rho_0\rho_1=R^2$. 令 $OM=\rho$，则

$$G(M,M_0)=\frac{1}{4\pi}\left(\frac{1}{\sqrt{\rho^2+\rho_0^2-2\rho\rho_0\cos\gamma}}-\frac{R}{\sqrt{R^4+\rho^2\rho_0^2-2R^2\rho\rho_0\cos\gamma}}\right) \tag{5.27}$$

为球域的 Green 函数.

现在利用 Green 函数 G 求 Dirichlet 问题

$$\begin{cases}\Delta u=\dfrac{\partial^2 u}{\partial x^2}+\dfrac{\partial^2 u}{\partial y^2}+\dfrac{\partial^2 u}{\partial z^2}=0 & (x^2+y^2+z^2<R^2);\\ u|_{\partial\Omega}=\varphi(x,y,z) & (x^2+y^2+z^2=R^2)\end{cases} \tag{5.28}$$

的解. 由

$$u(M_0)=-\oiint_{\partial\Omega}\varphi\frac{\partial G}{\partial n}\mathrm{d}S \tag{5.21}$$

在球面 $x^2+y^2+z^2=R^2$ 上,有

$$\begin{aligned}\left.\frac{\partial G}{\partial n}\right|_{\rho=R}&=\left.\frac{\partial G}{\partial\rho}\right|_{\rho=R}\\ &=-\frac{1}{4\pi}\left[\frac{R-\rho_0\cos\gamma}{(R^2+\rho_0^2-2R\rho_0\cos\gamma)^{\frac{3}{2}}}-\frac{\rho_0^2-R\rho_0\cos\gamma}{R(R^2+\rho_0^2-2R\rho_0\cos\gamma)^{\frac{3}{2}}}\right]\\ &=-\frac{1}{4\pi R}\left[\frac{R^2-\rho_0^2}{(R^2+\rho_0^2-2R\rho_0\cos\gamma)^{\frac{3}{2}}}\right]\end{aligned}$$

由此

$$u(M_0)=\oiint_{\partial\Omega}\varphi(M)\frac{1}{4\pi R}\left[\frac{R^2-\rho_0^2}{(R^2+\rho_0^2-2R\rho_0\cos\gamma)^{\frac{3}{2}}}\right]\mathrm{d}S \tag{5.29}$$

写成球坐标,有

$$u(\rho_0,\theta_0,\varphi_0)=\frac{R}{4\pi}\int_0^{2\pi}\int_0^{\pi}\varphi(R,\theta,\varphi)\frac{R^2-\rho_0^2}{(R^2+\rho_0^2-2R\rho_0\cos\alpha)^{\frac{3}{2}}}\sin\theta\mathrm{d}\theta\mathrm{d}\varphi \tag{5.30}$$

其中,γ 为 OM_0 与 OM 之间的夹角. 因为 M_0 点的球坐标是 $(\rho_0,\theta_0,\varphi_0)$,$M$ 点的球坐标是 (ρ,θ,φ),OM_0 的方向余弦为 $(\sin\theta_0\cos\varphi_0,\sin\theta_0\sin\varphi_0,\cos\theta_0)$,$OM$ 的方向余弦为 $(\sin\theta\cos\varphi,\sin\theta\sin\varphi,\cos\theta)$,所以

$$\begin{aligned}\cos\gamma&=\sin\theta_0\cos\varphi_0\sin\theta\cos\varphi+\sin\theta_0\sin\varphi_0\sin\theta\sin\varphi+\cos\theta\cos\theta_0\\ &=\sin\theta\sin\theta_0\cos(\varphi-\varphi_0)+\cos\theta\cos\theta_0\end{aligned}$$

(5.29),(5.30) 称为球的 Poisson 公式.

显然,(5.29) 仅是球域 Dirichlet 问题的形式解,需要综合过程,证明在一定条件下为古典解.

定理 5.10 设 $\varphi\in C^0(\partial B_0^R)$,则定解问题(5.28) 的解由 Poisson 公式(5.29) 或(5.30) 给出.

证明 为了证明(5.30) 中的积分是 M_0 的调和函数,只需证明对于固定点 M,公式

$$\frac{R^2-\rho_0^2}{(R^2+\rho_0^2-2R\rho_0\cos\gamma)^{\frac{3}{2}}}=\frac{R^2-\rho_0^2}{r^3}$$

是 M_0 的调和函数. 引进新的坐标系，以点 M 为坐标原点，由 M 到 O 的方向为 Z' 轴，记 $\theta'=\angle OMM_0$，这时 $\rho_0^2=R^2+r^2-2Rr\cos\theta'$，于是

$$\frac{R^2-\rho_0^2}{r^3}=\frac{2Rr\cos\theta'-r^2}{r^3}$$

把它代入新球面坐标系的 Laplace 方程，经计算立刻得到上述公式是点 M_0 的调和函数. 因此，若 φ 是 $x^2+y^2+z^2=R^2$ 上的连续函数，则(5.29)或(5.30)右端积分是定义在 $x^2+y^2+z^2<R^2$ 上的调和函数.

下一步证明，对于 $\partial\Omega$：$x^2+y^2+z^2=R^2$ 上任一点 Q，有 $\lim\limits_{M_0\to Q}u(M_0)=\varphi(Q)$. 由 Green 函数性质和定理 5.8 有 $\oiint\limits_{\partial\Omega}\frac{\partial G(M,M_0)}{\partial n}\mathrm{d}S=-1$，即在球面 $\partial\Omega$ 上，有

$$\frac{1}{4\pi R}\oiint\limits_{\partial\Omega}\frac{R^2-\rho_0^2}{(R^2+\rho_0^2-2R\rho_0\cos\gamma)^{\frac{3}{2}}}\mathrm{d}S_M=1$$

因此

$$u(M_0)-\varphi(Q)=\frac{1}{4\pi R}\oiint\limits_{\partial\Omega}\varphi(M)\frac{R^2-\rho_0^2}{(R^2+\rho_0^2-2R\rho_0\cos\gamma)^{\frac{3}{2}}}\mathrm{d}S_M-\frac{1}{4\pi R}\oiint\limits_{\partial\Omega}\varphi(Q)\frac{R^2-\rho_0^2}{(R^2+\rho_0^2-2R\rho_0\cos\gamma)^{\frac{3}{2}}}\mathrm{d}S_M$$

$$|u(M_0)-\varphi(Q)|\leqslant\frac{1}{4\pi R}\oiint\limits_{\partial\Omega}|\varphi(M)-\varphi(Q)|\frac{R^2-\rho_0^2}{(R^2+\rho_0^2-2R\rho_0\cos\gamma)^{\frac{3}{2}}}\mathrm{d}S_M$$

以 Q 为球心，δ 为半径作一小球 B_Q^δ，则

$$|u(M_0)-\varphi(Q)|\leqslant\frac{1}{4\pi R}\Big[\oiint\limits_{\partial\Omega\cap B_Q^\delta}|\varphi(M)-\varphi(Q)|\frac{R^2-\rho_0^2}{(R^2+\rho_0^2-2R\rho_0\cos\gamma)^{\frac{3}{2}}}\mathrm{d}S_M+\oiint\limits_{\partial\Omega\setminus B_Q^\delta}|\varphi(M)-\varphi(Q)|\frac{R^2-\rho_0^2}{(R^2+\rho_0^2-2R\rho_0\cos\gamma)^{\frac{3}{2}}}\mathrm{d}S_M\Big]$$

由于 $\varphi(M)$ 在 $\partial\Omega$ 上连续，因此对于任给的 ε，总可以取 δ 充分小，使得在 $\partial\Omega\cap B_Q^\delta$ 上 $|\varphi(M)-\varphi(Q)|<\frac{\varepsilon}{2}$，因此有

$$\frac{1}{4\pi R}\oiint\limits_{\partial\Omega\cap B_Q^\delta}|\varphi(M)-\varphi(Q)|\frac{R^2-\rho_0^2}{(R^2+\rho_0^2-2R\rho_0\cos\gamma)^{\frac{3}{2}}}\mathrm{d}S_M<\frac{\varepsilon}{2}$$

对于这样确定的 δ，当 M 在 $\partial\Omega\setminus B_Q^\delta$ 中，由 $\varphi(M)$ 的连续性，从而 $|\varphi(M)-\varphi(Q)|$ 有界，积分 $\oiint\limits_{\partial\Omega\setminus B_Q^\delta}|\varphi(M)-\varphi(Q)|\frac{R^2-\rho_0^2}{(R^2+\rho_0^2-2R\rho_0\cos\gamma)^{\frac{3}{2}}}\mathrm{d}S_M$，当 M_0 落在 B_Q^δ 中无奇性，

而$|\rho_0-R|<\delta$,因此有

$$\iint_{\partial\Omega\backslash B_Q^\delta}|\varphi(M)-\varphi(Q)|\frac{R^2-\rho_0^2}{(R^2+\rho_0^2-2R\rho_0\cos\gamma)^{\frac{3}{2}}}\mathrm{d}S_M<\frac{\varepsilon}{2}$$

即

$$|u(M_0)-\varphi(Q)|<\varepsilon$$
$$\lim_{M_0\to Q}u(M_0)=u(Q)$$

所以定解问题(5.28)的解由(5.29)或(5.30)给出.定理得证.

在 Poisson 公式中,令 $M_0(0,0,0)$ 为球心,则

$$u(0,0,0)=\oiint_{\partial\Omega}\varphi(M)\frac{1}{4\pi R}\frac{R^2}{R^3}\mathrm{d}S_M=\frac{1}{4\pi R^2}\oiint_{\partial\Omega}\varphi(M)\mathrm{d}S_M$$

这就是调和函数的平均值定理 5.2.

5.5.3.2 半空间的 Green 函数及 Dirichlet 问题的解

设 $u(M)=u(x,y,z)$ 是一调和函数,令 $\rho=\sqrt{x^2+y^2+z^2}$,如果它满足下列条件:当 $\rho\geqslant\rho_0$,存在某一常数 A,使 $|u|<\frac{A}{\rho}$, $\left|\frac{\partial u}{\partial x}\right|<\frac{A}{\rho^2}$, $\left|\frac{\partial u}{\partial y}\right|<\frac{A}{\rho^2}$, $\left|\frac{\partial u}{\partial z}\right|<\frac{A}{\rho^2}$,则称 u 在无穷远处是正则的.

如果所考虑的函数在无穷远处正则,那么 Green 函数的概念和求解 Dirichlet 问题解的公式(5.23)也成立,现在求半空间 $z>0$ 的 Green 函数.

现在点 $M_0(x_0,y_0,z_0)$ 处放置一单位正电荷,则它在无界区域内形成电场,且在 M 点产生的电位为$\frac{1}{4\pi r_{MM_0}}$.针对求 $z>0$ 上半空间的 Green 函数,若我们在点 $M_1(x_0,y_0,-z_0)$ 处设置单位负电荷,其在 M 点产生的电位为 $-\frac{1}{4\pi r_{MM_1}}$(如图 5.5 所示).

M_1 点为 M_0 点关于 $z=0$ 的像点,M_1 和 M_0 两点在 M 点产生的总电位为

$$G(M,M_0)=\frac{1}{4\pi r_{MM_0}}-\frac{1}{4\pi r_{MM_1}}$$

在 $z=0$,上式为0;在 $z>0$,$g=\frac{1}{4\pi r_{MM_1}}$ 为调和函数.因此,$G(M,M_0)$ 为关于半空间 $z>0$ 域的Green函数.

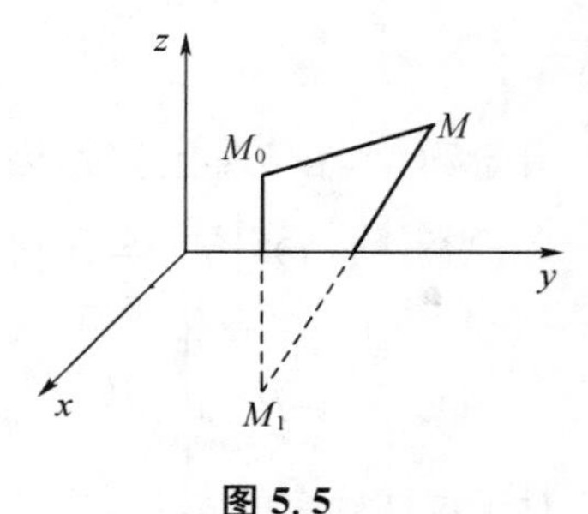

图 5.5

而这时半空间 Laplace 方程 Dirichlet 问题

$$\begin{cases}\Delta u=0\quad(z>0);\\ u|_{z=0}=\varphi(x,y)\end{cases}\tag{5.31}$$

的解

$$u(M_0)=-\iint\limits_{z=0}\varphi\frac{\partial G}{\partial n}\mathrm{d}S$$

$$\begin{aligned}\left.\frac{\partial G}{\partial n}\right|_{z=0}&=-\frac{1}{4\pi}\frac{\partial}{\partial z}\Big[\frac{1}{\sqrt{(x-x_0)^2+(y-y_0)^2+(z-z_0)^2}}\\&\quad\left.-\frac{1}{\sqrt{(x-x_0)^2+(y-y_0)^2+(z+z_0)^2}}\Big]\right|_{z=0}\\&=-\frac{z_0}{2\pi[(x-x_0)^2+(y-y_0)^2+z_0^2]^{\frac{3}{2}}}\end{aligned}$$

因此 Dirichlet 问题(5.30)的解为

$$u(x_0,y_0,z_0)=\frac{1}{2\pi}\int_{-\infty}^{\infty}\int_{-\infty}^{\infty}\frac{z_0\varphi(x,y)}{[(x-x_0)^2+(y-y_0)^2+z_0^2]^{\frac{3}{2}}}\mathrm{d}x\mathrm{d}y \quad (5.32)$$

5.5.3.3 二维问题

考虑二维区域 Ω 的 Possion 方程 Dirichlet 问题

$$\begin{cases}\Delta u=\dfrac{\partial^2 u}{\partial x^2}+\dfrac{\partial^2 u}{\partial y^2}=-f(x,y) \quad ((x,y)\in\Omega);\\ u|_{\partial\Omega}=\varphi\end{cases}$$

完全类似三维的情形(5.23)的推导,有解的表达式

$$u(M_0)=-\oint\limits_{\partial\Omega}\varphi(M)\frac{\partial G(M,M_0)}{\partial n}\mathrm{d}S_M+\iint\limits_{\Omega}G(M,M_0)f(M)\mathrm{d}\Omega_M$$

其中,$G(M,M_0)$ 为相应的格林函数,即

$$G(M,M_0)=\frac{1}{2\pi}\ln\frac{1}{r_{MM_0}}-g(M,M_0) \quad (5.33)$$

式中

$$r_{MM_0}=\sqrt{(x-x_0)^2+(y-y_0)^2}$$

而 g 为调和函数,为下列 Dirichlet 问题

$$\begin{cases}\Delta g=0 \quad ((x,y)\in\Omega);\\ g(M,M_0)|_{\partial\Omega}=\dfrac{1}{2\pi}\ln\dfrac{1}{r_{MM_0}}\end{cases} \quad (5.34)$$

的解.类似于球域,关于圆域 $x^2+y^2\leqslant R^2$,我们应用静电源像法求得 Green 函数 $G(M,M_0)$ 的表达式为

$$\begin{aligned}G(M,M_0)=\frac{1}{2\pi}\Big(&\ln\frac{1}{\sqrt{\rho_0^2+\rho^2-2\rho_0\rho\cos(\theta-\theta_0)}}\\&-\ln\frac{R}{\rho_0\sqrt{\rho_1^2+\rho^2-2\rho_1\rho\cos(\theta-\theta_0)}}\Big)\end{aligned} \quad (5.35)$$

其中，$\rho_0 = OM_0$，$\rho_1 = OM_1$，$\rho = OM$，$\rho_0\rho_1 = R^2$（如图 5.6 所示）.

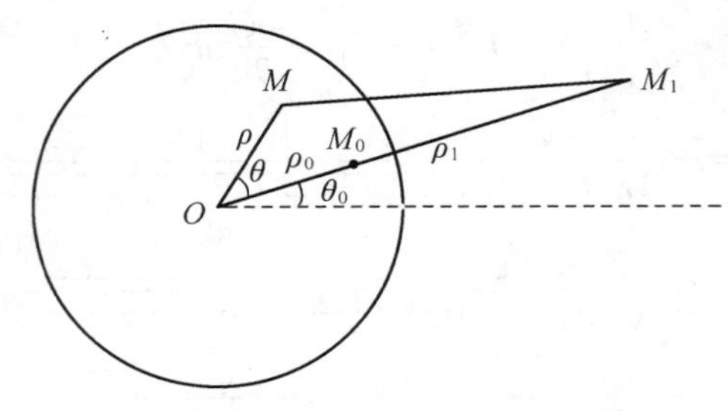

图 5.6

利用关于圆域的 Green 函数(5.35)，我们可得 Dirichlet 问题

$$\begin{cases}\Delta u = 0 \quad (x^2 + y^2 < R^2); \\ u|_{x^2+y^2=R^2} = \varphi(x,y)\end{cases}$$

的解

$$u(\rho_0,\theta_0) = -\oint_{\partial\Omega} \frac{\partial G}{\partial n}\varphi(M)\mathrm{d}S_M \tag{5.36}$$

当 M 在边界 $x^2 + y^2 = R^2$ 上，有

$$\left.\frac{\partial G}{\partial n}\right|_{\rho=R} = -\frac{1}{2\pi R}\left(\frac{R^2 - \rho_0^2}{R^2 - 2R\rho_0\cos(\theta-\theta_0) + \rho_0^2}\right)$$

则

$$u(\rho_0,\theta_0) = \frac{1}{2\pi}\int_0^{2\pi}\frac{(R^2-\rho_0^2)\varphi(R\cos\theta,R\sin\theta)}{R^2 - 2R\rho_0\cos(\theta-\theta_0)+\rho_0^2}\mathrm{d}\theta \tag{5.37}$$

公式(5.37) 称为圆的 Poisson 积分，为圆域上 Laplace 方程第一边值问题的解.

考虑半平面 $y > 0$ 上的 Dirichlet 问题

$$\begin{cases}\Delta u = \dfrac{\partial^2 u}{\partial x^2} + \dfrac{\partial^2 u}{\partial y^2} = -f(x,y) \quad (-\infty < x < +\infty, y > 0); \\ u|_{y=0} = \varphi(x); \\ \lim\limits_{|\rho|\to\infty}|u(x,y)| < +\infty \quad (\rho = \sqrt{x^2+y^2})\end{cases} \tag{5.38}$$

这时求出 Green 函数

$$G(M,M_0) = \frac{1}{2\pi}\ln\sqrt{\frac{(x-x_0)^2+(y+y_0)^2}{(x-x_0)^2+(y-y_0)^2}}$$

边值问题(5.38) 的解为

$$\begin{aligned}u(M_0) = &\frac{1}{\pi}\int_{-\infty}^{+\infty}\frac{y_0\varphi(x)}{(x-x_0)^2+y_0^2}\mathrm{d}x \\ &+ \frac{1}{4\pi}\int_0^{+\infty}\int_{-\infty}^{+\infty}f(x,y)\ln\left[\frac{(x-x_0)^2+(y+y_0)^2}{(x-x_0)^2+(y-y_0)^2}\right]\mathrm{d}x\mathrm{d}y\end{aligned}$$

例 5.1 求如下定解问题的解：

$$\begin{cases}\Delta u=\dfrac{\partial^2 u}{\partial x^2}+\dfrac{\partial^2 u}{\partial y^2}=0 & (-\infty<x<+\infty,y>0);\\ u|_{y=0}=\begin{cases}0 & (x<0),\\ u_0 & (x>0)\end{cases}\end{cases}$$

解 根据题意得

$$\begin{aligned}u(x_0,y_0)&=\frac{1}{\pi}\int_{-\infty}^{+\infty}\frac{y_0\varphi(x)}{(x-x_0)^2+y_0^2}\mathrm{d}x\\&=\frac{y_0u_0}{\pi}\int_0^{\infty}\frac{\mathrm{d}x}{(x-x_0)^2+y_0^2}\\&=\frac{u_0}{2}+\frac{u_0}{\pi}\arctan\left(\frac{x_0}{y_0}\right)\end{aligned}$$

即

$$u(x,y)=\frac{u_0}{2}+\frac{u_0}{\pi}\arctan\left(\frac{x}{y}\right)$$

本节，我们利用 Green 函数推导了 Laplace 方程和 Poisson 方程的 Dirichlet 问题解的表达式，利用镜像法求出了一些特殊区域如球、半空间、圆、半平面的 Green 函数，从而得到了相应这些区域的解的 Poisson 公式. 对球的 Poisson 公式进行了综合过程，证明了当(5.29)(或(5.30)) 中边值条件 $\varphi(x,y,z)$ 为连续函数，则 Poisson 公式是关于球的 Dirichlet 问题的古典解.

5.6 调和函数的进一步性质——Poisson 公式的应用

在第 5.3 节中我们利用调和函数的基本积分表达式推导出调和函数的平均值性质、极值原理等基本性质. 本节利用 Poisson 公式来推导它的另外一些性质.

定理 5.11(调和函数的解析性) 设 $u(M)$ 是区域 Ω 中的调和函数，那么它在 Ω 中是关于 x,y,z 的解析函数，也就是说它在 Ω 中任一点 $M_0(x_0,y_0,z_0)$ 的近旁都可以展开成 $(x-x_0)$，$(y-y_0)$，$(z-z_0)$ 的幂级数.

证明 对于 Ω 中任何一点 M_0，以 M_0 为心，作一个球 K 使它全部含于 Ω 中，设其半径为 R. 由于 $u(M)$ 为调和函数，u 在球 K 内的值利用 Poisson 公式(5.29)，由 u 在球面 ∂K 的值给出，有

$$\begin{aligned}u(M)&=\frac{1}{4\pi R}\oint\!\!\!\oint_{\partial K}u(P)\frac{R^2-\rho^2}{(R^2+\rho^2-2R\cos\gamma)^{\frac{3}{2}}}\mathrm{d}S_P\\&=\frac{1}{4\pi R}\oint\!\!\!\oint_{\partial K}u(P)\frac{R^2-\rho^2}{r_{PM}^3}\mathrm{d}S_P\end{aligned}$$

其中，M 点的球坐标为 (ρ,θ,φ)，球面 ∂K 上的球坐标为 (R,θ_P,φ_P)，且

$$\cos\gamma = \cos\theta_P\cos\theta + \sin\theta_P\sin\theta\cos(\varphi_P - \varphi)$$

不妨设 M_0 为坐标原点，我们证明 $u(M)$ 在 M_0 附近可以展开成 x,y,z 的幂级数.

因为

$$\begin{aligned}\frac{R^2-\rho^2}{r_{PM}^3} &= [R^2-(x^2+y^2+z^2)][(x_P-x)^2+(y_P-y)^2+(z_P-z)^2]^{-\frac{3}{2}} \\ &= [R^2-(x^2+y^2+z^2)][x_P^2+y_P^2+z_P^2-2(x_Px+y_Py+z_Pz) \\ &\quad +x^2+y^2+z^2]^{-\frac{3}{2}} \\ &= [R^2-(x^2+y^2+z^2)]\Big\{(x_P^2+y_P^2+z_P^2) \\ &\quad \cdot\left[1-\frac{2(x_Px+y_Py+z_Pz)-(x^2+y^2+z^2)}{x_P^2+y_P^2+z_P^2}\right]\Big\}^{-\frac{3}{2}}\end{aligned}$$

利用二项式定理，可以把上式右端展开成为 x,y,z 的幂级数. 当 (x_P,y_P,z_P) 在球面 S_P 上，而 $|x|,|y|,|z|$ 足够小时，这个幂级数是一致收敛的且可以逐项求积分，且积分后仍得到关于 x,y,z 的一致收敛的幂级数，因此 $u(M)$ 在 M_0 点处解析. 由于 M_0 的任意性，可知 $u(M)$ 在 Ω 中处处解析.

定理 5.12（Harnack（哈那克）第一定理） 设函数序列 $\{u_k\}$ 中的每个函数在有界区域 Ω 内调和，在闭区域 $\overline{\Omega}=\Omega\cup\partial\Omega$ 上连续，而且 $\{u_k\}$ 在 $\partial\Omega$ 上一致收敛，则它在 Ω 内也一致收敛，并且极限函数在 Ω 内为调和函数.

证明 首先证明 $\{u_k\}$ 在 Ω 内一致收敛. 设 f_k 表示调和函数 u_k 在 $\partial\Omega$ 上的值，由假设连续函数序列 $\{f_k\}$ 在 $\partial\Omega$ 上一致收敛，即对任意 $\varepsilon>0$，存在正整数 N，当 $m,n>N$，则在 $\partial\Omega$ 上处处有 $|f_m-f_n|<\varepsilon$. 由调和函数的极值原理，则对这些 n 和 m，在 Ω 内处处有 $|u_m-u_n|<\varepsilon$，因此由 Cauchy 判别法知函数序列 $\{u_k\}$ 在 Ω 内一致收敛，而且极限函数 u 在 Ω 内连续. 下面我们要证明 u 在 Ω 内为调和函数，为此仅需证明 u 在 Ω 内任一点的邻近是调和函数. 在 Ω 内任取一点 M_0，以 M_0 为心，R 为半径作球 $K_{M_0}^R$，适当选取 R，使该球全含于 Ω 中. 在这球上每一调和函数 u_n 都可以用 Poisson 公式表达为

$$u_k(\rho,\theta,\varphi) = \frac{R}{4\pi}\int_0^{2\pi}\int_0^{\pi} u_k(\rho,\theta_P,\varphi_P)\,\frac{R^2-\rho^2}{(R^2+\rho^2-2R\rho\cos\gamma)^{\frac{3}{2}}}\sin\theta_P\,\mathrm{d}\theta_P\,\mathrm{d}\varphi_P \tag{5.39}$$

其中，ρ,θ,φ 为球 $K_{M_0}^R$ 内任一点 M 的球坐标，$u_k(\rho,\theta_P,\varphi_P)$ 是 u_k 在球面 $\partial K_{M_0}^R$ 的值，且

$$\cos\gamma = \cos\theta_P\cos\theta + \sin\theta_P\sin\theta\cos(\varphi_P - \varphi)$$

由于 $\{u_k(\rho,\theta_P,\varphi_P)\}$ 的一致收敛性和 $\{u_k\}$ 在 Ω 内任一点处的收敛性，在(5.39)两边取极限，有

$$u(\rho,\theta,\varphi) = \frac{R}{4\pi}\int_0^{2\pi}\int_0^{\pi} u(\rho,\theta_P,\varphi_P)\,\frac{R^2-\rho^2}{(R^2+\rho^2-2R\rho\cos\gamma)^{\frac{3}{2}}}\sin\theta_P\,\mathrm{d}\theta_P\,\mathrm{d}\varphi_P$$

即极限函数用 Poisson 积分表示，所以函数 u 在球 $K_{M_0}^R$ 内为一调和函数.

定理 5.13(Harnack 不等式)　设 u 在以点 Q 为心，R 为半径的球 B_Q^R 内非负、调和，则对 B_Q^R 内任一点 P，有下面的不等式成立：

$$\frac{R(R-r)}{(R+r)^2}u(Q) \leqslant u(P) \leqslant \frac{R(R+r)}{(R-r)^2}u(Q) \tag{5.40}$$

其中，$r=\overline{OP}$.

证明　先设 u 在 $\overline{B}_Q^R$ 上连续，则由球的 Poisson 公式，得

$$u(P)=\frac{1}{4\pi R}\oiint\limits_{\partial B_Q^R} f(M)\,\frac{R^2-r^2}{(R^2+r^2-2Rr\cos\gamma)^{\frac{3}{2}}}\mathrm{d}S_M$$

因为 u 在 B_Q^R 上非负，设 $M\in\partial B_Q^R$，则有

$$\begin{aligned}\frac{1}{4\pi R}f(M)\,\frac{R^2-r^2}{(R+r)^3} &\leqslant \frac{1}{4\pi R}f(M)\,\frac{R^2-r^2}{(R^2+r^2-2Rr\cos\gamma)^{\frac{3}{2}}}\\ &\leqslant \frac{1}{4\pi R}f(M)\,\frac{R^2-r^2}{(R-r)^3}\end{aligned}$$

上不等式沿球面 ∂B_Q^R 上积分，则有

$$\begin{aligned}\frac{1}{4\pi R}\oiint\limits_{\partial B_Q^R} f(M)\,\frac{R^2-r^2}{(R+r)^3}\mathrm{d}S_M &\leqslant \frac{1}{4\pi R}\oiint\limits_{\partial B_Q^R} f(M)\,\frac{R^2-r^2}{(R^2+r^2-2Rr\cos\gamma)^{\frac{3}{2}}}\mathrm{d}S_M\\ &\leqslant \frac{1}{4\pi R}\oiint\limits_{\partial B_Q^R} f(M)\,\frac{R^2-r^2}{(R-r)^3}\mathrm{d}S_M\end{aligned}$$

由平均值公式，有

$$\frac{R(R-r)}{(R+r)^2}u(Q) \leqslant u(P) \leqslant \frac{R(R+r)}{(R-r)^2}u(Q) \tag{5.41}$$

如果不假设 u 在 $\overline{B}$ 上连续，则作球 $B_Q^{R'}$，使 $0<R'<R$，$B_Q^{R'}\subset B_Q^R$，P 在 $B_Q^{R'}$ 中，则在不等式(5.41) 中把 R 改为 R'，成立；令 $R'\to R$，则不等式(5.40) 成立，即定理成立.

上面的有关三维调和函数的性质，对于二维调和函数也有同样的性质.

定理 5.11′　在平面区域 Ω 中任一调和函数 $u(x,y)$ 为 Ω 中的解析函数.

定理 5.12′(Harnack 第一定理)　设函数列 $\{u_k\}$ 中的每个函数在有界平面区域 Ω 内调和，在 $\overline{\Omega}$ 上连续且在 $\partial\Omega$ 上一致收敛，则也在 Ω 内一致收敛，其极限函数也是 Ω 内的调和函数.

定理 5.13′(Harnack 不等式)　设 u 在以点 Q 为心，R 为半径的圆 B_Q^R 内非负、调和，则对任一点 $P\in B_Q^R$，不等式

$$\frac{R-\rho}{R+\rho}u(Q) \leqslant u(P) \leqslant \frac{R+\rho}{R-\rho}u(Q) \tag{5.42}$$

成立，其中 $\rho=\overline{QP}=\sqrt{(x_P-x_Q)^2+(y_P-y_Q)^2}$.

进一步我们有下面的定理.

定理 5.14(Liouville 定理)　在全平面上有下界(或有上界)的调和函数必为常数.

证明　设在 R^2 上 $u \geqslant -M$,令 $v = u + M$,v 为非负调和函数,对于以坐标原点 O 为圆心,R 为半径的任意圆 B_O^R,应用 Harnack 不等式(5.42),我们有

$$\frac{R-\rho}{R+\rho}v(0,0) \leqslant v(x,y) \leqslant \frac{R+\rho}{R-\rho}v(0,0) \tag{5.43}$$

其中,$R > \rho = \sqrt{x^2+y^2}$.

当 $R \to \infty$,则得到

$$v(x,y) = v(0,0)$$

由(x,y)的任意性,定理得证.

习　题　5

1. 证明下列函数都是调和函数:

(1) $ax + by + c$　(a,b,c 为常数);

(2) xy 和 $x^2 - y^2$;

(3) $x^3 - 3xy^2$ 和 $3x^2y - y^3$;

(4) $\mathrm{sh}ny\sin nx$ 和 $\mathrm{sh}ny\cos nx$;

(5) $\mathrm{sh}x(\mathrm{ch}x + \cos y)^{-1}$ 和 $\sin y(\mathrm{ch}x + \cos y)^{-1}$.

2. 证明二维 Laplace 方程在极坐标系(r,θ)下,可以写成

$$\Delta u = \frac{1}{r}\frac{\partial u}{\partial r}\left(r\frac{\partial u}{\partial r}\right) + \frac{1}{r^2}\frac{\partial^2 u}{\partial \theta^2} = 0$$

3. 证明三维 Laplace 方程在球面坐标(r,θ,φ)下,可以写成

$$\Delta u = \frac{1}{r^2}\frac{\partial}{\partial r}\left(r^2\frac{\partial u}{\partial r}\right) + \frac{1}{r^2\sin\theta}\frac{\partial}{\partial \theta}\left(\sin\theta\frac{\partial u}{\partial \theta}\right) + \frac{1}{r^2\sin^2\theta}\frac{\partial^2 u}{\partial \varphi^2} = 0$$

4. 证明用极坐标表示的下列函数都是调和函数($r > 0$):

(1) $\ln r$ 和 θ;

(2) $r^n\cos n\theta$ 和 $r^n\sin n\theta$　(n 为常数);

(3) $r\ln r\cos\theta - r\theta\sin\theta$ 和 $r\ln r\sin\theta + r\theta\cos\theta$.

5. 试在平面上证明 Green 第一公式、Green 第二公式和调和函数的基本积分公式.

6. 若 u 在平面区域 D 内调和,且 $u \in C^1(\partial D)$,证明:$\oint\limits_{\partial D}\frac{\partial u}{\partial n}\mathrm{d}l = 0$.

7. 若 u 在以 M_0 为心,R 为半径的圆域上调和,证明

$$u(M_0) = \frac{1}{2\pi R}\oint\limits_{\partial D} u\,\mathrm{d}l$$

并当 u 满足

$$\begin{cases}\Delta u=0 \quad (r<1,0\leqslant\theta\leqslant 2\pi);\\ u|_{r=1}=\cos\theta\end{cases}$$

时,求 $u(0)$.

8. 设 Ω 为三维空间中具有光滑边界 $\partial\Omega$ 的有界区域,u 在 Ω 中调和,证明

$$-\iint_{\partial\Omega}\left[u(M)\frac{\partial}{\partial n}\left(\frac{1}{r_{MM_0}}\right)-\frac{1}{r_{MM_0}}\frac{\partial u}{\partial n}\right]\mathrm{d}S_M=\begin{cases}0 & (\text{若 } M_0 \text{ 在 } \Omega \text{ 外});\\ 2\pi u(M_0) & (\text{若 } M_0 \text{ 在 } \partial\Omega \text{ 上});\\ 4\pi u(M_0) & (\text{若 } M_0 \text{ 在 } \Omega \text{ 内})\end{cases}$$

9. 在半径为 R 的球内及外分别求调和函数,使它们在球面取常数值,在球外的调和函数还要求满足 $\lim\limits_{r\to\infty}u=0$.

10. 证明方程

$$-\left(\frac{\partial^2 u}{\partial x^2}+\frac{\partial^2 u}{\partial y^2}+\frac{\partial^2 u}{\partial z^2}\right)+cu=f \quad (c\geqslant 0)$$

的解,当 $f>0$ 时不能在域内取负的极小值,当 $f<0$ 时不能在域内取正的极大值.

11. 举例说明极值原理对方程 $\frac{\partial^2 u}{\partial x^2}+\frac{\partial^2 u}{\partial y^2}+\frac{\partial^2 u}{\partial z^2}+cu=0(c>0)$ 不成立,且第一内边值问题

$$\begin{cases}\frac{\partial^2 u}{\partial x^2}+\frac{\partial^2 u}{\partial y^2}+\frac{\partial^2 u}{\partial z^2}+cu=0 \quad (c>0,(x,y,z)\in\Omega);\\ u|_{\partial\Omega}=0\end{cases}$$

可有非零解.

12. 证明 Green 函数在 Ω 区域内成立不等式

$$0<G(M,M_0)<\frac{1}{4\pi r_{MM_0}}$$

而在区域的边界上有

$$\iint_{\partial\Omega}\frac{\partial}{\partial n}G(M,M_0)\mathrm{d}S_M=-1$$

13. 求解 Dirichlet 问题

$$\begin{cases}u_{xx}-u_{yy}=2y \quad (0<x<1,0<y<1);\\ u|_{x=0}=0,\quad u|_{x=1}=0;\\ u|_{y=0}=0,\quad u|_{y=1}=0\end{cases}$$

14. 证明圆域 $x^2+y^2\leqslant R^2$ 的 Green 函数为

$$G(M,M_0)=\frac{1}{2\pi}\left(\ln\frac{1}{r_{MM_0}}-\ln\frac{R}{\rho_0 r_{MM_1}}\right)$$

并由此推出圆内 Dirichlet 问题的 Poisson 公式.

15. 利用球的 Poisson 公式求解(r,θ,φ 表示球坐标)

$$\begin{cases} u_{xx}+u_{yy}+u_{zz}=0 \quad (x^2+y^2+z^2<1); \\ u(r,\theta,\varphi)\big|_{r=1}=3\cos 2\theta+1 \end{cases}$$

16. 试求一函数 u,在半径为 a 的圆内部是调和的,而且在圆周 C 上取下列的值(其中 A,B 都为常数):

(1) $u|_C = A\cos\varphi$;

(2) $u|_C = A+B\sin\varphi$.

17. 求上半面内 Dirichlet 问题

$$\begin{cases} \dfrac{\partial^2 u}{\partial x^2}+\dfrac{\partial^2 u}{\partial y^2}=0 \quad (-\infty<x<+\infty, y>0); \\ u\big|_{y=0}=f(x) \quad (-\infty<x<+\infty) \end{cases}$$

的有界解,其中 $f(x)$ 是

(1) 有界连续函数;

(2) $f(x)=\begin{cases} 1 \quad (x\in[a,b]), \\ 0 \quad (x\notin[a,b]); \end{cases}$

(3) $f(x)=\dfrac{1}{1+x^2}$.

18. 设 Ω 为以 M_0 为球心,R 为半径的球,$u\in C^2(\Omega)\cap C^0(\overline{\Omega})$,且在 Ω 中调和,证明:

$$u(M_0)=\frac{3}{4\pi R^3}\iiint_{\Omega} u(M)\,\mathrm{d}V$$

19. 设 D 为以 M_0 为心,R 为半径的圆域,$u\in C^2(D)\cap C^0(\overline{D})$,且在 D 中调和,证明:

$$u(M_0)=\frac{1}{\pi R^2}\iint_D u\,\mathrm{d}x\mathrm{d}y$$

20. 设 u 为区域 Ω 中的 2 阶连续可微函数,如果对 Ω 中的任一球面 S 都成立

$$\iint_S \frac{\partial u}{\partial n}\mathrm{d}S=0$$

证明:u 为 Ω 中的调和函数.

21. 应用 Green 第一公式证明三维 Laplace 方程的 Robin 问题

$$\begin{cases} u_{xx}+u_{yy}+u_{zz}=0 \quad ((x,y,z)\in\Omega); \\ \left(\dfrac{\partial u}{\partial n}+\sigma u\right)\Big|_{\partial\Omega}=f \quad (\sigma>0) \end{cases}$$

的解的唯一性.

6 抛物型方程

本章研究最典型的抛物型方程 —— 热传导方程. 有关热传导、扩散等的数学模型都归结为热传导方程定解问题,关于它们的解法,对初边值问题在第 2 章我们利用分离变量法求解,对初值问题在第 3 章中讨论了积分变换方法,现在研究解的适定性问题. 在第 2 章已对热传导方程初边值问题完成了解的存在性证明,这里利用极值原理来完成解的唯一性和对定解条件的连续依赖性证明. 对 Cauchy 问题,第 3 章利用 Fourier 变换给出了形式解,本章证明在一定条件下它是古典解,进一步证明了初值问题的适定性.

6.1 热传导方程混合问题的适定性

考虑最简单的热传导方程初边值问题

$$\begin{cases}\dfrac{\partial u}{\partial t}=a^2\dfrac{\partial^2 u}{\partial x^2}+f(x,t) & (0<x<1,t>0);\\ u|_{t=0}=\varphi(x) & (0\leqslant x\leqslant l);\\ u|_{x=0}=\mu_1(t);\\ u|_{x=l}=\mu_2(t) & (t\geqslant 0)\end{cases}\tag{6.1}$$

其在物理上描述了长为 l 的均匀杆的热传导问题. 显然,如果杆的两端温度及初值温度不超过某个数值 M,而且内部无热源,则杆内就不可能产生大于 M 的温度. 这一物理现象在数学上就反映为齐次热传导方程的极值原理.

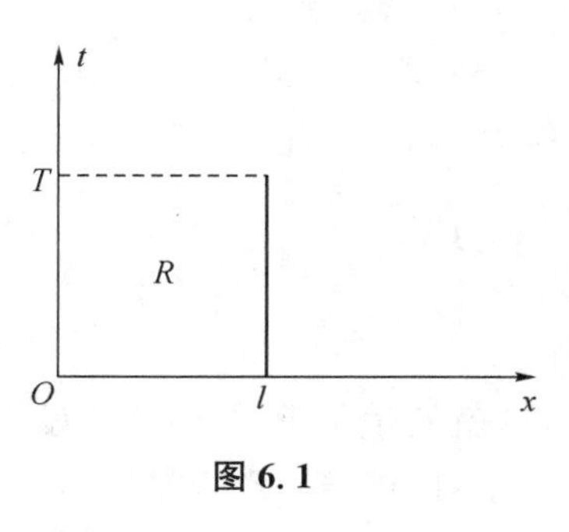

图 6.1

考虑 (x,t) 平面上的区域 R:$0<x<l,0<t<T$,T 为一给定时刻,定义 $\Gamma=\{x=0,0\leqslant t\leqslant T\}\cup\{x=l,0\leqslant t\leqslant T\}\cup\{0\leqslant x\leqslant l,t=0\}$(如图 6.1 所示),则有下面的定理.

定理 6.1(极值原理) 如果函数 $u(x,t)$ 在闭区域 $\overline{R}$ 上有定义且连续,$\dfrac{\partial u}{\partial t}$,$\dfrac{\partial^2 u}{\partial x^2}$ 在 $\overline{R}\backslash\Gamma$ 内存在、连续且满足方程 $\dfrac{\partial u}{\partial t}=a^2\dfrac{\partial^2 u}{\partial x^2}$,则 $u(x,t)$ 在 Γ 上达到它在 $\overline{R}$ 上的最

大值及最小值.

证明 由假设 $u(x,t)$ 在闭区域 $\bar{R}$ 上有定义且连续,因此必存在 $\max u(x,t)$ 和 $\min u(x,t)$. 我们仅证最大值情形,最小值情形类似证明.

用反证法. 假设 $u(x,t)$ 在 $\bar{R}$ 上的最大值不在 Γ 上取得,则必在 $\bar{R}\backslash\Gamma$ 上取得. 设在 (x_0,t_0) 上取得的 $u(x,t)$ 最大值为 M, $(x_0,t_0)\in\bar{R}\backslash\Gamma$, 又设 $u(x,t)$ 在 Γ 上取得的最大值为 m, $m=\max\limits_{\Gamma}u(x,t)$, 则由假定 $M>m$, 作辅助函数

$$v(x,t)=u(x,t)+\frac{M-m}{2T}(t_0-t)$$

其中, $t_0-t\leqslant T$. 在 Γ 上,有

$$v(x,t)\leqslant m+\frac{M-m}{2T}T=\frac{1}{2}(M+m)<M$$

而

$$v(x_0,t_0)=u(x_0,t_0)=M\quad((x_0,t_0)\in\bar{R}\backslash\Gamma)$$

因此 $v(x,t)$ 的性质和 $u(x,t)$ 的性质一样,都不在 Γ 上取得最大值,于是必可在 $\bar{R}\backslash\Gamma$ 中找到 $(x_1,t_1)(0<x_1<l,0<t_1\leqslant T)$,使得

$$v(x_1,t_1)=\max_{R}v(x,t)\geqslant M^{①}$$

在此点上应有 $\frac{\partial^2 v}{\partial x^2}\leqslant 0,\frac{\partial v}{\partial t}\geqslant 0\left(\text{如果 } t_1<T,\frac{\partial v}{\partial t}=0;\text{如果 } t_1=T,\frac{\partial v}{\partial t}\geqslant 0\right)$,因此在点 $(x_1,t_1)\in\bar{R}\backslash T$ 处有 $\frac{\partial v}{\partial t}-a^2\frac{\partial^2 v}{\partial x^2}\geqslant 0$.

另一方面

$$\frac{\partial v}{\partial t}=\frac{\partial u}{\partial t}+\frac{M-m}{2T}(-1)$$

$$\frac{\partial^2 v}{\partial x^2}=\frac{\partial^2 u}{\partial x^2}$$

所以

$$\frac{\partial v}{\partial t}-a^2\frac{\partial^2 v}{\partial x^2}=\frac{\partial u}{\partial t}-a^2\frac{\partial^2 u}{\partial x^2}-\frac{M-m}{2T}<0$$

这就发生了矛盾,说明假设 $u(x,t)$ 不在 Γ 上取得最大值是不正确的. 定理得证.

由极值原理容易证明混合问题(6.1)的适定性.

定理 6.2 混合问题(6.1)的解唯一,且连续依赖于边界 Γ 上给出的初始条件和边界条件.

证明 设 u_1 和 u_2 分别为下列两个定解问题

---

① 这是因为 $v(x_0,t_0)=M$,因此 $v(x_1,t_1)\geqslant M$.

$$\begin{cases} \dfrac{\partial u_1}{\partial t} = a^2 \dfrac{\partial^2 u_1}{\partial x^2} + f(x,t) & (0 < x < l, t > 0); \\ u_1 \big|_{t=0} = \varphi_1(x) & (0 \leqslant x \leqslant l); \\ u_1 \big|_{x=0} = \mu_1^1(t) & (t \geqslant 0); \\ u_1 \big|_{x=l} = \mu_2^1(t) \end{cases} \tag{6.2}$$

和

$$\begin{cases} \dfrac{\partial u_2}{\partial t} = a^2 \dfrac{\partial^2 u_2}{\partial x^2} + f(x,t) & (0 < x < l, t > 0); \\ u_2 \big|_{t=0} = \varphi_2(x) & (0 \leqslant x \leqslant l); \\ u_2 \big|_{x=0} = \mu_1^2(t) & (t \geqslant 0); \\ u_2 \big|_{x=l} = \mu_2^2(t) \end{cases} \tag{6.3}$$

的解. 对任意给定的 ε,有

$$|\varphi_1(x) - \varphi_2(x)| \leqslant \varepsilon \quad (0 \leqslant x \leqslant l)$$
$$|\mu_1^1(t) - \mu_1^2(t)| \leqslant \varepsilon \quad (0 \leqslant t \leqslant T)$$
$$|\mu_2^1(t) - \mu_2^2(t)| \leqslant \varepsilon \quad (0 \leqslant t \leqslant T)$$

则有 $u = u_1 - u_2$ 为下列定解问题

$$\begin{cases} \dfrac{\partial u}{\partial t} = a^2 \dfrac{\partial^2 u}{\partial x^2} & (0 < x < l, t > 0); \\ u \big|_{t=0} = \varphi_1 - \varphi_2 & (0 \leqslant x \leqslant l); \\ u \big|_{x=0} = \mu_1^1 - \mu_1^2; \\ u_1 \big|_{x=l} = \mu_2^1 - \mu_2^2 \end{cases}$$

的解. 由极值原理,则有

$$|u(x,t)| = |u_1(x,t) - u_2(x,t)| \leqslant \varepsilon \quad ((x,t) \in R)$$

于是稳定性得证. 特别当 $\varepsilon = 0$, $u_1(x,t) = u_2(x,t)$,就得到了解的唯一性. 因此热传导方程混合问题(6.1) 是适定的.

6.2 热传导方程 Cauchy 问题的适定性

考虑热传导方程 Cauchy 问题

$$\begin{cases} \dfrac{\partial u}{\partial t} = a^2 \dfrac{\partial^2 u}{\partial x^2} & (-\infty < x < +\infty, t > 0); \\ u \big|_{x=0} = \varphi(x) & (-\infty < x < +\infty) \end{cases} \tag{6.4}$$

我们研究它的适定性. 第一个问题是解的存在性,在第 3 章由 Fourier 变换,我们得到它的形式解

$$u(x,t) = \frac{1}{2a\sqrt{\pi t}} \int_{-\infty}^{\infty} \varphi(\xi) \mathrm{e}^{-\frac{(x-\xi)^2}{4a^2 t}} \mathrm{d}\xi \tag{6.5}$$

这是热传导方程初值问题的 Possion 公式.

定理 6.3 如果 $\varphi(x)$ 在$(-\infty,+\infty)$ 上有界且连续,则(6.5) 是定解问题(6.2) 的解.

证明 首先证明在定理条件下,广义积分(6.5) 在 $-\infty<x<+\infty, t>0$ 是收敛的. 由假设存在常数 $M>0$,使对 $-\infty<x<+\infty$,有 $|\varphi(x)|\leqslant M$,则

$$\left|\frac{1}{2a\sqrt{\pi t}}\varphi(\xi)\mathrm{e}^{-\left(\frac{x-\xi}{2a\sqrt{t}}\right)^2}\right|\leqslant M\frac{1}{2a\sqrt{\pi t}}\mathrm{e}^{-\left(\frac{x-\xi}{2a\sqrt{t}}\right)^2}\quad(-\infty<x<+\infty, t>0)$$

而

$$\int_{-\infty}^{\infty}\frac{1}{2a\sqrt{\pi t}}\mathrm{e}^{-\left(\frac{x-\xi}{2a\sqrt{t}}\right)^2}\mathrm{d}\xi \xlongequal{\frac{\xi-x}{2a\sqrt{t}}=\eta}\int_{-\infty}^{\infty}\frac{1}{2a\sqrt{\pi t}}\mathrm{e}^{-\eta^2}2a\sqrt{t}\,\mathrm{d}\eta=\frac{1}{\sqrt{\pi}}\int_{-\infty}^{\infty}\mathrm{e}^{-\eta^2}\mathrm{d}\eta=1$$

因此(6.5) 右端广义积分在 $-\infty<x<+\infty, t>0$ 收敛. 又

$$\begin{aligned}|u(x,t)|&=\left|\int_{-\infty}^{\infty}\frac{1}{2a\sqrt{\pi t}}\varphi(\xi)\mathrm{e}^{-\frac{(x-\xi)^2}{4a^2t}}\mathrm{d}\xi\right|\leqslant\int_{-\infty}^{\infty}\left|\frac{1}{2a\sqrt{\pi t}}\varphi(\xi)\mathrm{e}^{-\frac{(x-\xi)^2}{4a^2t}}\right|\mathrm{d}\xi\\&\leqslant M\int_{-\infty}^{\infty}\frac{1}{2a\sqrt{\pi t}}\mathrm{e}^{-\frac{(x-\xi)^2}{4a^2t}}\mathrm{d}\xi=M\end{aligned}$$

$u(x,t)$ 有界. 为了证明(6.5) 为定解问题的解,把它代入方程及定解条件验证是否满足. 因为积分号下的函数 $V(x,t)=\dfrac{1}{2a\sqrt{\pi t}}\varphi(\xi)\mathrm{e}^{-\frac{(x-\xi)^2}{4a^2t}}$ 对自变量 x,t 来说,当 $t>0$ 时满足 $\dfrac{\partial V}{\partial t}=a^2\dfrac{\partial^2 V}{\partial x^2}$(这里 ξ 为参量),因此只要证明当 $t>0$ 时(6.5) 右端的广义积分关于 x 的 2 阶偏导数、关于 t 的 1 阶偏导数都能在积分号下求得即可,这要求证明对任一点$(x_0,t_0)(t_0>0)$,在它的某个邻域内(6.5) 右端的被积函数在积分号下求导后所得的广义积分一致收敛. (6.5) 中被积函数

$$V(x,t)=\frac{1}{2a\sqrt{\pi t}}\varphi(\xi)\mathrm{e}^{-\frac{(x-\xi)^2}{4a^2t}}$$

关于 x,t 求偏导数后的被积函数为

$$\varphi(\xi)P\left[(x-\xi),\frac{1}{\sqrt{t}}\right]\mathrm{e}^{-\frac{(x-\xi)^2}{4a^2t}}$$

其中,$P\left[(x-\xi),\dfrac{1}{\sqrt{t}}\right]$是$(x-\xi)$ 与$\dfrac{1}{\sqrt{t}}$ 的多项式. 考虑包含(x_0,t_0) 的邻域

$$\left\{x_0-d\leqslant x\leqslant x_0+d,\text{其中 } d \text{ 为一固定正数};\frac{t_0}{2}\leqslant t\leqslant\frac{3t_0}{2}\right\}$$

当(x,t) 限制在这个邻域时,注意到 $\xi\to\infty$ 时 $\mathrm{e}^{-\frac{(x-\xi)^2}{4a^2t}}$ 趋于零的速度高于$(x-\xi)$ 任意负次幂趋于无限的速度,则

$$\int_{-\infty}^{\infty} \varphi(\xi) P\left[(x-\xi), \frac{1}{\sqrt{t}}\right] \mathrm{e}^{-\frac{(x-\xi)^2}{4a^2 t}} \mathrm{d}\xi$$

一致收敛,因此在(x_0, t_0)近旁对$u(x,t)$求导时可以在(6.5)积分号下进行,即对x, t的求导数与积分可以交换,这就证明了$t>0$时$u(x,t)$满足微分方程.

最后要证明$u(x,t)$满足初始条件,即对任意x_0,当$t \to 0, x \to x_0$时,有

$$u(x,t) \to u(x_0, 0) = \varphi(x_0)$$

在

$$u(x,t) = \frac{1}{2a\sqrt{\pi t}} \int_{-\infty}^{\infty} \varphi(\xi) \mathrm{e}^{-\frac{(x-\xi)^2}{4a^2 t}} \mathrm{d}\xi$$

中,令

$$\frac{\xi - x}{2a\sqrt{t}} = \zeta, \quad \xi = x + 2a\sqrt{t}\zeta$$

则

$$u(x,t) = \frac{1}{\sqrt{\pi}} \int_{-\infty}^{\infty} \varphi(x + 2a\sqrt{t}\zeta) \mathrm{e}^{-\zeta^2} \mathrm{d}\zeta$$

因为

$$\varphi(x_0) = \frac{1}{\sqrt{\pi}} \int_{-\infty}^{\infty} \varphi(x_0) \mathrm{e}^{-\zeta^2} \mathrm{d}\zeta$$

故

$$\begin{aligned}
|u(x,t) - \varphi(x_0)| &= \left| \frac{1}{\sqrt{\pi}} \int_{-\infty}^{\infty} [\varphi(x + 2a\sqrt{t}\zeta) - \varphi(x_0)] \mathrm{e}^{-\zeta^2} \mathrm{d}\zeta \right| \\
&\leqslant \frac{1}{\sqrt{\pi}} \int_{-\infty}^{\infty} |\varphi(x + 2a\sqrt{t}\zeta) - \varphi(x_0)| \mathrm{e}^{-\zeta^2} \mathrm{d}\zeta
\end{aligned}$$

因为$\int_{-\infty}^{\infty} \mathrm{e}^{-\zeta^2} \mathrm{d}\zeta = \sqrt{\pi}$,故任给$\varepsilon > 0$,存在$N$,使得$\int_{N}^{\infty} \mathrm{e}^{-\zeta^2} \mathrm{d}\zeta < \frac{\varepsilon}{6M}$,因此

$$\begin{aligned}
|u(x,t) - \varphi(x_0)| \leqslant \frac{1}{\sqrt{\pi}} \Big[&\int_{-\infty}^{-N} |\varphi(x + 2a\sqrt{t}\zeta) - \varphi(x_0)| \mathrm{e}^{-\zeta^2} \mathrm{d}\zeta \\
&+ \int_{-N}^{N} |\varphi(x + 2a\sqrt{t}\zeta) - \varphi(x_0)| \mathrm{e}^{-\zeta^2} \mathrm{d}\zeta \\
&+ \int_{N}^{\infty} |\varphi(x + 2a\sqrt{t}\zeta) - \varphi(x_0)| \mathrm{e}^{-\zeta^2} \mathrm{d}\zeta \Big] \\
< (2M + 2M) \frac{\varepsilon}{6M} &+ \frac{1}{\sqrt{\pi}} \int_{-N}^{N} |\varphi(x + 2a\sqrt{t}\zeta) - \varphi(x_0)| \mathrm{e}^{-\zeta^2} \mathrm{d}\zeta
\end{aligned}$$

当$x \to x_0, t \to 0$,不论N如何大,总可以取t充分的小,由φ的连续性,使

$$\max_{-N \leqslant \zeta \leqslant N} |\varphi(x + 2a\sqrt{t}\zeta) - \varphi(x_0)| < \frac{\varepsilon}{3}$$

则$|u(x,t) - \varphi(x_0)| < \varepsilon$,即$x \to x_0, t \to 0, u(x,t) \to \varphi(x_0)$.由此当$\varphi(x)$为$x$轴

上有界连续函数,(6.5) 给出了(6.4) 的古典解. 定理得证.

定理 6.3 给出了定解问题(6.4) 古典解的存在性,此解当 $t>0$ 时是关于 x 和 t 的无穷次可微(关于 x 实际上解析的).

进一步,讨论定解问题(6.4) 的解的唯一性和连续依赖性. 因为对无限直线上的热传导问题要求温度变化是有界的,因此设(6.4) 的解 $u(x,t)$ 在整个区域上有界,即存在常数 $B>0$,使对任何 $t\geqslant 0$, $-\infty<x<+\infty$,有

$$|u(x,t)|<B$$

定义函数类 $K=\{u(x,t)\,|\,|u(x,t)|<B,-\infty<x<+\infty,t\geqslant 0\}$.

定理 6.4 Cauchy 问题(6.4) 在有界函数类 K 中解唯一,且连续依赖于所给的初始数据.

证明 先证有界解的唯一性. 设定解问题(6.4) 有两个解 u_1,u_2,令 $u=u_1-u_2$,则

$$\begin{cases}\dfrac{\partial u}{\partial t}=a^2\dfrac{\partial^2 u}{\partial x^2}, & (-\infty<x<+\infty,t>0)\\ u|_{t=0}=0\end{cases}$$

因为 $u_1,u_2\in K$,故 $|u|<2B$,但不能应用定理 6.1 中的极值原理,因为极值原理 x,t 考虑的是闭区域. 为此我们造一个函数,使其满足极值原理,然后与 u 比较.

考虑 $R_0: 0\leqslant t\leqslant t_0$, $|x-x_0|\leqslant L$,其中 L 是任意正数,作一个辅助函数

$$v(x,t)=\frac{4B}{L^2}\left[\frac{(x-x_0)^2}{2}+a^2t\right]$$

$$v(x,0)=\frac{4B(x-x_0)^2}{2L^2}\geqslant 0=u(x,0)$$

$$v(x_0\pm L,t)=\frac{4B}{L^2}\left(\frac{L^2}{2}+a^2t\right)\geqslant 2B\geqslant u(x_0\pm L,t)$$

$v(x,t)$ 满足定解问题

$$\begin{cases}\dfrac{\partial v}{\partial t}=a^2\dfrac{\partial^2 v}{\partial x^2} & (x_0-L<x<x_0+L);\\ v|_{t=0}\geqslant 0;\\ v|_{x=x_0+L}\geqslant u(x_0+L);\\ v|_{x=x_0-L}\geqslant u(x_0-L)\end{cases}$$

则

$$\begin{cases}\dfrac{\partial(v-u)}{\partial t}=a^2\dfrac{\partial^2(v-u)}{\partial x^2} & (x_0-L<x<x_0+L);\\ (v-u)|_{t=0}>0;\\ (v-u)|_{x=x_0+L}\geqslant 0;\\ (v-u)|_{x=x_0-L}\geqslant 0\end{cases}$$

由定理 6.1,$(v-u)$ 的最大、最小值在 Γ 上达到,其中

$$\Gamma = \{x = x_0 - L, 0 \leqslant t \leqslant T\} \cup \{x = x_0 + L, 0 \leqslant t \leqslant T\} \cup \{x_0 - L \leqslant x \leqslant x_0 + L, t = 0\}$$

因为

$$(v-u)|_\Gamma \geqslant 0$$

所以在区域 $R_0 = \{(x,t) \mid x_0 - L < x < x_0 + L, 0 < t < T\}$ 中

$$v(x,t) \geqslant u(x,t)$$

即

$$\frac{4B}{L^2}\left[\frac{(x-x_0)^2}{2} + a^2 t\right] \geqslant u(x,t)$$

同理可以证明

$$-\frac{4B}{L^2}\left[\frac{(x-x_0)^2}{2} + a^2 t\right] \leqslant u(x,t)$$

取 $x = x_0, t = t_0$,则

$$-\frac{4B}{L^2}a^2 t_0 \leqslant u(x_0, t_0) \leqslant \frac{4B}{L^2}a^2 t_0$$

其中,L 为任意常数. 令 $L \to \infty$,则

$$u(x_0, t_0) = 0$$

这里(x_0, t_0)为上半平面上任意一点. 故在整个区域 $-\infty < x < +\infty, t > 0$ 上有 $u(x,t) \equiv 0, u_1 \equiv u_2$. 唯一性得证.

为证明 Cauchy 问题的解对初始条件的连续依赖性,只需证明当 $|\varphi(x)| < \eta$ 时,在 $-\infty < x < +\infty, t \geqslant 0$ 中有 $|u(x,t)| < \eta$. 证法如前,这时只需令

$$v(x,t) = \frac{4B}{L^2}\left[\frac{(x-x_0)^2}{2} + a^2 t\right] + \eta$$

即可.

习 题 6

1. 方程 $\frac{\partial u}{\partial t} = a^2 \frac{\partial^2 u}{\partial x^2} + cu\,(c > 0)$ 的解 u 在矩形 R_T 的侧边 $x = \alpha$ 及 $x = \beta$ 上不超过 B,又在底边 $t = 0$ 上不超过 M,证明此时 u 在矩形 R_T 内满足不等式

$$|u(x,t)| \leqslant \max(Me^{ct}, Be^{ct})$$

并由此推出上述混合问题解的唯一性与对初值的连续依赖性.

2. 设 $u(x,t)$ 为热传导方程混合问题

$$\begin{cases} \dfrac{\partial u}{\partial t} = a^2 \dfrac{\partial^2 u}{\partial x^2} & (0 < x < l, t > 0); \\ u|_{t=0} = \varphi(x) & (0 \leqslant x \leqslant l); \\ u|_{x=0} = u|_{x=l} = 0 & (t \geqslant 0) \end{cases}$$

的解，$E(t)=\int_0^l u^2(x,t)\mathrm{d}x$，试证明 $E(t)$ 关于 t 是单调减少的，并由此推出热传导方程第一边值问题解的唯一性. 对于第二、第三边值问题解的唯一性是否亦可用此法得到？

3. 证明：函数

$$v(x,y,t,\xi,\eta,\tau)=\frac{1}{4\pi a^2(t-\tau)}\mathrm{e}^{-\frac{(x-\xi)^2+(y-\eta)^2}{4a^2(t-\tau)}}$$

对于变量 (x,y,t)，满足方程

$$\frac{\partial v}{\partial t}=a^2\left(\frac{\partial^2 v}{\partial x^2}+\frac{\partial^2 v}{\partial y^2}\right)$$

对于变量 (ξ,η,τ)，满足方程

$$\frac{\partial v}{\partial \tau}=-a^2\left(\frac{\partial^2 v}{\partial \xi^2}+\frac{\partial^2 v}{\partial \eta^2}\right)$$

4. 证明：如果 $u_1(x,t),u_2(x,t)$ 分别是下述两个定解问题

$$\begin{cases}\dfrac{\partial u_1}{\partial t}=a^2\dfrac{\partial^2 u_1}{\partial x^2},\\ u_1|_{t=0}=\varphi_1(x)\end{cases}\quad 及 \quad \begin{cases}\dfrac{\partial u_2}{\partial t}=a^2\dfrac{\partial^2 u_2}{\partial y^2},\\ u_2|_{t=0}=\varphi_2(y)\end{cases}$$

的解，则 $u(x,y,t)=u_1(x,t)u_2(y,t)$ 是定解问题

$$\begin{cases}\dfrac{\partial u}{\partial t}=a^2\left(\dfrac{\partial^2 u}{\partial x^2}+\dfrac{\partial^2 u}{\partial y^2}\right),\\ u|_{t=0}=\varphi_1(x)\varphi_2(y)\end{cases}$$

的解.

5. 从积分 $\int_0^l\int_0^t u(u_t-u_{xx})\mathrm{d}x\mathrm{d}t=0$ 出发，证明混合问题

$$\begin{cases}\dfrac{\partial u}{\partial t}=\dfrac{\partial^2 u}{\partial x^2}\quad(0<x<l,t>0);\\ u|_{t=0}=\varphi(x);\\ u|_{x=0}=u|_{x=l}=0\end{cases}$$

的解的唯一性，并考虑第二和第三边值条件情形.

6. 设 $u(x,t)$ 是初值问题

$$\begin{cases}\dfrac{\partial u}{\partial t}=\dfrac{\partial^2 u}{\partial x^2}\quad(-\infty<x<\infty,t>0);\\ u|_{t=0}=0\end{cases}$$

的古典解，记 $M_l=\sup\limits_{|x|\leqslant l,0\leqslant t\leqslant T}|u(x,t)|$，已知 $\lim\limits_{l\to\infty}\dfrac{M_l}{l^2}=0$，试证：$u$ 在区域 $D:\{0\leqslant t\leqslant T,-\infty<x<\infty\}$ 中恒为零.

7 基本解与解的积分表达式

前面，我们给出了热传导方程初值问题

$$\begin{cases}\dfrac{\partial u}{\partial t}=a^2\dfrac{\partial^2 u}{\partial x^2}+f(x,t) \quad (-\infty<x<+\infty,t>0);\\ u\,|_{t=0}=\varphi(x)\end{cases}$$

的解的积分表达式

$$u(x,t)=\frac{1}{2a\sqrt{\pi t}}\int_{-\infty}^{\infty}\varphi(\xi)\mathrm{e}^{-\frac{(x-\xi)^2}{4a^2t}}\mathrm{d}\xi+\frac{1}{2a\sqrt{\pi}}\int_0^t\int_{-\infty}^{\infty}\frac{f(\xi,\tau)}{\sqrt{t-\tau}}\mathrm{e}^{-\frac{(x-\xi)^2}{4a^2(t-\tau)}}\mathrm{d}\xi\mathrm{d}\tau$$

从上面看出

$$v(x,t-\tau;\xi)=\frac{1}{2a\sqrt{\pi(t-\tau)}}\mathrm{e}^{-\frac{(x-\xi)^2}{4a^2(t-\tau)}} \quad (t>\tau)$$

在求解热传导方程初值问题中起了很大的作用. 在解齐次方程时，只要 $v(x,t;\xi)$ 乘以初始条件 $\varphi(\xi)$，再对 ξ 从 $-\infty$ 到 $+\infty$ 积分即得问题之解；而在解非齐次方程初值问题

$$\begin{cases}\dfrac{\partial u}{\partial t}=a^2\dfrac{\partial^2 u}{\partial x^2}+f(x,t),\\ u\,|_{t=0}=0\end{cases}$$

时，只要将 $v(x,t-\tau;\xi)$ 乘以 $f(\xi,\tau)$，再关于 ξ 从 $-\infty$ 到 $+\infty$、关于 τ 从 0 到 t 积分即得问题之解. 可以证明 $v(x,t;\xi)$ 在 $(-\infty<x<+\infty,t>0)$ 中关于变量 x,t 满足齐次热传导方程，它在求解一维热传导方程初值问题中起到重要作用. 称

$$v(x,t;\xi)=\frac{1}{2a\sqrt{\pi t}}\mathrm{e}^{-\frac{(x-\xi)^2}{4a^2(t-\tau)}}$$

为热传导方程 $\dfrac{\partial u}{\partial t}=\dfrac{\partial^2 u}{\partial x^2}(-\infty<x<+\infty)$ 的基本解. 在第 5 章中，我们称

$$\frac{1}{r_{MM_0}}=\frac{1}{\sqrt{(x-x_0)^2+(y-y_0)^2+(z-z_0)^2}}$$

为三维 Laplace 方程的基本解，而

$$\ln\frac{1}{r_{MM_0}}=\frac{1}{\sqrt{(x-x_0)^2+(y-y_0)^2}}$$

为二维 Laplace 方程的基本解. 它们在求解 Laplace 方程中都起到了重要作用.

本章我们对偏微分方程的基本解作比较深入的探讨，搞清楚什么是基本解，如

何求基本解,如何用它来表示定解问题的解. 首先我们来看一下基本解物理意义. 对于无热源的杆的热传导方程而言,在初始时刻 $t=0$,在 $x=\xi$ 点放置热量为 $Q=c\rho$(设为1)的热源,则函数 $v(x,t;\xi)=\dfrac{Q}{c\rho 2a\sqrt{\pi t}}\mathrm{e}^{-\frac{(x-\xi)^2}{4a^2t}}$ 就是在杆上点 x 处时刻 t 时的温度,或者说就是由点热源引起的杆的温度分布. 这是因为,一方面 $v(x,t;\xi)$ 满足热传导方程 $\dfrac{\partial v}{\partial t}=\dfrac{\partial^2 v}{\partial x^2}$;另一方面当 $t>0$ 时,杆上所有热量的总和为

$$c\rho\int_{-\infty}^{\infty}v(x,t;\xi)\mathrm{d}x=c\rho=Q$$

且已知在无热源情况,总热量在任何时刻相同为 $Q=c\rho$. 如果初始时刻总热量集中在 $\xi=0$,则 $v(x,t;0)=\dfrac{Q}{2a\sqrt{\pi t}}\mathrm{e}^{-\frac{x^2}{4a^2t}}$ 表示原点上的热量经过时间 t 后在杆上 x 点产生的温度. 又如由电学可知 Laplace 方程基本解

$$v(x,y,z,x_0,y_0,z_0)=\frac{1}{4\pi r_{MM_0}}$$

表示在静电场某点 $M_0(x_0,y_0,z_0)$ 处放置的一个单位正电荷在 M 点产生的电位. 这两个不同方程的基本解有一个共同的特点,即都是由一个集中的量(点热源、点电荷)所产生. 如果定解问题的解由连续分布的量(密度函数,如热传导方程假定 $c\rho=1$,则初始条件 $\varphi(x)$ 为初始热量分布密度函数)产生,考虑到线性方程满足迭加原理,我们可将一个连续分布的量看成无数个集中分布的量的迭加,而连续分布量所产生的结果为集中量各自产生的效果的迭加. 由于集中量产生的结果可用一辅助函数(基本解、Green 函数等)来表示,因此连续分布量所产生的效果用辅助函数乘以密度函数的积分来表示. 研究集中量所产生的效果在线性微分方程定解问题的求解中起到重要作用.

7.1 广义函数及其性质

7.1.1 广义函数与 δ 函数的引出

从前面分析看到,首先要解决的问题是如何确切地描写集中量(如点电荷、点热源、集中力、单位脉冲等),然后才有可能研究集中量所产生的效果. 对于集中量的描述,我们以集中力的力密度确切地描述为例说明之. 为简单起见,假定在包含原点的区间(a,b)上,在原点 $x=0$ 处受到一个单位集中力的作用. 实际上集中量的分布可以通过一个极限过程来理解,我们可以认为在原点的小邻域 $|x|\leqslant\varepsilon$ 上均匀地作用着一个分布力,力的密度为 $f_\varepsilon(x)$(见图 7.1),即

$$f_\varepsilon(x)=\begin{cases}\dfrac{1}{2\varepsilon} & (|x|\leqslant\varepsilon);\\ 0 & (|x|>\varepsilon, x\in[a,b])\end{cases}\tag{7.1}$$

这样区间$[-\varepsilon,\varepsilon]$上所受力为$\int_{-\varepsilon}^{\varepsilon}f_\varepsilon(x)\mathrm{d}x=1$. 令$\varepsilon\to 0$,从形式上得到$f_\varepsilon(x)\to f(x)$,其中

$$f(x)=\begin{cases}\infty & (x=0);\\ 0 & (x\in[a,b],x\neq 0)\end{cases}\tag{7.2}$$

且

$$\lim_{\varepsilon\to 0}\int_{-\varepsilon}^{\varepsilon}f_\varepsilon(x)\mathrm{d}x=\lim_{\varepsilon\to 0}\int_{-\varepsilon}^{\varepsilon}\frac{1}{2\varepsilon}\mathrm{d}x=1\tag{7.3}$$

但是,以这种极限形式得到的$f(x)$作为描述单位集中力的力密度"函数",与经典的数学分析概念是完全不相同的. 简单地认为$f(x)$是一个几乎处处等于零的函数是不正确的,这是因为按通常的Lebesgue积分意义应为$\int_a^b f(x)\mathrm{d}x=0$,但是从物理直观上来说,这个积分值显然应该等于整个区间$[a,b]$上所受的力,大小为1,因此当$\varepsilon\to 0$, $f_\varepsilon(x)$的极限函数已不能是古典意义下的极限. 为此需要扩充极限的概念和函数的概念,下面引进广义函数的概念.

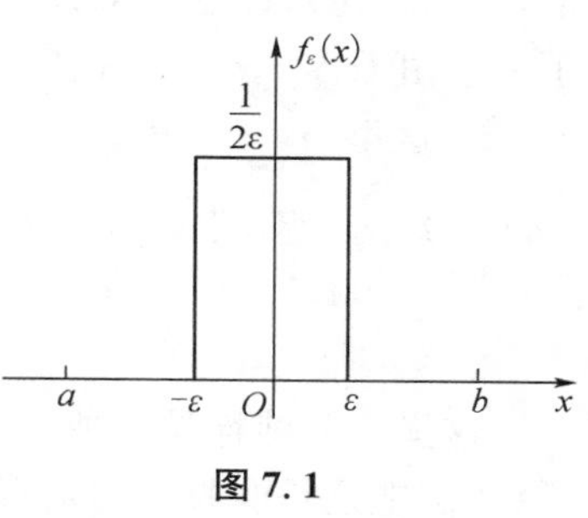

图 7.1

为了把通常的函数概念扩充到广义函数,并理解和掌握广义函数的严格数学理论,必须具有一定的泛函分析知识. 这里我们采用姜礼尚先生等在《偏微分方程选讲》(高等教育出版社,1997)中使用的办法,即通过引进弱收敛的概念把连续函数扩充到广义函数.

定义 7.1 若$\{u_n(x)\}$是给定在$(a,b)(-\infty\leqslant a<x<b\leqslant\infty)$上的可积函数序列,如果对任意函数$\varphi(x)\subset C_0^\infty(a,b)$, $\lim\limits_{n\to\infty}\int_a^b u_n(x)\varphi(x)\mathrm{d}x$存在,则称$\{u_n(x)\}$为弱收敛意义下的基本列. 这里$C_0^\infty(a,b)=\{\varphi(x)\mid\varphi\in C^\infty(a,b)$,且$a,b$附近$\varphi\equiv 0\}$. 有时也把$C_0^\infty(a,b)$记成$D(a,b)$,称为试验函数类.

当a,b分别为$-\infty,+\infty$时,有

$$C_0^\infty(-\infty,+\infty)=\{\varphi(x)\mid\varphi\in C^\infty(-\infty,+\infty),\text{且 Supp}\varphi\text{有界}\}$$

其中,Suppφ称为函数$\varphi(x)$的支集,它是使$\varphi(x)\neq 0$的闭包.

例 7.1 若$u_n(x)\in C[a,b]$,且$\{u_n(x)\}$是在$[a,b]$上一致收敛意义下的基本列,则它也是弱收敛意义下的基本列,且存在$u(x)\in C(a,b)$,使得对任意$\varphi(x)\in C_0^\infty[a,b]$,有

$$\lim_{n\to\infty}\int_a^b u_n(x)\varphi(x)\mathrm{d}x = \int_a^b u(x)\varphi(x)\mathrm{d}x$$

这说明弱收敛是一致收敛意义的推广，而且在一致收敛意义下其极限值仍然表示一个积分形式.

定义 7.2 若函数列$\{u_n(x)\}$，$\{v_n(x)\}$都是弱收敛意义下的基本列，且对于任意 $\varphi(x) \in C_0^\infty(a,b)$，都有

$$\lim_{n\to\infty}\int_a^b u_n(x)\varphi(x)\mathrm{d}x = \lim_{n\to\infty}\int_a^b v_n(x)\varphi(x)\mathrm{d}x$$

则称$\{u_n(x)\}$，$\{v_n(x)\}$ 两个基本列等价.

按此等价关系，我们可以把基本列划分为等价列，等价的基本列都有同一极限值，记为$U(\varphi)$，即是一个只与 $\varphi(x)$ 有关的常数. 也就是说，这个极限值事实上定义了一个由 $C_0^\infty(a,b) \to R$（实数）的映射，通常称之为泛函. 也可以把 $U(\varphi)$ 记为$\langle u,\varphi\rangle$，这里$\langle\cdot,\cdot\rangle$ 表示一种对偶关系. 根据上面所述，对于一致收敛的基本列$\{u_n(x)\}$，这个对偶关系可以用积分$\int_a^b u(x)\varphi(x)\mathrm{d}x$ 来表示，形式上亦有

$$\langle u,\varphi\rangle \overset{\text{记作}}{=} \int_a^b u(x)\varphi(x)\mathrm{d}x$$

这里积分纯粹是一种记号，只作对偶关系来理解. 正像将有理数扩充为实数一样，我们把凡是弱收敛的基本列$\{u_n(x)\}$ 都赋予一个极限元，记为 $u(x)$，有

$$\lim_{n\to\infty}\int_a^b u_n(x)\varphi(x)\mathrm{d}x = \langle u,\varphi\rangle \overset{\text{记作}}{=} \int_a^b u(x)\varphi(x)\mathrm{d}x$$

称这样的极限为广义函数.

定义 7.3 若在区间$(a,b)$$(-\infty \leqslant a < x < b \leqslant +\infty)$ 上的可积函数列$\{u_n(x)\}$，对于任意函数 $\varphi(x) \in C_0^\infty(a,b)$，极限$\lim\limits_{n\to\infty}\int_a^b u_n(x)\varphi(x)\mathrm{d}x$ 存在，则极限值定义了一个泛函

$$u: C_0^\infty(a,b) \to R$$

把它记作为$\langle u,\varphi\rangle$ 或$\int_a^b u(x)\varphi(x)\mathrm{d}x$，即

$$\lim_{n\to\infty}\int_a^b u_n(x)\varphi(x)\mathrm{d}x = \langle u,\varphi\rangle \overset{\text{记作}}{=} \int_a^b u(x)\varphi(x)\mathrm{d}x \tag{7.4}$$

并称 $u(x)$ 是函数列$\{u_n(x)\}$ 的弱极限元素，记作

$$w - \lim_{n\to\infty} u_n(x) = u(x) \tag{7.5}$$

或

$$u_n(x) \xrightarrow{\text{弱}} u(x) \quad (n \to \infty) \tag{7.6}$$

这样定义"函数"（即泛函）$u(x)$ 称为广义函数. 这里把泛函 u 写成$u(x)$ 纯粹是种记号，不能理解为 u 是 x 的函数 $\Leftrightarrow$ 作为泛函 u，其值是通过与试验函数 $C_0^\infty(a,b)$

中的函数“作用”才显示出来.

若 $u(x)$,$v(x)$ 是两个广义函数,对任何 $\varphi \in C_0^\infty(a,b)$,有

$$\langle u,\varphi\rangle = \langle v,\varphi\rangle$$

则称 u 和 v 相等,记为

$$u = v$$

例 7.2　所有可积函数都是广义函数.

取$\{u_n(x)\}$就是 $u(x)$ 本身,则可积函数 $u(x)$ 就符合广义函数的定义,亦即广义函数包含了所有可积函数,但广义函数又确实扩充到可积函数以外的新的函数,如 δ 函数.

定义 7.4　若在区间$(a,b)(-\infty \leqslant a < x < b \leqslant +\infty)$上可积函数列$\{f_\varepsilon(x)\}$对任意函数 $\varphi(x) \in C_0^\infty(a,b)$,极限$\lim\limits_{\varepsilon\to 0}\int_a^b f_\varepsilon(x)\varphi(x)\mathrm{d}x$ 存在,且极限值等于 $\varphi(0)$,则函数列$\{f_\varepsilon(x)\}$当 $\varepsilon \to 0$ 时确定的弱极限元记为 $\delta(x)$,称为 Dirac δ 函数,简称 δ 函数.

δ 函数是一种特殊的广义函数,根据定义 7.3 中(7.4)的记法,δ 函数可以表示成对任意 $\varphi \in C_0^\infty(a,b)$,有

$$\lim_{\varepsilon\to 0}\int_a^b f_\varepsilon(x)\varphi(x)\mathrm{d}x = \langle \delta(x),\varphi(x)\rangle = \int_a^b \delta(x)\varphi(x)\mathrm{d}x = \varphi(0)$$

这里等式右端的积分式纯粹是一种形式上的数学符号,与通常积分含义是有区别的.

讨论集中力的力密度,由

$$f_\varepsilon(x) = \begin{cases} \dfrac{1}{2\varepsilon} & (|x| \leqslant \varepsilon); \\ 0 & (|x| > \varepsilon) \end{cases} \tag{7.1}$$

则由这样确定的函数列$\{f_\varepsilon(x)\}$,对任意函数 $\varphi(x) \subset C_0^\infty(a,b)$,有

$$\lim_{\varepsilon\to 0}\int_a^b f_\varepsilon(x)\varphi(x)\mathrm{d}x = \lim_{\varepsilon\to 0}\frac{1}{2\varepsilon}\varphi(\theta\varepsilon)2\varepsilon = \varphi(0)\quad(-1 < \theta < 1)$$

由此可见式(7.1)表示的函数列所满足的弱极限元正是 δ 函数,即

$$f_\varepsilon(x) \xrightarrow{\text{弱}} \delta(x)\quad(\varepsilon \to 0)$$

所以,我们用广义函数 $\delta(x)$ 来描写一个集中量的密度分布 $\delta(x)$ 已不是通常意义下的可积函数.

事实上,如果 $\delta(x)$ 是通常意义下的可积函数,则存在 $f(x)$ 为可积函数,使得对$\varphi(x) \in C_0^\infty(-\infty,+\infty)$,有

$$\int_{-\infty}^{\infty} f(x)\varphi(x)\mathrm{d}x = \langle \delta(x),\varphi(x)\rangle = \varphi(0)$$

取

$$\varphi(x)=\begin{cases}\exp\left(-\dfrac{a^2}{a^2-x^2}\right) & (|x|<a);\\ 0 & (|x|\geqslant a)\end{cases}$$

则一方面

$$\int_{-\infty}^{\infty}f(x)\varphi(x)\mathrm{d}x=\varphi(0)=\mathrm{e}^{-1}$$

另一方面,有

$$\int_{-\infty}^{\infty}f(x)\varphi(x)\mathrm{d}x=\int_{-a}^{a}f(x)\exp\left(-\frac{a^2}{a^2-x^2}\right)\mathrm{d}x\xrightarrow{a\to 0}0$$

两式矛盾,这就证明 $\delta(x)$ 不是通常意义下的可积函数.

作为广义函数的萌芽的 δ 函数经历了被人们嘲笑到普遍认同的全过程. 1926 年物理学家 Dirac P. A. M 从集中于点 $x=0$ 的单位物理量的分布密度出发,猜想存在某种函数

$$\delta(x)=\begin{cases}0 & (x\neq 0);\\ \infty & (x=0)\end{cases}\tag{7.7}$$

可以施行传统的积分运算,且满足

$$\int_{-\infty}^{\infty}\delta(x)\mathrm{d}x=1\tag{7.8}$$

由此不难推知对任一连续函数 $\varphi(x)$,有

$$\int_{-\infty}^{\infty}\delta(x)\varphi(x)\mathrm{d}x=\varphi(0)\tag{7.9}$$

Dirac P. A. M将具有上述运算性质的函数应用于量子力学的表述中取得了巨大成功. 然而从经典数学的观点来看满足上述性质的 $\delta(x)$ 不可能存在,因为满足

$$\delta(x)=\begin{cases}0 & (x\neq 0);\\ \infty & (x=0)\end{cases}$$

的 $\delta(x)$ 几乎处处为 0,从而 Lebesgue 积分为 0,这与 $\int_{-\infty}^{\infty}\delta(x)\mathrm{d}x=1$ 矛盾. 这样,量子物理学给数学界提出了一个挑战性问题.

1936 年 Soblev 在研究双曲型方程数学问题解的唯一性时提出广义解的概念,揭示了用泛函拓展可积函数的可能性. 1950—1951 年间,Schwartz L 在其出版的专著《分布理论》一书中将广义函数定义成基本函数空间上的连续线性泛函,因此建立了严密而系统的理论,并获得了一系列有深远意义的成果,不久为世人所公认,Schnartz 亦因此荣获 Fields 奖(1950).

广义函数在自然科学与工程技术中有着广泛的应用,特别它在积分变换、偏微分方程和量子理论、无线电技术、声学和振动学中占有重要地位.

例 7.3 试证:$f(t,x)=\dfrac{1}{2a\sqrt{\pi t}}\exp\left(-\dfrac{x^2}{4a^2t}\right)(a>0)$,当 $t\to 0^+$ 时弱收敛于

$\delta(x)$.

证明　由于对任意 $\varphi(x) \in C_0^\infty(-\infty, +\infty)$，有

$$\left|\int_{-\infty}^{\infty} f(t,x)\varphi(x)\mathrm{d}x - \int_{-\infty}^{\infty} \delta(x)\varphi(x)\mathrm{d}x\right| = \left|\int_{-\infty}^{\infty} f(t,x)\varphi(x)\mathrm{d}x - \varphi(0)\right|$$

考虑到

$$\int_{-\infty}^{\infty} f(t,x)\mathrm{d}x = \int_{-\infty}^{\infty} \frac{1}{2a\sqrt{\pi t}}\exp\left(-\frac{x^2}{4a^2 t}\right)\mathrm{d}x = 1$$

所以

$$\left|\int_{-\infty}^{\infty} f(t,x)\varphi(x)\mathrm{d}x - \varphi(0)\right| = \left|\int_{-\infty}^{\infty} f(t,x)\varphi(x)\mathrm{d}x - \int_{-\infty}^{\infty} f(t,x)\varphi(0)\mathrm{d}x\right|$$
$$\leqslant \int_{-\infty}^{\infty} |\varphi(x) - \varphi(0)||f(t,x)|\mathrm{d}x$$

由 $\varphi(x) \in C_0^\infty(-\infty, +\infty)$，$\dfrac{\mathrm{d}\varphi}{\mathrm{d}x}$ 有界，则

$$|\varphi(x) - \varphi(0)| = \left|\int_0^x \frac{\mathrm{d}\varphi}{\mathrm{d}x}\mathrm{d}x\right| = M|x|$$

其中，M 是一个有限正常数. 则

$$\begin{aligned}
&\left|\int_{-\infty}^{\infty} f(t,x)\varphi(x)\mathrm{d}x - \varphi(0)\right| \\
&\leqslant M\frac{1}{2a\sqrt{\pi t}}\int_{-\infty}^{\infty}\exp\left(-\frac{x^2}{4a^2 t}\right)|x|\mathrm{d}x \\
&= M\frac{1}{2a\sqrt{\pi t}}\left[-\int_{-\infty}^{0}\exp\left(-\frac{x^2}{4a^2 t}\right)x\mathrm{d}x + \int_{0}^{\infty}\exp\left(-\frac{x^2}{4a^2 t}\right)x\mathrm{d}x\right] \\
&= M\frac{1}{2a\sqrt{\pi t}}(2a^2 t + 2a^2 t) \\
&= M2a\sqrt{\frac{t}{\pi}} \xrightarrow{t\to 0^+} 0
\end{aligned}$$

故

$$\lim_{t\to 0^+}\int_{-\infty}^{\infty} f(t,x)\varphi(x)\mathrm{d}x = \varphi(0) = \int_{-\infty}^{\infty}\delta(x)\varphi(x)\mathrm{d}x$$

即

$$w - \lim_{t\to 0^+} f(t,x) = \delta(x)$$

事实上，易验证

$$f(t,x) = \frac{1}{2a\sqrt{\pi t}}\exp\left(-\frac{x^2}{4a^2 t}\right), \quad \lim_{t\to 0^+} f(t,x) = \begin{cases} 0 & (x \neq 0); \\ \infty & (x = 0) \end{cases}$$

例 7.4　试证：$w - \lim\limits_{N\to\infty}\dfrac{\sin Nx}{\pi x} = \delta(x)$.

证明　任取 $\varphi(x) \in C_0^\infty(-\infty,+\infty)$，则存在常数 A，使 $|x|>A,\varphi(x)=0$，因此

$$\lim_{N\to\infty}\int_{-\infty}^{\infty}\frac{\sin Nx}{\pi x}\varphi(x)\mathrm{d}x=\lim_{N\to\infty}\left[\int_{-A}^{A}\frac{\sin Nx}{\pi x}\varphi(0)\mathrm{d}x+\int_{-A}^{A}\frac{\sin Nx}{\pi x}(\varphi(x)-\varphi(0))\mathrm{d}x\right]$$

$$=\lim_{N\to\infty}\left(\varphi(0)\int_{-A}^{A}\frac{\sin Nx}{\pi x}\mathrm{d}x+\frac{1}{\pi}\int_{-A}^{A}\sin Nx\psi(x)\mathrm{d}x\right)$$

记

$$\psi(x)=\begin{cases}\dfrac{\varphi(x)-\varphi(0)}{x} & (x\neq 0);\\ \varphi'(0) & (x=0)\end{cases}$$

$$\psi'(x)=\begin{cases}\dfrac{x\varphi'(x)-\varphi(x)+\varphi(0)}{x^2} & (x\neq 0);\\ \dfrac{1}{2}\varphi''(0) & (x=0)\end{cases}$$

则

$$I_1=\lim_{N\to\infty}\frac{\varphi(0)}{\pi}\int_{-A}^{A}\frac{\sin Nx}{x}\mathrm{d}x=\frac{\varphi(0)}{\pi}\lim_{N\to\infty}\int_{-NA}^{NA}\frac{\sin y}{y}\mathrm{d}y=\varphi(0)$$

$$I_2=\frac{1}{\pi}\lim_{N\to\infty}\int_{-A}^{A}\sin Nx\psi(x)\mathrm{d}x$$

$$=\frac{1}{\pi}\lim_{N\to\infty}\left(-\psi(x)\frac{\cos Nx}{N}\bigg|_{-A}^{A}+\frac{1}{N}\int_{-A}^{A}\psi'(x)\cos Nx\mathrm{d}x\right)=0$$

所以

$$\lim_{N\to\infty}\int_{-\infty}^{\infty}\frac{\sin Nx}{\pi x}\varphi(x)\mathrm{d}x=\varphi(0)=\int_{-\infty}^{\infty}\delta(x)\varphi(x)\mathrm{d}x$$

故有

$$w-\lim_{N\to\infty}\frac{\sin Nx}{\pi x}=\delta(x)$$

类似定义 7.4，更为一般形式的 δ 函数 $\delta(x-x_0)$ 定义如下.

定义 7.4′　若在区间 $(a,b)(-\infty\leqslant a<x<b\leqslant+\infty)$ 上的可积函数列 $\{f_\varepsilon(x)\}$，对任意函数 $\varphi(x)\in C_0^\infty(a,b)$，有

$$\lim_{\varepsilon\to 0}\int_a^b f_\varepsilon(x)\varphi(x)\mathrm{d}x=\varphi(x_0)$$

则把函数列 $\{f_\varepsilon(x)\}$ 当 $\varepsilon\to 0$ 时确定的极限元记作 $\delta(x-x_0)$，有

$$w-\lim_{\varepsilon\to 0}f_\varepsilon(x)=\delta(x-x_0)$$

$$\langle\delta(x-x_0),\varphi(x)\rangle=\int_a^b\delta(x-x_0)\varphi(x)\mathrm{d}x=\varphi(x_0)$$

可以证明

$$w-\lim_{N\to\infty}\exp\left(\frac{-(x-\xi)^2}{4a^2t}\right)=\delta(x-\xi)$$

7.1.2 广义函数与 δ 函数的一些基本性质

性质 7.1(对称性) $\delta(x)=\delta(-x)$.

更一般地有 $\delta(x-\xi)=\delta(\xi-x)$,即

$$\int_{-\infty}^{\infty}\delta(x-\xi)\varphi(x)\mathrm{d}x=\int_{-\infty}^{\infty}\delta(\xi-x)\varphi(x)\mathrm{d}x=\varphi(\xi)$$

性质 7.2 $x\delta(x)=0$.

因为由 $\delta(x)$ 的定义,对任意 $\varphi(x)\in C_0^\infty(-\infty,+\infty)$,有

$$\int_{-\infty}^{\infty}\delta(x)x\varphi(x)\mathrm{d}x=x\varphi(x)|_{x=0}=0$$

性质 7.3 $\delta(ax)=\delta(x)/|a|$.

因为若 $f_n(x)\xrightarrow{\text{弱}}\delta(x)$,即对任意 $\varphi(x)\in C_0^\infty(-\infty,+\infty)$,有

$$\lim_{n\to\infty}\int_{-\infty}^{\infty}f_n(x)\varphi(x)\mathrm{d}x=\langle\delta(x),\varphi(x)\rangle=\varphi(0)$$

则对 $a>0$,有

$$\lim_{n\to\infty}\int_{-\infty}^{\infty}f_n(ax)\varphi(x)\mathrm{d}x=\lim_{n\to\infty}\frac{1}{a}\int_{-\infty}^{\infty}f_n(x)\varphi\left(\frac{x}{a}\right)\mathrm{d}x$$

$$=\frac{1}{a}\varphi(0)=\left\langle\frac{1}{a}\delta(x),\varphi(x)\right\rangle$$

则

$$\delta(ax)=\frac{1}{a}\delta(x)$$

类似对 $a<0$,有

$$\delta(ax)=-\frac{1}{a}\delta(x)$$

所以

$$\delta(ax)=\delta(x)/|a|$$

性质 7.4 $\delta(x)$ 的 Fourier 变换 $\mathscr{F}[\delta(x)]=1,\mathscr{F}[\delta(x-x_0)]=\mathrm{e}^{-\mathrm{i}\lambda x_0}$.

因为

$$\mathscr{F}[\delta(x)]=\int_{-\infty}^{\infty}\delta(x)\mathrm{e}^{-\mathrm{i}\lambda x}\mathrm{d}x=\mathrm{e}^{-\mathrm{i}\lambda 0}=1$$

$$\mathscr{F}[\delta(x-x_0)]=\int_{-\infty}^{\infty}\delta(x-x_0)\mathrm{e}^{-\mathrm{i}\lambda x}\mathrm{d}x=\mathrm{e}^{-\mathrm{i}\lambda x_0}$$

类似的,可以定义多维空间中的广义函数及 δ 函数. 以三维空间为例,我们用 $\delta(x,y,z)$ 表示三维空间的 δ 函数,这时对任意 $\varphi(x,y,z)\in C_0^\infty(\mathbf{R}^3)$,有

$$\langle\delta,\varphi\rangle=\int_{-\infty}^{\infty}\int_{-\infty}^{\infty}\int_{-\infty}^{\infty}\delta(x,y,z)\varphi(x,y,z)\mathrm{d}x\mathrm{d}y\mathrm{d}z=\varphi(0,0,0)$$

因为

$$\begin{aligned}\langle\delta(x)\delta(y)\delta(z),\varphi(x,y,z)\rangle&=\int_{-\infty}^{\infty}\int_{-\infty}^{\infty}\int_{-\infty}^{\infty}\delta(x)\delta(y)\delta(z)\varphi(x,y,z)\mathrm{d}x\mathrm{d}y\mathrm{d}z\\&=\int_{-\infty}^{\infty}\int_{-\infty}^{\infty}\delta(x)\delta(y)\varphi(x,y,0)\mathrm{d}x\mathrm{d}y\\&=\int_{-\infty}^{\infty}\delta(x)\varphi(x,0,0)\mathrm{d}x=\varphi(0,0,0)\end{aligned}$$

即

$$\langle\delta(x,y,z),\varphi\rangle=\langle\delta(x)\delta(y)\delta(z),\varphi\rangle$$

因此三维 δ 函数可以看作 d 三个一维 δ 函数的乘积，即

$$\delta(x,y,z)=\delta(x)\delta(y)\delta(z)$$

一般的，对点 $M(x,y,z)$ 和 $M_0(x_0,y_0,z_0)$，有

$$\delta(M-M_0)=\delta(x-x_0,y-y_0,z-z_0)=\delta(x-x_0)\delta(y-y_0)\delta(z-z_0)$$

且对任意 $\varphi(M)\in C_0^{\infty}(\mathbf{R}^3)$，有

$$\iiint_{\mathbf{R}^3}\delta(M-M_0)\varphi(M)\mathrm{d}M=\varphi(M_0)\tag{7.10}$$

7.1.3 广义函数的导数

设 $f(x)$ 是一个可微函数，$\varphi(x)\in C_0^{\infty}(\mathbf{R})$，$\varphi(\pm\infty)=0$，则由分部积分，对函数 $f'(x)$ 所确定的可积函数广义函数有

$$\begin{aligned}\langle f'(x),\varphi(x)\rangle&=\int_{-\infty}^{\infty}f'(x)\varphi(x)\mathrm{d}x\\&=f(x)\varphi(x)\Big|_{-\infty}^{\infty}-\int_{-\infty}^{\infty}f(x)\varphi'(x)\mathrm{d}x\\&=-\langle f(x),\varphi'(x)\rangle\end{aligned}$$

于是，就由上式作为广义函数导数的定义.

设 $f(x)$ 是已给广义函数，因为 $\varphi(x)\in C_0^{\infty}(\mathbf{R})$，$\varphi'(x)\in C_0^{\infty}(\mathbf{R})$，所以泛函 $\langle f(x),\varphi'(x)\rangle$ 是有确定意义的.

定义 7.5 广义函数 $f(x)$ 的导数 $f'(x)$ 是这样的一个广义函数 $h(x)$，它对一切 $\varphi(x)\in C_0^{\infty}(\mathbf{R})$，有

$$\langle h(x),\varphi(x)\rangle=-\langle f(x),\varphi'(x)\rangle$$

一般的，设有广义函数 $h(x)$，对任意 $\varphi(x)\in C_0^{\infty}$，有

$$\langle h(x),\varphi(x)\rangle=(-1)^n\langle f(x),\varphi^{(n)}(x)\rangle$$

则定义广义函数 $f(x)$ 的 n 阶导数为 $f^{(n)}(x)=h(x)$.

由定义可见，由于 $\varphi(x)$ 是无穷次可微，故广义函数是无穷次可微的. 特别，对

于 δ 函数，有

$$\langle \delta^{(n)}(x), \varphi(x) \rangle = (-1)^n \langle \delta(x), \varphi^{(n)}(x) \rangle = (-1)^n \varphi^{(n)}(0)$$

有了广义函数的导数的定义，就能理解微分方程 $y' = \delta(x)$ 的意义了. 把方程两边都看成广义函数，那么对任意函数 $\varphi(x) \in C_0^\infty$，有

$$\langle y'(x), \varphi(x) \rangle = \langle \delta(x), \varphi(x) \rangle = \varphi(0)$$

因为设

$$H(x) = \begin{cases} 1 & (x > 0); \\ 0 & (x < 0) \end{cases}$$

$$-\langle H(x), \varphi'(x) \rangle = -\int_0^\infty 1 \cdot \varphi'(x) \mathrm{d}x = \varphi(0)$$

所以

$$y(x) = H(x) = \begin{cases} 1 & (x > 0); \\ 0 & (x < 0) \end{cases}$$

的导数为 $\delta(x)$. $H(x)$（Heaviside 函数）为上述方程 $y' = \delta(x)$ 的一个特解.

推广到多维情形，如三维广义函数 $f(x,y,z)$，其广义导数定义如下.

令 $|P| = P_1 + P_2 + P_3$，若广义函数 $h(x,y,z)$ 满足对任意 $\varphi(x,y,z) \in C_0^\infty(\mathbf{R}^3)$，有

$$\langle h(x,y,z), \varphi \rangle = (-1)^{|P|} \left\langle f, \frac{\partial^{|P|} \varphi}{\partial x^{P_1} \partial y^{P_2} \partial z^{P_3}} \right\rangle$$

则

$$h(x,y,z) = \frac{\partial^{|P|} f}{\partial x^{P_1} \partial y^{P_2} \partial z^{P_3}}$$

为广义函数 f 关于 x 自变量 P_1 阶、关于 y 自变量 P_2 阶、关于 z 自变量 P_3 阶的广义导数.

进一步，因为 $\varphi(x,y,z) \in C_0^\infty(\mathbf{R}^3)$，所以

(1) 每一个广义函数都是无穷次可微的.

(2) 广义函数的导数与求导数次序无关.

事实上由 $\varphi \in C_0^\infty(\mathbf{R}^2)$，设

$$h_1 = \frac{\partial^2 f}{\partial x \partial y}, \quad h_2 = \frac{\partial^2 f}{\partial y \partial x}$$

则

$$\langle h_1, \varphi \rangle = (-1)^2 \left\langle f, \frac{\partial^2 \varphi}{\partial x \partial y} \right\rangle = (-1)^2 \left\langle f, \frac{\partial^2 \varphi}{\partial y \partial x} \right\rangle = \langle h_2, \varphi \rangle$$

即

$$\frac{\partial^2 f}{\partial x \partial y} = \frac{\partial^2 f}{\partial y \partial x}$$

(3) 广义函数的微分运算具有连续性,即若 $w-\lim\limits_{n\to\infty}f_n=f$,则

$$w-\lim_{n\to\infty}\frac{\partial^{|P|}f_n}{\partial x^{P_1}\partial y^{P_2}\partial z^{P_3}}=\frac{\partial^{|P|}f}{\partial x^{P_1}\partial y^{P_2}\partial z^{P_3}}\quad(|P|=P_1+P_2+P_3)\tag{7.11}$$

这是因为

$$\begin{aligned}\lim_{n\to\infty}\left\langle\frac{\partial^{|P|}f_n}{\partial x^{P_1}\partial y^{P_2}\partial z^{P_3}},\varphi\right\rangle&=\lim_{n\to\infty}(-1)^{|P|}\left\langle f_n,\frac{\partial^{|P|}\varphi}{\partial x^{P_1}\partial y^{P_2}\partial z^{P_3}}\right\rangle\\&=(-1)^{|P|}\left\langle f,\frac{\partial^{|P|}\varphi}{\partial x^{P_1}\partial y^{P_2}\partial z^{P_3}}\right\rangle\\&=\left\langle\frac{\partial^{|P|}f}{\partial x^{P_1}\partial y^{P_2}\partial z^{P_3}},\varphi\right\rangle\end{aligned}$$

由此(7.11)成立.

这样允许我们对广义函数通行无阻的进行各种分析运算,例如交换极限与微分符号的次序.而在古典分析中,交换上述顺序是要严格论述所需要条件的.

7.2 基本解、解的积分表达式

本章一开始,我们就指出 $v(x,t;\xi)=\dfrac{1}{2a\sqrt{\pi t}}\mathrm{e}^{-\frac{(x-\xi)^2}{4a^2t}}$ 为热传导方程

$$\frac{\partial u}{\partial t}=a^2\frac{\partial^2 u}{\partial x^2}\quad(-\infty<x<+\infty,t>0)$$

的基本解,$\dfrac{1}{r_{MM_0}}=\dfrac{1}{\sqrt{(x-x_0)^2+(y-y_0)^2+(z-z_0)^2}}$ 是 Laplace 方程的基本解.那么什么是线性微分方程的基本解?我们对定常问题和非定常问题分别进行论述.

7.2.1 $Lu=0$ 型方程的基本解

设 L 是关于自变量 x,y,z 的常系数线性微分算子,称方程

$$Lu=\delta(M-M_0)\tag{7.12}$$

的解 $u(M,M_0)$ $(M=(x,y,z),M_0=(x_0,y_0,z_0))$ 为方程

$$Lu=f(M)\tag{7.13}$$

的基本解.函数 $u(M,M_0)$,当 $M\neq M_0$ 时处处满足齐次方程 $Lu=0$;但当 $M=M_0$ 时,函数本身或者它的某阶导数有奇异性.在研究定常问题,如 Laplace 方程时常要用到这种基本解.设如 $u(M,M_0)$ 为基本解,则

$$u(M)=\int_{\mathbf{R}^3}u(M,M_0)f(M_0)\mathrm{d}v_{M_0}$$

满足方程(7.13)(当然,必须验证积分号下的微分是合法的),这是因为

$$Lu(M) = L\int_{\mathbf{R}^3} u(M,M_0)f(M_0)\mathrm{d}v_{M_0} = \int_{\mathbf{R}^3} Lu(M,M_0)f(M_0)\mathrm{d}v_{M_0}$$
$$= \int_{\mathbf{R}^3} \delta(M,M_0)f(M_0)\mathrm{d}v_{M_0} = f(M)$$

例 7.5　试求 Laplace 方程 $\Delta u = \dfrac{\partial^2 u}{\partial x^2} + \dfrac{\partial^2 u}{\partial y^2} + \dfrac{\partial^2 u}{\partial z^2} = 0$ 的基本解.

解　求 Laplace 方程的基本解就是求 u,使满足

$$\frac{\partial^2 u}{\partial x^2} + \frac{\partial^2 u}{\partial y^2} + \frac{\partial^2 u}{\partial z^2} = \delta(x - x_0, y - y_0, z - z_0) \tag{7.14}$$

取球坐标系

$$x = x_0 + r\sin\theta\cos\varphi$$
$$y = y_0 + r\sin\theta\sin\varphi$$
$$z = z_0 + r\cos\theta$$

其中,$r = [(x - x_0)^2 + (y - y_0)^2 + (z - z_0)^2]^{1/2}$. 则方程化为

$$\begin{aligned}\Delta u &= \frac{1}{r^2}\frac{\partial}{\partial r}\left(r^2\frac{\partial u}{\partial r}\right) + \frac{1}{r^2\sin\theta}\frac{\partial}{\partial\theta}\left(\sin^2\theta\frac{\partial u}{\partial\theta}\right) + \frac{1}{r^2\sin^2\theta}\frac{\partial^2 u}{\partial\varphi^2} \\ &= \delta(r\sin\theta\cos\varphi, r\sin\theta\sin\varphi, r\cos\theta)\end{aligned} \tag{7.15}$$

因为函数δ关于球(x_0, y_0, z_0)对称,故基本解不依赖于φ和θ,则可设基本解为$u = u(r)$,这时当$r \neq 0$,有

$$\frac{1}{r^2}\frac{\mathrm{d}}{\mathrm{d}r}\left(r^2\frac{\mathrm{d}u}{\mathrm{d}r}\right) = 0 \quad (r > 0)$$

其通解为$u = \dfrac{A}{r} + B$(A,B为任意常数). 因为$\Delta B = 0$,所以对求基本解没有用处,现在来看如何选择常数A,使$u = \dfrac{A}{r}$满足方程(7.15). 从广义函数的观点来看,这意味着求u,使对任意函数$\varphi \in C_0^\infty(\mathbf{R}^3)$,有

$$\langle \Delta u, \varphi\rangle = \langle u, \Delta\varphi\rangle = \langle \delta(x - x_0, y - y_0, z - z_0), \varphi\rangle = \varphi(x_0, y_0, z_0)$$

因为$\varphi \in C_0^\infty(\mathbf{R}^3)$,则可以取一个充分大的包含$(x_0, y_0, z_0)$的闭曲面$\partial\Omega$,使得在$\partial\Omega$上及$\partial\Omega$外$\varphi = 0$. 记$\Omega$为$\partial\Omega$所围成的区域,$B_{M_0}^\varepsilon$是一个在$\Omega$内的以$M_0$为球心,$\varepsilon$为半径的球,$\partial M_{M_0}^\varepsilon$为球面(如图 7.2 所示),则

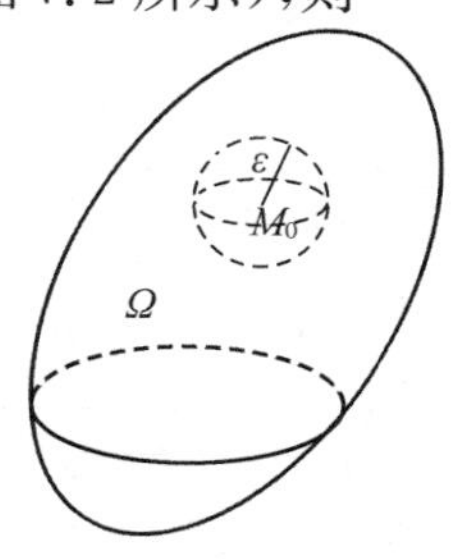

图 7.2

$$\varphi(x_0,y_0,z_0)=\langle u,\Delta\varphi\rangle=\iiint\limits_{\Omega}\frac{A}{r}\Delta\varphi\mathrm{d}\Omega=\lim_{\varepsilon\to 0}\iiint\limits_{\Omega\setminus B_{M_0}^{\varepsilon}}\frac{A}{r}\Delta\varphi\mathrm{d}\Omega$$

由 Green 公式

$$\iiint\limits_{\Omega\setminus B_{M_0}^{\varepsilon}}\left(\frac{A}{r}\Delta\varphi-\varphi\Delta\left(\frac{A}{r}\right)\right)\mathrm{d}\Omega=\oiint\limits_{\partial\Omega\cup\partial B_{M_0}^{\varepsilon}}\left(\frac{A}{r}\frac{\partial\varphi}{\partial n}-\varphi\frac{\partial}{\partial n}\left(\frac{A}{r}\right)\right)\mathrm{d}S$$

因此有

$$\iiint\limits_{\Omega\setminus B_{M_0}^{\varepsilon}}\frac{A}{r}\Delta\varphi\mathrm{d}\Omega=\oiint\limits_{\partial\Omega}\left(\frac{A}{r}\frac{\partial\varphi}{\partial n}-\varphi\frac{\partial\varphi}{\partial n}\left(\frac{A}{r}\right)\right)\mathrm{d}S+\oiint\limits_{\partial B_{M_0}^{\varepsilon}}\left(\frac{A}{r}\frac{\partial\varphi}{\partial n}-\varphi\frac{\partial}{\partial n}\left(\frac{A}{r}\right)\right)\mathrm{d}S$$

由

$$\varphi\big|_{\partial\Omega}=0,\quad \left.\frac{\partial\varphi}{\partial n}\right|_{\partial\Omega}=0$$

则

$$\iiint\limits_{\Omega\setminus B_{M_0}^{\varepsilon}}\frac{A}{r}\Delta\varphi\mathrm{d}\Omega=\oiint\limits_{\partial B_{M_0}^{\varepsilon}}\left(\frac{A}{r}\frac{\partial\varphi}{\partial n}-\varphi\frac{\partial}{\partial n}\left(\frac{A}{r}\right)\right)\mathrm{d}S$$

在球面 $\partial B_{M_0}^{\varepsilon}$ 上

$$\oiint\limits_{\partial B_{M_0}^{\varepsilon}}\frac{A}{r}\frac{\partial\varphi}{\partial n}\mathrm{d}S=\frac{A}{\varepsilon}\left(\frac{\partial\varphi}{\partial n}\right)^{*}4\pi\varepsilon^{2}$$

$$\oiint\limits_{\partial B_{M_0}^{\varepsilon}}\varphi\frac{\partial}{\partial n}\left(\frac{A}{r}\right)\mathrm{d}S=\oiint\limits_{\partial B_{M_0}^{\varepsilon}}\varphi\frac{A}{\varepsilon^{2}}\mathrm{d}S=\varphi^{*}4\pi\varepsilon^{2}\frac{A}{\varepsilon^{2}}$$

因此

$$\begin{aligned}\varphi(x_0,y_0,z_0)&=\lim_{\varepsilon\to 0}\iiint\limits_{\Omega\setminus B_{M_0}^{\varepsilon}}\frac{A}{r}\Delta\varphi\mathrm{d}\Omega=\lim_{\varepsilon\to 0}\left[A4\pi\varepsilon\left(\frac{\partial\varphi}{\partial n}\right)^{*}-4\pi A\varphi^{*}\right]\\&=-4\pi A\varphi(x_0,y_0,z_0)\end{aligned}$$

所以

$$A=-\frac{1}{4\pi}$$

因此得

$$u=-\frac{1}{4\pi}\frac{1}{\sqrt{(x-x_0)^2+(y-y_0)^2+(z-z_0)^2}}\tag{7.16}$$

为 $\Delta u=0$ 的基本解，且

$$\begin{aligned}&\Delta\left(-\frac{1}{4\pi}\frac{1}{\sqrt{(x-x_0)^2+(y-y_0)^2+(z-z_0)^2}}\right)\\&=\delta(x-x_0,y-y_0,z-z_0)\end{aligned}$$

类似于三维情形，可求二维 Laplace 方程的基本解.

例 7.6　试求二维 Laplace 方程的基本解.

解　由题意知即求 u，使满足

$$\frac{\partial^2 u}{\partial x^2}+\frac{\partial^2 u}{\partial y^2}=\delta(x-x_0,y-y_0) \tag{7.17}$$

如同三维情形，取极坐标

$$x=x_0+r\cos\theta$$
$$y=y_0+r\sin\theta$$

则二维 Laplace 方程基本解为下列方程

$$\Delta u=\frac{1}{r}\frac{\partial}{\partial r}\left(r\frac{\partial u}{\partial r}\right)+\frac{1}{r^2}\frac{\partial^2 u}{\partial\theta^2}=\delta(r\sin\theta,r\cos\theta) \tag{7.18}$$

的解. 因为 δ 函数关于圆心 (x_0,y_0) 对称，即与 θ 无关，因此基本解 u 与 θ 无关，则设基本解 $u=u(r)$. 当 $r\neq 0$，则

$$\Delta u=\frac{1}{r}\frac{\partial}{\partial r}\left(r\frac{\partial u}{\partial r}\right)=0\quad\left(r>0,r=\sqrt{(x-x_0)^2+(y-y_0)^2}\right)$$

$u=A\ln r+B$（A,B 均为任意常数）. 令 $B=0$，$u=A\ln r$，现在要确定常数 A，从广义函数的观点，即要求满足对任意函数 $\varphi\in C_0^\infty(\mathbf{R}^2)$，有

$$\langle\Delta u,\varphi\rangle=\langle u,\Delta\varphi\rangle=\langle\delta(x-x_0,y-y_0),\varphi\rangle=\varphi(x_0,y_0)$$

因 $\varphi\in C_0^\infty(\mathbf{R}^2)$，故可取一个充分大的包含 (x_0,y_0) 的闭曲线 ∂S，使得在 ∂S 上及 ∂S 外 $\varphi\equiv 0$. 记 S 为 ∂S 围成的平面区域，$C_{M_0}^\varepsilon$ 为一个在 S 内的以 M_0 为圆心，ε 为半径的圆域，圆周为 $\partial C_{M_0}^\varepsilon$（如图 7.3 所示），则有

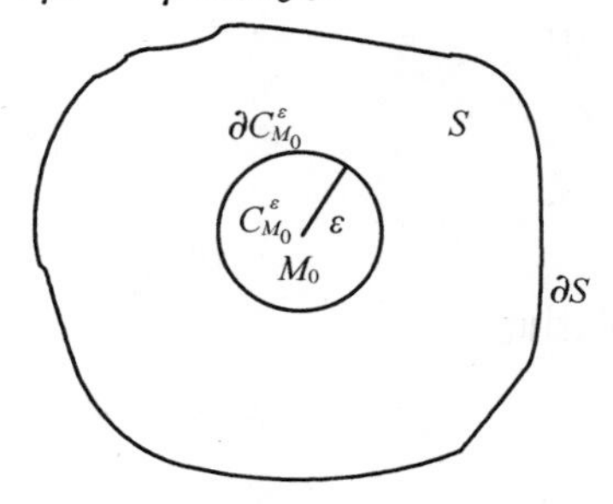

图 7.3

$$\begin{aligned}\varphi(x_0,y_0)&=\langle u,\Delta\varphi\rangle=\langle A\ln r,\Delta\varphi\rangle\\&=\iint_S(A\ln r)\Delta\varphi\mathrm{d}x\mathrm{d}y\\&=\lim_{S\to 0}\iint_{S\backslash C_{M_0}^\varepsilon}A\ln r\Delta\varphi\mathrm{d}x\mathrm{d}y\end{aligned}$$

由平面上的 Green 公式

$$\begin{aligned}&\iint_{S\backslash C_{M_0}^\varepsilon}[\ln r\Delta\varphi-\varphi\Delta(\ln r)]\mathrm{d}x\mathrm{d}y\\&=\oint_{\partial S}\left(\ln r\frac{\partial\varphi}{\partial n}-\varphi\frac{\partial\ln r}{\partial n}\right)\mathrm{d}l+\oint_{\partial C_{M_0}^\varepsilon}\left(\ln r\frac{\partial\varphi}{\partial n}-\varphi\frac{\partial\ln r}{\partial n}\right)\mathrm{d}l\end{aligned}$$

由 $\varphi|_{\partial S}=0,\left.\frac{\partial\varphi}{\partial n}\right|_{\partial S}=0$，在 $S\backslash C_{M_0}^\varepsilon$ 中 $\Delta(\ln r)=0$，则

$$\iint\limits_{S\backslash C_{M_0}^{\varepsilon}} \ln r\Delta\varphi \mathrm{d}x\mathrm{d}y = \oint\limits_{\partial C_{M_0}^{\varepsilon}} \left(\ln r\frac{\partial\varphi}{\partial n} - \varphi\frac{\partial \ln r}{\partial n}\right)\mathrm{d}l$$

$$\oint\limits_{\partial C_{M_0}^{\varepsilon}} \ln r\frac{\partial\varphi}{\partial n}\mathrm{d}l = \ln\varepsilon\left(\frac{\partial\varphi}{\partial n}\right)^* 2\pi\varepsilon \xrightarrow{\varepsilon\to 0} 0$$

$$\oint\limits_{\partial C_{M_0}^{\varepsilon}} \varphi\frac{\partial \ln r}{\partial n}\mathrm{d}l = -\oint\limits_{\partial C_{M_0}^{\varepsilon}} \varphi\frac{\partial \ln r}{\partial r}\mathrm{d}l = -\varphi^*\ \frac{1}{\varepsilon}2\pi\varepsilon \xrightarrow{\varepsilon\to 0} -2\pi\varphi(M_0)$$

$$\varphi(x_0,y_0) = A\lim_{\varepsilon\to 0}\iint\limits_{S\backslash C_{M_0}^{\varepsilon}} \ln r\Delta\varphi \mathrm{d}x\mathrm{d}y = A(2\pi\varphi(M_0))$$

所以 $A=\dfrac{1}{2\pi}$,则

$$u(M,M_0) = \frac{1}{2\pi}\ln r_{MM_0} = -\frac{1}{2\pi}\ln\frac{1}{r_{MM_0}} \tag{7.19}$$

为二维 Laplace 方程基本解.

例 7.7 用 Fourier 变换求三维 Laplace 方程基本解.

解 对方程(7.14)两边作 Fourier 变换,设

$$\tilde{u} = \mathscr{F}[u] = \int_{-\infty}^{\infty}\int_{-\infty}^{\infty}\int_{-\infty}^{\infty} u\mathrm{e}^{-\mathrm{i}(\lambda x+\mu y+\upsilon z)}\mathrm{d}x\mathrm{d}y\mathrm{d}z$$

则

$$\mathscr{F}[\Delta u] = -(\lambda^2+\mu^2+\nu^2)\tilde{u}$$

又

$$\mathscr{F}[\delta(x-x_0,y-y_0,z-z_0)]\mathrm{d}\lambda\mathrm{d}\mu\mathrm{d}\upsilon = \mathrm{e}^{-\mathrm{i}(\lambda x_0+\mu y_0+\upsilon z_0)}$$

因此

$$\tilde{u} = -\frac{1}{\lambda^2+\mu^2+\upsilon^2}\mathrm{e}^{-\mathrm{i}(\lambda x_0+\mu y_0+\upsilon z_0)} = -\frac{1}{\rho^2}\mathrm{e}^{-\mathrm{i}(\lambda x_0+\mu y_0+\upsilon z_0)}$$

$$\begin{aligned} u(M,M_0) = \mathscr{F}^{-1}[\tilde{u}] &= -\frac{1}{(2\pi)^3}\int_{-\infty}^{\infty}\int_{-\infty}^{\infty}\int_{-\infty}^{\infty}\frac{1}{\rho^2}\mathrm{e}^{-\mathrm{i}(\lambda x_0+\mu y_0+\upsilon z_0)}\mathrm{e}^{\mathrm{i}(\lambda x+\mu y+\upsilon z)}\mathrm{d}\lambda\mathrm{d}\mu\mathrm{d}\upsilon \\ &= -\frac{1}{(2\pi)^3}\int_{-\infty}^{\infty}\int_{-\infty}^{\infty}\int_{-\infty}^{\infty}\frac{1}{\rho^2}\mathrm{e}^{\mathrm{i}[\lambda(x-x_0)+\mu(y-y_0)+\upsilon(z-z_0)]}\mathrm{d}\lambda\mathrm{d}\mu\mathrm{d}\upsilon \end{aligned}$$

上面积分式中 $\boldsymbol{r}=((x-x_0),(y-y_0),(z-z_0))$ 是一固定向量,由于对称性可把 υ 轴方向取得与 $\boldsymbol{r}$ 方向一致,则

$$\lambda(x-x_0)+\mu(y-y_0)+\upsilon(z-z_0) = \boldsymbol{\rho}\cdot\boldsymbol{r} = \rho r\cos(\boldsymbol{\rho},\boldsymbol{r}) = \rho r\cos\theta$$

因此

$$\begin{aligned} u(M,M_0) &= -\frac{1}{(2\pi)^3}\int_0^{\infty}\int_0^{\pi}\int_0^{2\pi}\frac{1}{\rho^2}\mathrm{e}^{\mathrm{i}\rho r\cos\theta}\rho^2\sin\theta\mathrm{d}\varphi\mathrm{d}\theta\mathrm{d}\rho \\ &= \frac{1}{(2\pi)^2}\int_0^{\infty}\frac{\mathrm{e}^{\mathrm{i}\rho r\cos\theta}}{\mathrm{i}\rho r}\bigg|_0^{\pi}\mathrm{d}\rho \end{aligned}$$

$$= \frac{1}{\mathrm{i}4\pi^2 r}\int_0^\infty \frac{\mathrm{e}^{\mathrm{i}\rho(-1)r} - \mathrm{e}^{\mathrm{i}\rho r}}{\rho}\mathrm{d}\rho$$

$$= -\frac{1}{\mathrm{i}4\pi^2 r}\int_0^\infty \frac{2\mathrm{i}\sin\rho r}{\rho}\mathrm{d}\rho$$

$$= -\frac{1}{2\pi^2 r}\int_0^\infty \frac{\sin\rho r}{\rho r}\mathrm{d}(r\rho)$$

$$= -\frac{1}{2\pi^2 r}\frac{\pi}{2}$$

$$= -\frac{1}{4\pi r}$$

$$u(M,M_0) = -\frac{1}{4\pi r_{MM_0}}$$

在第 5 章我们求解椭圆型方程第一边值问题

$$\begin{cases} \dfrac{\partial^2 u}{\partial x^2} + \dfrac{\partial^2 u}{\partial y^2} + \dfrac{\partial^2 u}{\partial z^2} = 0 \quad ((x,y,z) \in \Omega); \\ u\,|_{\partial\Omega} = \varphi(x,y,z) \end{cases}$$

已证得利用 Green 函数 $G(M,M_0) = \dfrac{1}{4\pi r_{MM_0}} - g(M,M_0)$，得

$$u(M_0) = -\oiint_{\partial\Omega} \frac{\partial G}{\partial n}\mathrm{d}S_M \tag{5.21}$$

对非齐次方程

$$\begin{cases} \dfrac{\partial^2 u}{\partial x^2} + \dfrac{\partial^2 u}{\partial y^2} + \dfrac{\partial^2 u}{\partial z^2} = -f(x,y,z) \quad ((x,y,z) \in \Omega); \\ u\,|_{\partial\Omega} = 0 \end{cases}$$

有

$$u(M_0) = \iiint_{\Omega} G(M,M_0) f(M)\mathrm{d}\Omega \tag{5.22}$$

Green 函数 G 中的 g 为边值问题

$$\begin{cases} \dfrac{\partial^2 g}{\partial x^2} + \dfrac{\partial^2 g}{\partial y^2} + \dfrac{\partial^2 g}{\partial z^2} = 0, \\ g\,|_{\partial\Omega} = \dfrac{1}{4\pi r_{MM_0}} \end{cases} \tag{7.20}$$

的解，其中 M_0 为 Ω 中一定点. 这样 Laplace 方程 Dirichlet 问题的 Green 函数 G 为下列定解问题

$$\begin{cases} \dfrac{\partial^2 G}{\partial x^2} + \dfrac{\partial^2 G}{\partial y^2} + \dfrac{\partial^2 G}{\partial z^2} = -\delta(x-x_0, y-y_0, z-z_0), \\ G\,|_{\partial\Omega} = 0 \end{cases}$$

的解. 根据基本解的定义，Green 函数 $G(M,M_0)$ 实际上是 Laplace 方程在齐次边界

条件下第一边值问题的基本解. 它是由 Laplace 方程的基本解 $\frac{1}{4\pi r_{MM_0}}$ $\Big($与前推导的 Laplace 方程基本解 $-\frac{1}{4\pi r_{MM_0}}$ 相比少了一个负号$\Big)$ 和一特殊的 Laplace 方程第一边值问题(7.20) 解 g 相减而成. 类似定义第二边值问题和第三边值问题的 Green 函数,分别称为第二 Green 函数(或 Neumann 函数) 和第三 Green 函数(或 Robbin 函数). 选定了 Green 函数 G 后,则很容易导出 Laplace 方程的种种边值问题的求解公式.

下面考虑非定常问题,研究它们的基本解及其应用.

7.2.2 $\frac{\partial u}{\partial t} = Lu$ 型方程 Cauchy 问题的基本解、解的积分表达式

最典型的是抛物型方程初值问题,以一维热传导方程

$$\begin{cases} \frac{\partial u}{\partial t} = a^2 \frac{\partial^2 u}{\partial x^2} & (-\infty < x < +\infty, t > 0); \\ u|_{t=0} = \varphi(x) & (-\infty < x < +\infty) \end{cases} \tag{7.21}$$

为例,称下列方程

$$\begin{cases} \frac{\partial v}{\partial t} = a^2 \frac{\partial^2 v}{\partial x^2} & (-\infty < x < +\infty, t > 0); \\ v|_{t=0} = \delta(x-\xi) & (-\infty < x < +\infty) \end{cases} \tag{7.22}$$

的解 $v(x,t;\xi)$ 为(7.21) 的基本解. 我们用 Fourier 变换求解(7.22).

对 v 关于 x 进行 Fourier 变换得 $\tilde{u}(\lambda,t)$,由

$$\mathscr{F}[\delta(x-\xi)] = \int_{-\infty}^{\infty} \delta(x-\xi) \mathrm{e}^{-\mathrm{i}\lambda x} \mathrm{d}x = \mathrm{e}^{-\mathrm{i}\lambda\xi}$$

因此得 $\tilde{v}$ 满足常微分方程

$$\begin{cases} \frac{\mathrm{d}\tilde{v}}{\mathrm{d}t} = -\lambda^2 a^2 \tilde{v}, \\ \tilde{v}|_{t=0} = \mathrm{e}^{-\mathrm{i}\lambda\xi} \end{cases}$$

解得

$$\tilde{v}(\lambda,t) = \mathrm{e}^{-\lambda^2 a^2 t} \mathrm{e}^{-\mathrm{i}\lambda\xi}$$

求逆变换得

$$v(x,t;\xi) = \frac{1}{2a\sqrt{\pi t}} \mathrm{e}^{-\frac{(x-\xi)^2}{4a^2 t}}$$

对于三维情形,其基本解为下列齐次问题

$$\begin{cases} \frac{\partial u}{\partial t} = a^2 \left(\frac{\partial^2 v}{\partial x^2} + \frac{\partial^2 v}{\partial y^2} + \frac{\partial^2 v}{\partial z^2} \right) & (-\infty < x,y,z < +\infty, t > 0); \\ u|_{t=0} = \delta(x-\xi, y-\eta, z-\zeta) & (-\infty < x,y,z < +\infty) \end{cases} \tag{7.23}$$

的解. 利用 Fourier 变换法可得基本解

$$v(x,y,z,t,\xi,\eta,\zeta)=\left(\frac{1}{2a\sqrt{\pi t}}\right)^3\exp\left\{-\frac{(x-\xi)^2+(y-\eta)^2+(z-\zeta)^2}{4a^2t}\right\} \tag{7.24}$$

令 $M=(x,y,z)$，$M_0=(\xi,\eta,\zeta)$，则基本解 $v(x,y,z,t,\xi,\eta,\zeta)$ 写成 $v(M-M_0,t)$.

有了热传导方程初值问题的基本解 $v(x,t;\xi)=\frac{1}{2a\sqrt{\pi t}}e^{-\frac{(x-\xi)^2}{4a^2t}}$，则齐次方程初值问题

$$\begin{cases}\dfrac{\partial u}{\partial t}=a^2\left(\dfrac{\partial^2 u}{\partial x^2}\right) & (-\infty<x<+\infty,t>0);\\ u|_{t=0}=\varphi(x) & (-\infty<x<+\infty)\end{cases}$$

的解为

$$u(x,t)=\int_{-\infty}^{\infty}\varphi(\xi)v(x,t;\xi)\mathrm{d}\xi=\frac{1}{2a\sqrt{\pi t}}\int_{-\infty}^{\infty}\varphi(\xi)e^{-\frac{(x-\xi)^2}{4a^2t}}\mathrm{d}\xi \tag{7.25}$$

一般非齐次方程初值问题

$$\begin{cases}\dfrac{\partial u}{\partial t}=a^2\dfrac{\partial^2 u}{\partial x^2}+f(x,t) & (-\infty<x<+\infty,t>0);\\ u|_{t=0}=\varphi(x) & (-\infty<x<+\infty)\end{cases}$$

的解为

$$u(x,t)=\int_{-\infty}^{\infty}\varphi(\xi)v(x,t;\xi)\mathrm{d}\xi+\int_0^t\int_{-\infty}^{\infty}v(x,t-\tau;\xi)f(\xi,\tau)\mathrm{d}\xi\mathrm{d}\tau \tag{7.26.1}$$

即

$$\begin{aligned}u(x,t)=&\frac{1}{2a\sqrt{\pi t}}\int_{-\infty}^{\infty}\varphi(\xi)e^{-\frac{(x-\xi)^2}{4a^2t}}\mathrm{d}\xi\\&+\frac{1}{2a\sqrt{\pi}}\int_0^t\int_{-\infty}^{\infty}\frac{1}{\sqrt{t-\tau}}e^{-\frac{(x-\xi)^2}{4a^2(t-\tau)}}f(\xi,\tau)\mathrm{d}\xi\mathrm{d}\tau\end{aligned} \tag{7.26.2}$$

对于三维情形，利用基本解 $v(x,y,z,t,\xi,\eta,\zeta)$，则

$$\begin{cases}\dfrac{\partial u}{\partial t}=a^2\left(\dfrac{\partial^2 u}{\partial x^2}+\dfrac{\partial^2 u}{\partial y^2}+\dfrac{\partial^2 u}{\partial z^2}\right)+f(x,y,t) & (-\infty<x,y,z<+\infty,t>0);\\ u|_{t=0}=\varphi(x,y,z) & (-\infty<x,y,z<+\infty)\end{cases}$$

的解为

$$\begin{aligned}u(x,y,z,t)=&\int_{-\infty}^{\infty}\int_{-\infty}^{\infty}\int_{-\infty}^{\infty}\varphi(\xi,\eta,\zeta)v(x,y,z,t,\xi,\eta,\zeta)\mathrm{d}\xi\mathrm{d}\eta\mathrm{d}\zeta\\&+\int_0^t\int_{-\infty}^{\infty}\int_{-\infty}^{\infty}\int_{-\infty}^{\infty}v(x,y,z,t-\tau,\xi,\eta,\zeta)f(\xi,\eta,\zeta)\mathrm{d}\xi\mathrm{d}\eta\mathrm{d}\zeta\mathrm{d}\tau\end{aligned} \tag{7.27}$$

即

$$u(x,y,z,t)=\int_{-\infty}^{\infty}\int_{-\infty}^{\infty}\int_{-\infty}^{\infty}\varphi(\xi,\eta,\zeta)\mathrm{e}^{-\frac{(x-\xi)^2+(y-\eta)^2+(z-\zeta)^2}{4a^2t}}\mathrm{d}\xi\mathrm{d}\eta\mathrm{d}\zeta$$
$$+\left(\frac{1}{2a\sqrt{\pi}}\right)^3\int_0^t\int_{-\infty}^{\infty}\int_{-\infty}^{\infty}\int_{-\infty}^{\infty}\left(\frac{1}{\sqrt{t-\tau}}\right)^3 \qquad (7.28)$$
$$\cdot\,\mathrm{e}^{-\frac{(x-\xi)^2+(y-\eta)^2+(z-\zeta)^2}{4a^2(t-\tau)}}f(\xi,\eta,\zeta)\mathrm{d}\xi\mathrm{d}\eta\mathrm{d}\zeta\mathrm{d}\tau$$

对于混合问题,则以如下方式定义基本解. 如对一维热传导方程初边值问题,在 $t>0$ 满足$\frac{\partial v}{\partial t}=a^2\frac{\partial^2 v}{\partial x^2}(0<x<l)$;在边界 $x=0,x=l$ 满足给定齐次边界条件(第一、第二或第三);而当 $t\to 0$ 时,有

$$\lim_{t\to 0^+}v(x,t;\xi)=\delta(x-\xi)\quad(\xi\in(0,l))$$

此时称 $v(x,t;\xi)$ 为热传导方程的(第一、第二或第三) 混合问题的基本解.

7.2.3 $\frac{\partial^2 u}{\partial t^2}=Lu$ 型方程 Cauchy 问题的基本解、解的积分表达式

类似于上节,以最简单的波动方程初值问题

$$\begin{cases}\frac{\partial^2 u}{\partial t^2}=a^2\frac{\partial^2 u}{\partial x^2} & (-\infty<x<+\infty,t>0);\\ u\big|_{t=0}=\varphi(x) & (-\infty<x<+\infty);\\ \left.\frac{\partial u}{\partial t}\right|_{t=0}=\psi(x) & (-\infty<x<+\infty)\end{cases}\qquad(7.29)$$

为例,称下列定解问题

$$\begin{cases}\frac{\partial^2 v}{\partial t^2}=a^2\frac{\partial^2 v}{\partial x^2} & (-\infty<x<+\infty,t>0);\\ v\big|_{t=0}=0 & (-\infty<x<+\infty);\\ \left.\frac{\partial v}{\partial t}\right|_{t=0}=\delta(x-\xi) & (-\infty<x<+\infty)\end{cases}\qquad(7.30)$$

的解 $v(x,t;\xi)$ 为(7.29) 的基本解. 利用 Fourier 变换求出基本解

$$\tilde{v}=\mathscr{F}[u]$$

则

$$\begin{cases}\frac{\mathrm{d}^2\tilde{v}}{\mathrm{d}t^2}=-\lambda^2a^2\tilde{v},\\ \tilde{v}\big|_{t=0}=0,\\ \left.\frac{\mathrm{d}\tilde{v}}{\mathrm{d}t}\right|_{t=0}=\mathrm{e}^{-\mathrm{i}\lambda\xi}\end{cases}$$

则解得

$$\tilde{v}=\frac{1}{\lambda a}\mathrm{e}^{-\mathrm{i}\lambda\xi}\sin\lambda at$$

求逆变换得基本解

$$v(x,t;\xi)=\begin{cases}\dfrac{1}{2a} & (|x-\xi|<at);\\ \dfrac{1}{4a} & (|x-\xi|=at);\\ 0 & (|x-\xi|>at)\end{cases}$$

利用它，定解问题(7.29)的解的表达式为

$$\begin{aligned}u(x,t)&=\frac{\partial}{\partial t}\int_{-\infty}^{\infty}v(x,t;\xi)\varphi(\xi)\mathrm{d}\xi+\int_{-\infty}^{\infty}v(x,t;\xi)\psi(\xi)\mathrm{d}\xi\\&=\frac{1}{2}[\varphi(x-at)+\varphi(x+at)]+\frac{1}{2a}\int_{x-at}^{x+at}\psi(\xi)\mathrm{d}\xi\end{aligned}$$

这就是 D'Alembert 公式.

利用齐次化原理，则非齐次方程定解问题

$$\begin{cases}\dfrac{\partial^2 u}{\partial t^2}=a^2\dfrac{\partial^2 u}{\partial x^2}+f(x,t) & (-\infty<x<+\infty,t>0);\\ u|_{t=0}=\varphi(x) & (-\infty<x<+\infty);\\ \left.\dfrac{\partial u}{\partial t}\right|_{t=0}=\psi(x) & (-\infty<x<+\infty)\end{cases}$$

的解为

$$\begin{aligned}u(x,t)&=\frac{1}{2}[\varphi(x-at)+\varphi(x+at)]+\frac{1}{2a}\int_{x-at}^{x+at}\psi(\xi)\mathrm{d}\xi\\&\quad+\frac{1}{2a}\int_0^t\int_{x-a(t-\tau)}^{x+a(t+\tau)}f(\xi,\tau)\mathrm{d}\xi\mathrm{d}\tau\end{aligned}$$

类似的，三维波动方程初值问题的基本解为下列定解问题

$$\begin{cases}\dfrac{\partial^2 v}{\partial t^2}=a^2\left(\dfrac{\partial^2 v}{\partial x^2}+\dfrac{\partial^2 v}{\partial y^2}+\dfrac{\partial^2 v}{\partial z^2}\right) & (-\infty<x,y,z<+\infty,t>0);\\ v|_{t=0}=0 & (-\infty<x,y,z<+\infty);\\ \left.\dfrac{\partial v}{\partial t}\right|_{t=0}=\delta(x-\xi,y-\eta,z-\zeta) & (-\infty<x,y,z<+\infty)\end{cases}\tag{7.31}$$

的解. 利用 Fourier 变换求基本解 $v(x,y,t,\xi,\eta,\zeta)$，对方程关于变量 x,y,z 进行 Fourier 变换，有

$$\tilde{v}=\mathscr{F}[u]=\int_{-\infty}^{\infty}\int_{-\infty}^{\infty}\int_{-\infty}^{\infty}v\mathrm{e}^{-\mathrm{i}(\lambda x+\mu y+\upsilon z)}\mathrm{d}x\mathrm{d}y\mathrm{d}z$$

则得到

$$\begin{cases}\dfrac{\mathrm{d}^2\tilde{v}}{\mathrm{d}t^2}=-(\lambda^2+\mu^2+\upsilon^2)a^2\tilde{v},\\ \tilde{v}|_{t=0}=0,\\ \left.\dfrac{\mathrm{d}\tilde{v}}{\mathrm{d}t}\right|_{t=0}=\mathrm{e}^{-\mathrm{i}(\lambda\xi+\mu\eta+\upsilon\zeta)}\end{cases}$$

解得

$$\tilde{v} = \frac{\sin a\rho t}{a\rho}\mathrm{e}^{-\mathrm{i}(\lambda\xi+\mu\eta+\upsilon\zeta)}$$

其中,$\rho = \sqrt{\lambda^2+\mu^2+\upsilon^2}$. 求其 Fourier 逆变换,我们有

$$v(x,y,z,t,\xi,\eta,\zeta) = \frac{1}{(2\pi)^3}\int_{-\infty}^{\infty}\int_{-\infty}^{\infty}\int_{-\infty}^{\infty}\frac{\sin a\rho t}{a\rho}\mathrm{e}^{-\mathrm{i}(\lambda\xi+\mu\eta+\upsilon\zeta)}\mathrm{e}^{\mathrm{i}(\lambda x+\mu y+\upsilon z)}\mathrm{d}\lambda\mathrm{d}\mu\mathrm{d}\upsilon$$

$$= \frac{1}{(2\pi)^3}\int_{-\infty}^{\infty}\int_{-\infty}^{\infty}\int_{-\infty}^{\infty}\frac{\sin a\rho t}{a\rho}\mathrm{e}^{\mathrm{i}[\lambda(x-\xi)+\mu(y-\eta)+\upsilon(z-\zeta)]}\mathrm{d}\lambda\mathrm{d}\mu\mathrm{d}\upsilon$$

上述积分中 $\boldsymbol{r} = (x-\xi, y-\eta, z-\zeta)$ 是一固定向量. 类似于 Laplace 方程求基本解时的做法,由于对称性把轴方向取得与 $\boldsymbol{r}$ 方向一致,则

$$\lambda(x-\xi)+\mu(y-\eta)+\upsilon(z-\zeta) = \boldsymbol{\rho}\cdot\boldsymbol{r} = \rho r\cos(\boldsymbol{\rho},\boldsymbol{r}) = \rho r\cos\theta$$

基本解

$$v(x,y,z,t,\xi,\eta,\zeta) = \frac{1}{(2\pi)^3}\int_0^{\infty}\int_0^{2\pi}\int_0^{\pi}\frac{\sin a\rho t}{a\rho}\mathrm{e}^{\mathrm{i}\rho r\cos\theta}\rho^2\sin\theta\mathrm{d}\theta\mathrm{d}\varphi\mathrm{d}\rho$$

$$= \frac{1}{(2\pi)^3}\int_0^{\infty}\frac{\sin a\rho t}{a\rho}\rho^2\int_0^{2\pi}\mathrm{d}\varphi\int_0^{\pi}\mathrm{e}^{\mathrm{i}\rho r\cos\theta}\sin\theta\mathrm{d}\theta\mathrm{d}\rho$$

经计算得

$$v(x,y,z,t,\xi,\eta,\zeta) = \frac{1}{4\pi^2 ar}\int_0^{\infty}[\cos(r-at)\rho-\cos(r+at)\rho]\mathrm{d}\rho$$

由

$$\delta(x) = \frac{1}{2\pi}\int_{-\infty}^{\infty}\mathrm{e}^{\mathrm{i}\lambda x}\mathrm{d}x = \frac{1}{\pi}\int_0^{\infty}\cos\lambda x\,\mathrm{d}\lambda$$

则

$$v(x,y,z,t,\xi,\eta,\zeta) = \frac{1}{4\pi^2 ar}[\pi\delta(r-at)-\pi\delta(r+at)]$$

因 $r\geqslant 0, at>0, \delta(r+at)=0$,有

$$v(x,y,z,t,\xi,\eta,\zeta) = \frac{1}{4\pi ar}\delta(r-at) \tag{7.32}$$

其中,$r = \sqrt{(x-\xi)^2+(y-\eta)^2+(z-\zeta)^2}$.

因此利用基本解,波动方程初值问题

$$\begin{cases}\dfrac{\partial^2 u}{\partial t^2} = a^2\left(\dfrac{\partial^2 u}{\partial x^2}+\dfrac{\partial^2 u}{\partial y^2}+\dfrac{\partial^2 u}{\partial z^2}\right) & (-\infty<x,y,z<+\infty, t>0);\\ u\big|_{t=0} = 0, & (-\infty<x,y,z<+\infty);\\ \dfrac{\partial u}{\partial t}\Big|_{t=0} = \psi(x,y,z) & (-\infty<x,y,z<+\infty, t>0)\end{cases} \tag{7.33}$$

的解

$$u(x,y,z,t) = \frac{1}{4\pi a}\int_{-\infty}^{\infty}\int_{-\infty}^{\infty}\int_{-\infty}^{\infty}\frac{\delta(r-at)}{r}\psi(\xi,\eta,\zeta)\mathrm{d}\xi\mathrm{d}\eta\mathrm{d}\zeta$$

设 B_M^{at} 是以 $M(x,y,z)$ 为球心，at 为半径的球，则

$$u(x,y,z,t)=\frac{1}{4\pi a}\iint_{\partial B_M^{at}}\left(\frac{\psi(\xi,\eta,\zeta)}{r}\right)_{r=at}\mathrm{d}S \tag{7.34}$$

一般的初值问题

$$\begin{cases}\dfrac{\partial^2 u}{\partial t^2}=a^2\left(\dfrac{\partial^2 u}{\partial x^2}+\dfrac{\partial^2 u}{\partial y^2}+\dfrac{\partial^2 u}{\partial z^2}\right) & (-\infty<x,y,z<+\infty,t>0);\\ u\big|_{t=0}=\varphi(x,y,z) & (-\infty<x,y,z<+\infty);\\ \left.\dfrac{\partial u}{\partial t}\right|_{t=0}=\psi(x,y,z) & (-\infty<x,y,z<+\infty)\end{cases} \tag{7.35}$$

可以分解为 $u=u_1+u_2$，其中，u_1 和 u_2 分别满足

$$\begin{cases}\dfrac{\partial^2 u_1}{\partial t^2}=a^2\left(\dfrac{\partial^2 u_1}{\partial x^2}+\dfrac{\partial^2 u_1}{\partial y^2}+\dfrac{\partial^2 u_1}{\partial z^2}\right) & (-\infty<x,y,z<+\infty,t>0);\\ u_1\big|_{t=0}=0 & (-\infty<x,y,z<+\infty);\\ \left.\dfrac{\partial u_1}{\partial t}\right|_{t=0}=\psi(x,y,z) & (-\infty<x,y,z<+\infty)\end{cases}$$

和

$$\begin{cases}\dfrac{\partial^2 u_2}{\partial t^2}=a^2\left(\dfrac{\partial^2 u_2}{\partial x^2}+\dfrac{\partial^2 u_2}{\partial y^2}+\dfrac{\partial^2 u_2}{\partial z^2}\right) & (-\infty<x,y,z<+\infty,t>0);\\ u_2\big|_{t=0}=\varphi(x,y,z) & (-\infty<x,y,z<+\infty);\\ \left.\dfrac{\partial u_2}{\partial t}\right|_{t=0}=0 & (-\infty<x,y,z<+\infty)\end{cases}$$

则 u_1 由式(7.34)表示. 对 u_2，设 $v=\int_0^t u_2(x,y,z,\tau)\mathrm{d}\tau$，则 v 为下列定解问题

$$\begin{cases}\dfrac{\partial^2 v}{\partial t^2}=a^2\left(\dfrac{\partial^2 v}{\partial x^2}+\dfrac{\partial^2 v}{\partial y^2}+\dfrac{\partial^2 v}{\partial z^2}\right) & (-\infty<x,y,z<+\infty,t>0);\\ v\big|_{t=0}=0 & (-\infty<x,y,z<+\infty);\\ \left.\dfrac{\partial v}{\partial t}\right|_{t=0}=\varphi & (-\infty<x,y,z<+\infty)\end{cases}$$

之解，解得

$$v(x,y,z,t)=\frac{1}{4\pi a}\oiint_{\partial S_M^{at}}\left(\frac{\varphi(\xi,\eta,\zeta)}{r}\right)_{r=at}\mathrm{d}S$$

因此

$$u_2(x,y,z,t)=\frac{\partial}{\partial t}\left(\frac{1}{4\pi a}\oiint_{\partial S_M^{at}}\left(\frac{\varphi(\xi,\eta,\zeta)}{r}\right)_{r=at}\mathrm{d}S\right)$$

定解问题(7.35)的解的 Possion 公式

$$u(x,y,z,t)=\frac{\partial}{\partial t}\left(\frac{1}{4\pi a}\oiint_{\partial S_M^{at}}\left(\frac{\varphi}{r}\right)_{r=at}\mathrm{d}S\right)+\frac{1}{4\pi a}\oiint_{\partial S_M^{at}}\left(\frac{\varphi}{r}\right)_{r=at}\mathrm{d}S$$

利用齐次化原理，可得非齐次方程初值问题的解，见球平均法公式(4.26).

关于二维问题，完全类似，可得其基本解为

$$v(x,y,t,\xi,\eta)=\begin{cases}\dfrac{1}{2\pi a\sqrt{(at)^2-r^2}} & (r=\sqrt{(x-\xi)^2+(y-\eta)^2}<at);\\ 0 & (r\geqslant at)\end{cases}$$

初值问题

$$\begin{cases}\dfrac{\partial^2 u}{\partial t^2}=a^2\left(\dfrac{\partial^2 u}{\partial x^2}+\dfrac{\partial^2 u}{\partial y^2}\right) & (-\infty<x,y<+\infty,t>0);\\ u|_{t=0}=\varphi(x,y) & (-\infty<x,y<+\infty);\\ \left.\dfrac{\partial u}{\partial t}\right|_{t=0}=\psi(x,y) & (-\infty<x,y<+\infty)\end{cases}\tag{7.36}$$

的解为

$$u(x,y,t)=\frac{1}{2\pi a}\left\{\frac{\partial}{\partial t}\iint_{\Sigma_M^{at}}\frac{\varphi(\xi,\eta)}{\sqrt{(at)^2-r^2}}\mathrm{d}\xi\mathrm{d}\eta+\iint_{\Sigma_M^{at}}\frac{\psi(\xi,\eta)}{\sqrt{(at)^2-r^2}}\mathrm{d}\xi\mathrm{d}\eta\right\}\tag{7.37}$$

其中，Σ_M^{at} 是以 M 为圆心，at 为半径的圆域.

本章我们介绍了 δ 函数、广义函数、基本解及在求解偏微分方程定解问题中的应用，显然仅是一些初步知识，但却具有很重要的意义. 近代偏微分方程理论引入了新的工具 —— 广义函数讨论各类问题. 广义函数扩充了函数的概念，从而可以在更广的范围内考察偏微分方程，不仅能将许多经典的问题用这一工具作更灵活更妥善的处理，而且还导致许多更深刻更丰富的结论，具有很广泛的应用，同时学习这方面的知识也可为进一步深造打下初步基础.

习　题　7

1. 证明下列公式：

(1) $f(x)\delta(x-a)=f(a)\delta(x-a)$；

(2) $\delta'(-x)=-\delta'(x)$；

(3) $x\delta'(x)=-\delta(x)$.

2. 设有坐标变换式 $x=x(\xi,\eta)$，$y=y(\xi,\eta)$，证明

$$\delta(x-x_0,y-y_0)=\frac{1}{|\boldsymbol{J}|}\delta(\xi-\xi_0,\eta-\eta_0)$$

其中，$\boldsymbol{J}$ 是雅可比行列式，(x_0,y_0) 与 (ξ_0,η_0) 是相对应的点. 特别的，证明在极坐标的情形，有

$$\delta(x-x_0,y-y_0)=\frac{1}{r}\delta(r-r_0,\theta-\theta_0)$$

3. 设

$$f(x,y)=\begin{cases}1 & (x>0,y>0);\\ 0 & (\text{在其余点处})\end{cases}$$

试求广义导数$\frac{\partial f}{\partial x},\frac{\partial f}{\partial y},\frac{\partial^2 f}{\partial x\partial f}$.

4. 试证下列函数作为广义函数弱收敛于$\delta(x)$：

(1) $\frac{1}{\pi}\frac{\sin rx}{x}$；

(2) $\frac{1}{\pi}\frac{a}{a^2+x^2}\quad(a\to 0)$.

5. 解下列定解问题：

(1) $\begin{cases}\frac{\partial u}{\partial t}=a^2\frac{\partial^2 u}{\partial x^2} & (0<x<l,t>0),\\ u|_{t=0}=\delta(x-\xi) & (0<x<l),\\ u|_{x=0}=u|_{x=l}=0 & (t>0);\end{cases}$

(2) $\begin{cases}\frac{\partial^2 u}{\partial t^2}=a^2\frac{\partial^2 u}{\partial x^2} & (0<x<l,t>0),\\ u|_{t=0}=0,\quad \left.\frac{\partial u}{\partial t}\right|_{t=0}=\delta(x-\xi) & (0<x<l),\\ \left.\frac{\partial u}{\partial x}\right|_{x=0}=\left.\frac{\partial u}{\partial x}\right|_{x=1}=0. & \end{cases}$

6. 验证$\frac{1}{2\pi}\ln\frac{1}{r},r=\sqrt{(x-\xi)^2+(y-\eta)^2}$是二维 Laplace 方程的基本解.

7. 验证

$$u(x-\xi,y-\eta,t)=\begin{cases}\frac{1}{2\pi a\sqrt{(at)^2-r^2}} & (r=\sqrt{(x-\xi)^2+(y-\eta)^2}\leqslant at);\\ 0 & (r>at)\end{cases}$$

是二维波动方程 Cauchy 问题的基本解.

8. 利用 Fourier 变换求方程

$$\frac{\partial^2 u}{\partial t^2}=\frac{\partial^2 u}{\partial x^2}+Au$$

Cauchy 问题的基本解，其中A为常数.

9. 用 Fourier 变换方法求一维波动方程 Cauchy 问题的基本解，并由此写出定解问题

$$\begin{cases}\dfrac{\partial^2 u}{\partial t^2}=a^2\dfrac{\partial^2 u}{\partial x^2}+f(x,t),\\ u\big|_{t=0}=\varphi(x),\\ \dfrac{\partial u}{\partial t}\Big|_{t=0}=\psi(x)\end{cases}$$

的解.

10. 试写出定解问题

$$\begin{cases}\dfrac{\partial^2 u}{\partial t^2}=a^2\left(\dfrac{\partial^2 u}{\partial x^2}+\dfrac{\partial^2 u}{\partial y^2}\right)+f(x,y,t),\\ u\big|_{t=0}=0,\\ \dfrac{\partial u}{\partial t}\Big|_{t=0}=0\end{cases}$$

的解的积分表达式.

11. 求非齐次热传导方程混合问题

$$\begin{cases}\dfrac{\partial u}{\partial t}=a^2\dfrac{\partial^2 u}{\partial t^2}+\delta(x-\xi,t-\tau),\\ u\big|_{t=0}=0,\\ u\big|_{x=0}=u\big|_{x=l}=0\end{cases}$$

的解.

附录　Fourier 变换表和 Laplace 变换表

Fourier 变换表

$f(x)$	$F(\lambda)=\mathscr{F}[f(x)]=\int_{-\infty}^{\infty}f(\xi)\mathrm{e}^{-\mathrm{i}\lambda\xi}\mathrm{d}\xi$
$\begin{cases}c & (a<x<b);\\ 0 & (x<a \text{ 或 } x>b)\end{cases}$	$\dfrac{\mathrm{i}c}{\lambda}(\mathrm{e}^{-\mathrm{i}\lambda a}-\mathrm{e}^{-\mathrm{i}\lambda b})$
$\mathrm{e}^{-\lvert x\rvert}$	$\dfrac{2}{1+\lambda^2}$
$\mathrm{e}^{-ax^2}\quad(a>0)$	$\sqrt{\dfrac{\pi}{a}}\mathrm{e}^{-\frac{\lambda^2}{4a}}$
$\dfrac{1}{\lvert x\rvert}$	$\dfrac{\sqrt{2\pi}}{\lvert\lambda\rvert}$
$\dfrac{1}{\lvert x\rvert}\mathrm{e}^{-a\lvert x\rvert}\quad(a>0)$	$\dfrac{\sqrt{2\pi}}{(a^2+\lambda^2)^{\frac{1}{2}}}[(a^2+\lambda^2)^{\frac{1}{2}}+a]^{\frac{1}{2}}$
$\dfrac{\sin bx}{x}$	$\begin{cases}\pi & (\lvert\lambda\rvert<b);\\ 0 & (\lvert\lambda\rvert>b)\end{cases}$
$\dfrac{\mathrm{sh}ax}{\mathrm{sh}\pi x}\quad(-\pi<a<\pi)$	$\dfrac{\sin a}{\cos a+\mathrm{ch}\lambda}$
$\dfrac{\mathrm{ch}ax}{\mathrm{ch}\pi x}\quad(-\pi<a<\pi)$	$\dfrac{2\cos\frac{a}{2}\mathrm{ch}\frac{\lambda}{2}}{\mathrm{ch}\lambda+\cos a}$
$\begin{cases}x^n & (0\leqslant x\leqslant a);\\ 0 & (x<0 \text{ 或 } x>a)\end{cases}$	$n!(\mathrm{i}\lambda)^{-(n+1)}-\mathrm{e}^{-\mathrm{i}\lambda a}\sum_{k=0}^{n}(\mathrm{i}\lambda)^{k-(n+1)}a^k\dfrac{n!}{k!}$

Laplace 变换表

$f(t)$	$\mathscr{L}[f(t)]=\int_0^{\infty} f(t)\mathrm{e}^{-st}\,\mathrm{d}t$
c （常数）	c/s
$t^n \quad (n=1,2,3,\cdots)$	$n!/s^{n+1}$
e^{at}	$1/(s-a)$
$t\mathrm{e}^{at}$	$1/(s-a)^2$
$\sin\omega t$	$\omega/(s^2+\omega^2)$
$\cos\omega t$	$s/(s^2+\omega^2)$
$\mathrm{sh}kt$	$k/(s^2-k^2)$
$\mathrm{ch}kt$	$s/(s^2-k^2)$
$1/\sqrt{t}$	$\sqrt{\pi}/\sqrt{s}$
$\sqrt{t}$	$\sqrt{\pi}/(2\sqrt{s^3})$
$\mathrm{e}^{at}\sin\omega t$	$\omega/[(s-a)^2+\omega^2]$
$\mathrm{e}^{at}\cos\omega t$	$(s-a)/[(s-a)^2+\omega^2]$
$\mathrm{erf}(a\sqrt{t})$	$a/(s\sqrt{s+a})$
$\mathrm{erfc}(a/(2\sqrt{t}))$	$\mathrm{e}^{-a\sqrt{s}}/s$
$t^{k-1} \quad (k>0)$	$\Gamma(k)/s^k$
$J_0(at)$	$1/\sqrt{s^2+a^2}$
$I_0(at)$	$1/\sqrt{s^2-a^2}$
$(\sin\omega t)/t$	$\arctan(\omega/s)$
$t\,\mathrm{sh}kt$	$2ks/(s^2-k^2)^2$
$t\,\mathrm{ch}kt$	$(s^2+k^2)/(s^2-k^2)^2$